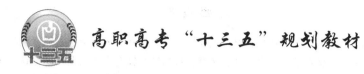

高职高专"十三五"规划教材

钛合金制备及应用

主　编　邹艳梅　张凤霞
副主编　张　帆　黄世弘　李亚东　赵长青

北　京
冶　金　工　业　出　版　社
2019

内 容 提 要

本书系统地介绍了钛合金材料主要性质、合金化原理及分类、钛合金材料的加工工艺和微观结构等全书共分 8 章，包括钛和钛合金的主要性质，钛合金及合金化原理，工业纯钛（CP 钛）和 α 钛合金，α+β 钛合金，高温钛合金，β 钛合金，钛基金属间化合物，钛基复合物。

本书可供从事钛及钛合金科研开发、生产及应用的工程技术人员使用，也可供高等院校相关专业师生参考。

图书在版编目（CIP）数据

钛合金制备及应用/邹艳梅，张凤霞主编 . —北京：
冶金工业出版社，2019.1
高职高专"十三五"规划教材
ISBN 978-7-5024-7936-7

Ⅰ. ①钛… Ⅱ. ①邹… ②张… Ⅲ. ①钛合金—高等
职业教育—教材 Ⅳ. ①TG146.23

中国版本图书馆 CIP 数据核字（2018）第 269164 号

出 版 人 谭学余
地　　址 北京市东城区嵩祝院北巷 39 号　　邮编　100009　电话　（010）64027926
网　　址 www.cnmip.com.cn　电子信箱　yjcbs@cnmip.com.cn
责任编辑 杨盈园　美术编辑 彭子赫　版式设计 禹　蕊
责任校对 石　静　责任印制 李玉山
ISBN 978-7-5024-7936-7
冶金工业出版社出版发行；各地新华书店经销；固安华明印业有限公司印刷
2019 年 1 月第 1 版，2019 年 1 月第 1 次印刷
787mm×1092mm　1/16；12.25 印张；294 千字；187 页
38.00 元
冶金工业出版社　投稿电话　（010）64027932　投稿信箱　tougao@cnmip.com.cn
冶金工业出版社营销中心　电话　（010）64044283　传真　（010）64027893
冶金工业出版社天猫旗舰店　yjgycbs.tmall.com
（本书如有印装质量问题，本社营销中心负责退换）

前　言

　　钛及钛合金耐蚀性好、耐热性高，比刚度、比强度高，是航空航天、石油化工、生物医学等领域的重要材料，在尖端科学和高技术方面发挥着重要作用。钛合金自20世纪40年代开发以来，其种类由最早的 Ti-6Al-4V 发展到数百种，尤其是高强钛合金、Ti_3Al 金属间化合物、钛基和 TiAl 基复合材料的研究和应用方面取得长足发展。与国外发达国家相比，我国在钛材料研究方面还有很大的差距，因此，有必要加强钛材料的研究。

　　本书是钛冶金生产及钛产品、钛材的系列教材之一，其素材主要来自于雷霆教授及团队承担的多项国家及省部级钛方面的重大课题，以及搜集、整理国内外钛及钛合金产品加工的相关资料。本书内容包括钛合金材料主要性质、合金化原理及分类，钛合金材料的加工和微观结构，以及各类钛合金在航空航天、化工工业、日常生活领域等方面的实际应用。书中附有大量的图表，可供读者参考。

　　本书第1~4章由邹艳梅、张凤霞编写，第5、7章由张帆、李亚东编写，第6章由黄世弘编写，第8章由赵长青编写。全书由张凤霞进行最后统稿。

　　对在本书编写过程中参考的相关文献资料，虽然在各章后面附参考文献，但是仅为其中部分文献，所以在此对本书引用的所有参考资料的作者表示衷心感谢。

　　由于作者水平所限，书中若有不足之处，诚恳读者批评指正。

作者

2018 年 8 月

目　录

1 钛和钛合金的主要性质

1.1 钛合金的性能

钛合金的性能主要取决于 α 和 β 两相的排列方式、体积分数以及各自的性能。与体心立方 β 相相比，六方 α 相具有更高的堆积密度和各向异性的晶格结构。与 β 相相比，α 相具有以下特征：

（1）更高的抵抗塑性变形能力。

（2）较低的塑性。

（3）力学和物理性能的各向异性更强。

（4）扩散速率至少低两个数量级。

（5）更高的抗蠕变性能。

α、α+β、β 三种钛合金的物理、力学和工艺性能见表 1.1。

表 1.1 α、α+β、β 钛合金的性能

性　能	α	α+β	β	性　能	α	α+β	β
密度	+	+	−	腐蚀性能	++	+	+/−
强度	−	+	++	氧化性能	++	+/−	+/−
塑性	−/+	+	+/−	可焊性	+	+/−	−
断裂韧性	+	−/+	+/−	冷成形性	−−	−	−/+
蠕变强度	+	+/−	−				

注：++好；+较好；−−差；−较差。

铝是最重要的 α 相稳定化元素，由于其密度仅为钛的一半，所以 α 合金的密度小于 β 合金。由于后者通常用金属元素如钼和钒进行合金化，致使密度差别更为显著。

α 合金一般为单相合金，具有中等强度。然而，α+β 两相和亚稳 β 合金可以分别强化到较高和非常高的强度水平。

亚稳 β 合金以低塑性为代价获得非常高的强度。如果不进行时效强化，亚稳 β 合金具有类似于 α 和 α+β 合金的相对较好的塑性。另外，塑性与显微组织密切相关。

由于钛合金的断裂韧性与显微组织和时效条件密切相关，所以钛合金的成分与断裂韧性之间不存在确定的关系。特别是粗大层片状组织的断裂韧性高于细小的等轴状组织。层状组织韧性高的原因是由于这种结构可以使扩展裂纹沿不同取向的板条束发生偏斜，导致裂纹前沿钝化，从而吸收额外的裂纹扩展能量。

由于密排六方晶体的原子扩散能力和晶体变形能力相对较低，因此 α 相具有优异的抗蠕变性能。随着 β 相体积分数的增加，钛合金的抗蠕变性能变差。β 相不连续分布的两相

组织也具有高的抗蠕变性能。大部分的层片状组织和部分双态组织属于这种情形。

钛与氧之间的亲和力很高，这意味着即使在室温大气条件下，钛合金表面也能形成一层非常薄的致密氧化层（TiO_2），这也是钛合金抗蚀性优异的原因。在三种合金中，α 合金比 β 合金稳定。

钛合金的最高使用温度主要不是受强度不足的限制，而是受其抗氧化能力相对较差的限制。β 合金比 α 合金更容易氧化。

钛合金的另外一个缺点是与周围环境中的氧和氢之间具有很高的反应活性，从而会导致合金脆化。所以，钛合金的焊接必须在真空或惰性气体中进行。α 合金和 α+β 合金比 β 合金更容易焊接，当 β 合金时效至高强度水平时更是如此。

α 相的变形能力极为有限，并且加工硬化能力很强，意味着 α 合金和 α+β 合金只能在高温下变形。钛合金的变形温度随着 β 相体积分数的增加而降低，一些亚稳 β 合金甚至可以在室温下变形。由于连续的 β 相中嵌有细小的等轴状组织，因此可实现超塑性变形的要求。

1.2 晶体结构

与许多其他金属（如钙、铁、钴、锆、锡、铈和铪）类似，钛也能结晶形成不同的晶体结构。但是每一种晶体结构仅能在特定的温度范围内保持稳定。从一种晶体结构完全向另一种晶体结构的转变被称为同素异构转变，对应的转变温度称为同素异构转变温度。

低温下，纯钛和大多数钛合金结晶呈接近理想状态的密排六方结构（hcp），称为 α-Ti。高温下，体心立方结构（bcc）的钛很稳定，则称为 β-Ti。纯钛的 β 转变温度为（882±2）℃。密排六方结构（hcp）α-Ti 和体心立方结构（bcc）β-Ti 的晶胞示意如图 1.1 所示，图中重点绘出了最密排的晶面和晶向。

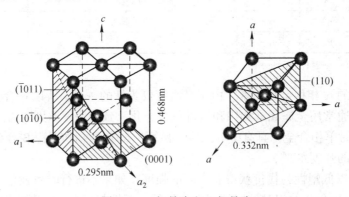

图 1.1 α 相晶胞和 β 相晶胞

钛合金的两种不同晶体结构以及相应的同素异构转变温度是其获得各种不同性能的基础，因此非常重要。

塑性变形和扩散速率都与晶体结构密切相关。此外，密排六方晶体结构导致 α-Ti 的力学性能呈现显著的各向异性，其中弹性的各向异性尤为明显。钛单晶垂直于基面方向的杨氏模量为 145GPa，而平行于基面方向的杨氏模量仅为 100GPa。

1.3 力学性能

通常提高材料尤其是钛合金性能的方式主要有两种，即合金化和加工工艺。最近第三种方式即复合材料的制备受到了人们的重视，改善钛合金性能的方法如图1.2所示。

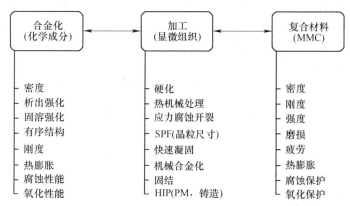

图 1.2 改善钛合金性能的方法

合金化是提高材料强度的基础（如固溶强化、时效强化），同时可以获得有序结构（如 TiAl 金属间化合物），也决定了合金的大多数物理性能（如密度、弹性模量、热膨胀系数），并在很大程度上控制了材料的化学抵抗能力（腐蚀、氧化）。

加工工艺可以使材料的性能达到很好的平衡。通过热加工处理，钛合金可以得到不同的显微组织，以便获得最优的强度（固溶强化、弥散强化、细晶强化、织构强化）、塑性、韧性、超塑性、抗应力腐蚀性能和抗蠕变性等，钛合金的特性取决于最终应用对某些特殊性能的要求。快速凝固和机械合金化技术扩展了合金成分的范围。热等静压技术可以最大限度地减少铸造或粉末冶金零件中的缺陷。

第三种方式超出了单纯冶金学的范围。不同材料组合在一起可以制备性能优异的复合材料。新的复合物的性能与单个组元的性能之间符合简单的混合法则。在这种情况下，钛合金或钛铝化合物通过颗粒或纤维增强就能得到金属基复合材料（MMCs）。除了增强相的特性、体积分数和排列方向以及基体材料本身之外，基体和增强相之间的界面对复合材料的力学性能也有重要影响。

1.3.1 强度

在所有的金属材料之中，只有最高强度钢的比强度高于钛合金。传统钛合金的屈服强度大多在 800~1200MPa 之间，其中亚稳 β 合金强度最高。对于一些特殊的应用，如螺栓或螺钉紧固件，要求材料具有最高的抗拉强度和疲劳强度。可以通过三种措施来提高钛合金的强度：合金化、加工工艺和复合材料技术。

然而，很少单独利用合金化来提高钛合金的强度。针对高强度紧固件的应用，目前专门开发了 β 合金 TIMETAL 125（Ti-6Al-6Mo-6Fe-3Al）。双级时效处理可以在 β 基体中析出非常细小的沉淀相。与图 1.3 中的 Ti-6Al-4V 合金相比，该合金可以通过时效强化使基体屈服强度和抗拉强度达到极高的水平，分别为 1590MPa 和 1620MPa，同时其断裂伸长率仍有 6%。

　　这里通过以金属间化合物 Ti₃Al 为基体的合金 "超 α₂" （Ti-25Al-10Nb-3V-1Mo），来说明如何通过加工工艺来提高合金的强度。通过特殊的热加工处理，也就是优化变形工艺、固溶处理和时效处理，可使抗拉强度从供应态的 1100MPa 左右提高到接近 1800MPa（见图 1.3）。首先，在 1000℃ 以下对合金进行旋锻变形，将供应态组织转变成含有 60% 左右初生 α₂ 相的细小等轴状组织。随后在稍低于 β 转变温度下进行固溶处理后再水淬，从而在有序的立方 B2 相基体上生成细小的 α₂ 相。最后在 700℃ 时效处理时，从高过饱和的 B2 相中沉淀析出非常细小的斜方晶系 O 相，从而获得非常高的强度，其强度达到了传统钛合金的最高水平。

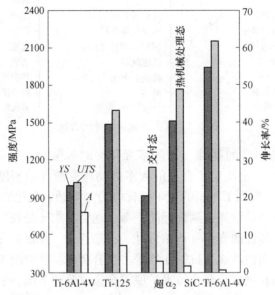

图 1.3　Ti 合金分别经过合金化（TIMETAL 125）、热加工处理（超 α₂）以及纤维
增强（SiC-/Ti-6Al-4V）后强度增加（与 Ti-6Al-4V 合金比较）

　　只有钛基复合材料才能超过这些极高的强度值。例如纤维体积分数达 35% 的 SiC 纤维增加 Ti-6Al-4V 复合材料，在沿纤维方向的抗拉强度可以很容易超过 2000MPa。在横向上由于增强纤维与基体之间的结合较弱，所以横向抗拉强度目前还低于基体的强度。因此，对于这些复合材料在高性能零件的应用而言，设计时保证其载荷几乎为单向载荷是非常重要的。但是，图 1.3 也清楚表明了（不论是利用合金化、加工工艺还是复合材料技术）强度增加的同时几乎总伴随着材料塑性的降低。

1.3.2　刚性

　　杨氏模量是对材料刚性的度量，其模量与晶体点阵中原子间的结合力直接相关，因而随着原子有序程度的增加而提高，如图 1.4 所示，用铝进行合金化时，由于其晶体结构发生了变化，从而导致杨氏模量大大增加。Ti-6Al-4V 合金由 α 和 β 两种固溶体组成，其模量低，当其中一相变为有序时，合金的刚性就会增大，α₂+β 合金 Ti-25Al-10Nb-3V-1Mo 中的 Ti₃Al 相即是如此。TiAl 合金 Ti-48Al-2Cr-2Nb 的杨氏模量最高，其中的两个主要相

α_2 和 γ 均为有序的金属间化合物。

加工工艺也影响钛合金的刚性。由于密排六方结构的 α 相具有明显的各向异性特征，所以强织构组织的弹性模量随着载荷方向的改变而显著变化。图 1.5 描述了组织均匀的 Ti-6Al-4V 合金通过严格选择变形参数而获得的横向织构如何表现出刚性的各向异性。在横向上，即平行于密排六方晶体结构的 c 轴方向上，其杨氏模量比沿轧制方向上的大。通常并不希望性能出现明显的各向异性。然而，可以考虑织构作为提高刚性的方法，这一点类似于定向凝固或单晶镍基超合金。

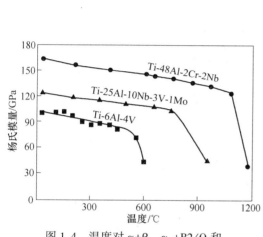

图 1.4 温度对 $\alpha+\beta$、α_2+B2/O 和 α_2 合金杨氏模量的影响

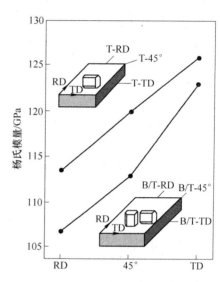

图 1.5 织构对 Ti-6Al-4V 合金杨氏模量的影响

提高刚性是发展颗粒增强钛基复合材料的一个首要目标。增强相 SiC、B_4C、TiB_2、BN 和 TiC，一般是通过粉末冶金工艺加入到基体中。XD 工艺（放热弥散法）是一个特例，其增强组元通过从熔融液体中沉淀出来而进入钛基体。

长纤维增强钛合金刚性通常遵守混合定律。由于 SiC 纤维的弹性模量比钛合金基体高出 3 倍以上，因此纤维体积分数仅为 30%~35%的复合材料的刚性是钛基体合金的 2 倍。

1.3.3 高温强度

针对钛合金所开展的大部分研究开发工作的目的是提高合金的高温性能，基本上采用了三种不同的方法：进一步发展传统的近 α 合金、发展弥散强化型钛合金、发展以金属间化合物 Ti_3Al 和 TiAl 为基体的 TiAl 合金。

Seagle、Hall 和 Bomberger 在 20 世纪 70 年代开展的研究工作对提高传统钛合金的高温性能起到了非常重要的作用。他们证明了在 Ti-6-2-4-2 合金中加入 0.1% 的硅就可以显著提高合金的抗蠕变性能（见图 1.6），一种可能的解释是高温下硅以硅化物的形式在位错上沉淀析出，阻碍了位错攀移，而攀移是蠕变的主要变形机制。虽然最终还不清楚其原因，但硅对抗蠕变性能的有利影响是毫无疑问的。

然而，不仅硅可以决定高温条件下 α 钛合金的力学性能，显微组织也对其有重要影响。密排六方 α 相和体心立方 β 相的尺寸以及排列尤为重要。从 β 相区冷却下来得到的层片状组织和由再结晶处理得到的等轴状组织既可以单独呈细小或粗大状分布，也可以同时存在于双态状组织中。与等轴状组织相比，层片状组织的抗蠕变性能通常更为优异，这是由于层片状组织较为粗大，从而减小了相界面的体积分数（见图 1.7）。另外，等轴状和双态状组织由于组织细小而具有优异的疲劳性能。所以，对于燃气涡轮发动机的压缩机中的钛质零件而言，由于其主要受抗蠕变性能限制，所以选用层片状组织合金（如 TIME-TAL 685 或 829），而对于主要受低周疲劳性能限制的零件，则选用具有双态状组织的合金（如 TIMETAL 834）。究竟选用何种组织的合金取决于应用领域以及发动机生产商的设计理念（见图 1.8）。

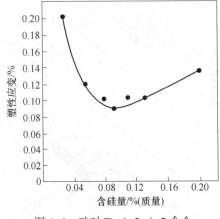

图 1.6　硅对 Ti-6-2-4-2 合金
抗蠕变性能的影响

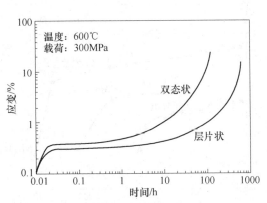

图 1.7　显微组织对 TIMETAL 1100 合金
抗蠕变性能的影响

a

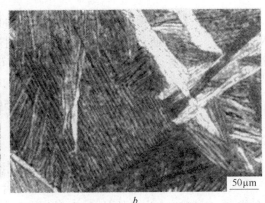

b

图 1.8　高温钛合金的典型显微组织：双态状（TIMETAL 834）和层片状组织（TIMETAL 1100）
a—双状态；b—层片状

快速凝固工艺是提高钛合金蠕变性能的另一种方法。对于含有稀土氧化物和类金属化合物的钛合金，通过快淬可以产生均匀分布的弥散粒子（Er_2O_3、TiB、Y_2O_3）。但是为了获得纳米尺度的弥散颗粒并使其均匀分布需要很大的冷却速率（见图 1.9）。与其他弥散强化材料一样，弥散相的粗化起主要作用，这是因为增大颗粒尺寸同时减小颗粒间距会降低材料的高温强度。然而,快速凝固技术在提高钛合金的使用温度方面仅能起到较小的作用,绝大部分的研究工作集中在开发钛铝化合物方面。以金属间化合物 Ti_3Al(α_2)和 $TiAl$(γ)为基体的材料有望使钛基合金的使用温度分别提高到 650℃ 和 800℃ 左右。该类合金具有有序结构,因而抗蠕变性能很优异。然而,遗憾的是,这也使得 TiAl 化合物具有很大的脆性并因此难以变形。利用 β 稳定化元素如铌、钒或钼进行合金化可以有效地提高 Ti_3Al 基合金的塑性。甚至塑性更差的 γ-TiAl 合金由于同样原因也可以用铬、铌、钒或锰进行合金化,但是合金化程度较小。合金成分稍稍偏离亚化学计量值时,合金的显微组织为 $\alpha_2+\gamma$ 两相组织。由于 Ti_3Al 合金的长期稳定性一般,因此目前用得较多。当前对 TiAl 化合物的研究开发工作主要集中于 TiAl 基合金。

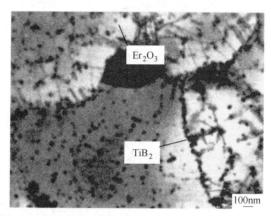

图 1.9 弥散强化型快速凝固 Ti-25V-2Er-0.02B 合金

1.3.4 损伤容限性和疲劳

在航空航天工业中,依据损伤容限性标准进行失效-安全设计具有重要的意义,因为只有掌握材料损伤与临界条件之间的相互联系,才可以估计零件的寿命。材料的损伤容限性描述了材料在载荷和缺陷(如裂纹)共同作用下的行为,可用断裂韧性来表征。由于钛合金的断裂韧性大约只有钢的一半,因此非常希望能够将其进一步提高。合金元素对断裂韧性的影响相对较小。亚稳 β 合金断裂韧性通常优于 α+β 合金。然而,加工工艺如改变显微组织对材料的断裂韧性有较大影响。层片状组织的断裂韧性高于等轴状组织,Ti-6Al-4V 在两种极端显微组织(粗大层片状和细小等轴状)下的 J 积分测量结果清楚表明了这一点(见图 1.10)。

材料的疲劳性能是材料在循环载荷条件下的行为。损伤的累积过程通常划分为疲劳裂纹萌生和疲劳裂纹扩展两个阶段。影响钛合金疲劳性能的因素有很多,包括合金的化学成分、显微组织、环境、试验温度以及承载条件(如载荷幅度、载荷频率、载荷顺序或平均应

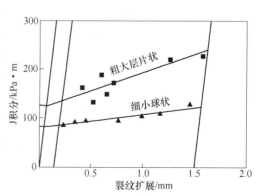

图 1.10 显微组织对 Ti-6Al-4V 合金
断裂韧性的影响(J 积分测量结果)

力）等。

循环疲劳试验是测量疲劳裂纹萌生的一种近似方法。光滑试样在恒应力幅和平均应力的循环作用下直至断裂，然后将结果用 Wohler 图表示出来。可以用静态屈服强度与疲劳强度的商对疲劳裂纹萌生做粗略估计。一般来说，钛合金抵抗疲劳裂纹萌生的能力随其显微组织的粗化而逐渐降低，也就是说细小等轴状组织的疲劳强度高于粗大层片状组织。图 1.11 所示为经不同工艺处理的 Ti-6Al-4V 试样的 Wohler 图。通过热加工处理获得的极其细小的等轴状组织具有最高的疲劳强度，而铸态的粗大层片状组织的疲劳强度最低。

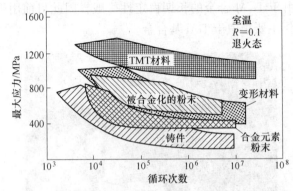

图 1.11　Ti-6Al-4V 在不同合金条件下的室温高周疲劳性能

疲劳损伤的第二阶段，即从裂纹萌生后到最终断裂之前，是疲劳裂纹生长阶段。通常利用带预制裂纹的紧凑拉伸试样对此阶段进行研究，得到疲劳裂纹生长速率（da/dN）与裂纹尖端应力强度因子（ΔK）的关系曲线。如图 1.12 所示，da/dN-ΔK 曲线受到显微组织的显著影响。在载荷幅度和 R 比值（最小载荷/最大载荷）恒定的情况下，Ti-6Al-4V 合金的层片状组织比等轴状组织更有利于疲劳裂纹生长。通过对断口观察可以看出两种显微组织在断面粗糙度、每毫米裂纹生长的断口面积以及承载方向有关的局部裂纹平面取向等方面存在明显的差异。这些观察结果可以解释显微组织对疲劳裂纹生长行为的影响。

通常从经验上讲，对于本身具有很高的内在抗疲劳裂纹萌生能力的显微组织而言，其裂纹扩展速率较快，反之亦然。显然，这两种性能很难同时达到最高，如同材料的强度和塑性难以平衡一样。

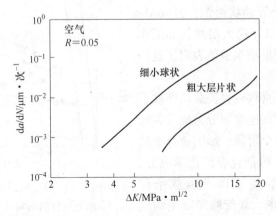

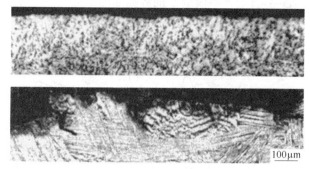

$100\mu m$

图 1.12　两种极端显微组织的疲劳裂纹生长行为以及细小等轴状
组织和粗大层片状组织的断口形貌，Ti-6Al-4V 合金

1.4　弹 性 特 征

α 相的密排晶体结构固有的各向异性特征对钛及钛合金的弹性有重要影响。室温下，纯 α-Ti 单个晶体的弹性模量 E 随晶胞 c 轴与应力轴之间的偏角 γ 变化的关系如图 1.13 所示，从图中可以看出，弹性模量 E 在 145GPa（应力轴与 c 轴平行）和 100GPa（应力轴与 c 轴垂直）之间变化。类似的，当在 〈1120〉 方向的 （0002）或 （1010）面施加剪切应力时，单个晶体的剪切模量 G 发生强烈变化，数值在 34~46GPa 之间，而具有结晶组织的多晶 α-Ti，其弹性特征的变化则没有那么明显。弹性模量的实际变化取决于组织的性质和强度。

对于多晶无组织 α-Ti 而言，随着温度的升高，其弹性模量 E 和剪切模量 G 几乎呈直线下降，如图 1.14 所示。从图中也可看出，其弹性模量 E 由室温时的约 115GPa 下降到 β 转变温度时的约 85GPa，而剪切模量 G 在同一温度范围内由约 42GPa 下降到约 20GPa。

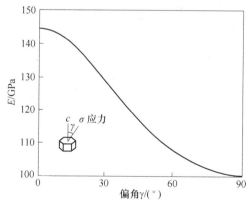

图 1.13　α-Ti 单晶体的弹性模量 E
随偏角 γ 的变化关系

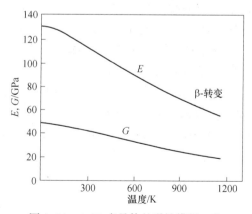

图 1.14　α-Ti 多晶体的弹性模量 E 和
剪切模量 G 随温度的变化关系

由于 β 相不稳定，故在室温下，无法测定纯钛 β 相的弹性模量。对于含充裕的 β 相稳定元素的二元钛合金，如含钒 20% 的 Ti-V 合金，通过急冷方式可以使亚稳态的 β 相在室温下

存在。在水淬条件下，Ti-V 合金弹性模量 E 的数据如图 1.15 所示。弹性模量与成分的关系可以在含钒 0~10%，10%~20% 和 20%~50% 三种不同情况下进行讨论。

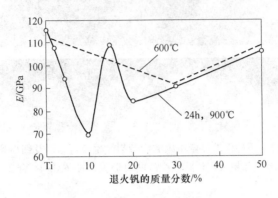

图 1.15　Ti-V 合金的弹性模量

从图 1.15 中可以看出，当含钒量在 20%~50% 之间时，β 相的弹性模量 E 值随含钒量的增加而升高，在含钒 20% 时的值最小，为 85GPa。从图 1.15 中也可看出，β 相的弹性模量通常比 α 相低。例外的是，当含 15% 的钒时，弹性模量 E 最大，这与被称为非热 ω 相的形成有关。对于含有 β 相稳定元素的钛马氏体，当含钒量从 0 增至 10% 时，弹性模量 E 急剧降低。含量的最大与最小值都跟 α+β 相退火导致的弹性模量 E 消失有关（见图 1.15 的虚线），弹性模量 E 沿着 α+β 边界区域间的连线移动，其走向可根据混合原理推测。同样的，对于 Ti-Mo，Ti-Nb 和其他含有 β 相稳定元素的二元合金，其含量与弹性模量 E 也有相类似的关系。对于含有 β 相稳定元素（见图 1.15，含量范围 0~10%）的马氏体，其模量值急剧下降的常规解释是：在载荷应力诱变马氏体过程中，因残留亚稳态 β 相的改变，从而导致了低弹性模量物质的出现，但研究表明，Ti-7Mo 在弹性模量 E 只有 72GPa 时，其组织为 100% 马氏体，并不含任何的残留亚稳态 β 相，因此，弹性模量的急剧下降似乎直接是受 β 稳定元素的严重影响，并降低了晶格间的结合力。值得注意的是，一些该类合金的马氏体还显示出螺旋分解趋势，相反的，最常见的 α 稳定元素（铝）可增加 α 相的弹性模量。对固溶体而言，其含量与弹性模量 E 的关系无规律性。如在 Ti-Al 系中，它表现出规则排列的趋势，同时共价键在增加。

　　一般情况下，商用 β 钛合金的弹性模量 E 值比 α 钛合金和 α+β 钛合金的弹性模量 E 值低，在淬火条件下，标准值为 70~90GPa。退火条件下，商用 β 钛合金的弹性模量 E 值为 100~105GPa；纯钛为 105GPa；商用 α+β 钛合金大约为 115GPa。

1.5　相　　变

　　在纯钛（CP 钛）和钛合金中，体心立方（bcc）β 相向密排六方 α 相的转变，可发生在马氏体中，或通过控制晶核扩散和生长工艺来实现，但这取决于冷却速度和合金的组成。在 α 和 β 相之间，伯格斯（Burgers）首先研究了锆的晶体取向关系，因此以其名字命名为伯格斯关系：

$$(110)_\beta \ // \ (0002)_\alpha$$

$$[111]_\beta \mathbin{/\!/} [11\overline{2}0]_\alpha$$

这个关系在钛的研究中得到了证实。根据此关系，对于原 β 相晶体，由于有不用的取向，故一种体心立方（bcc）晶体可以转变为 12 种六方变形晶体。伯格斯（Burgers）关系严格遵循马氏体转变和常规的形核和生长规律。

1.5.1 马氏体相变

马氏体相变是因剪切应力使原子发生共同移动而引起的，其结果是在给定的体积内使体心立方（bcc）晶格微观均质转变为六方晶体。体积转变通常为平面移动，对大部分钛合金而言，或从几何角度更好地描述成盘状移动。整个切变过程可简化为如下切变系的激活：$[111]_\beta(112)_\beta$ 和 $[111]_\beta(101)_\beta$ 或在六方晶中标记为 $[2\overline{11}3]_\alpha(2\overline{11}2)_\alpha$ 和 $[2\overline{11}3]_\alpha$。六方晶马氏体标记为 α′，存在两种形态：板状马氏体（又称为条状或块状马氏体）和针状马氏体。板状马氏体只能出现在纯钛和低元素含量的合金中，并且在合金中的马氏体转变温度很高。针状马氏体出现在高固溶度的合金中（有较低的马氏体转变温度）。板状马氏体由大量的不规则区域组成（尺寸在 50~100μm 之间），用光学显微镜观察时看不到任何清楚的内部特征，但在这些区域里，包含大量几乎平行于 α 板状的块状或条状（厚度在 0.5~1μm 之间）微粒，它们属于相同的伯格斯（Burgers）关系变形体。针状马氏体由单个 α 板状的致密混合体组成，每个致密混合体有不同的伯格斯（Burgers）关系变形体（见图 1.16）。通常，这些板状马氏体有很高的位错密度，有时还有孪晶。六方 α′ 马氏体在 β 稳定剂中是过饱和的，在 α+β 相区域以上退火时，位错析出的无规则 β 粒子进入 α+β 相或板状边界的 β 相。

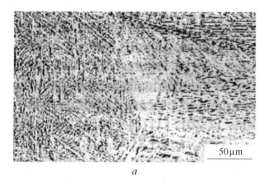 

图 1.16　Ti-6Al-4V β 相区域淬火后的针状马氏体

a—LM；*b*—TEM

随固溶度的增加，马氏体的六方结构会变形，从晶体学观点看，晶体结构失去了它的六方对称性，可称为斜方晶系。这种斜方晶马氏体标记为 α″，根据固溶度的大小，一些含转变元素的二元钛系（见表 1.2）的 α′/α″ 边界是呈平面形的。而对于斜方晶马氏体，在 α+β 相区域以上退火时，初始分解阶段，在固溶度低的 α″ 和固溶度高的 α″ 区域，似乎呈曲线似分解，形成一个有特点的可调节微结构。最后，析出 β 相（$\alpha''_贫 + \alpha''_富 \rightarrow \alpha + \beta$）。纯钛的马氏体初始温度（$M_s$）取决于氧、铁等杂质的含量，但大约在 850℃左右，它随着 α 稳定型元素（如铝、氧）含量的增加而升高；随 β 稳定型元素含量的增加而降低。表 1.3 表明，一些转变元素的溶解量可使马氏体初始温度（M_s）低至室温以下。采用二元系的这些数值，对多元合金，可以依据钼等效含量，建立一个描述 β 相稳定元素单独作用的定量原则，即 $[Mo]_{当量} = [Mo] + 0.2[Ta] + 0.28[Nb] + 0.4[W] + 0.67[V] + 1.25[Cr] + 1.25[Ni] + 1.7[Mn] + 1.7[Co] + 2.5[Fe]$。值得注意的是，要想量化使用此方程，则需谨慎行事。尽管如此，它仍然是一个有用的定性评价工具，与罗森伯格（Rosenberg）导出的铝等效含量一样，人们可以对既定化学组成的某种合金的期待组元做出估算。

表 1.2　一些含转变元素的二元钛系 α′/α″（六方晶/斜方晶）马氏体边界的组成

α′/α″边界	V	Nb	Ta	Mo	W
质量分数/%	9.4	10.5	26.5	4	8
原子分数/%	8.9	5.7	8.7	2.0	2.2

表 1.3　二元钛合金中室温下保留 β 相时的一些转变元素的含量

元素	V	Nb	Ta	Cr	Mo	W	Mn	Fe	Co	Ni
质量分数/%	15	36	50	8	10	25	6	4	6	8
原子分数/%	14.2	22.5	20.9	7.4	5.2	8	5.3	3.4	4.9	6.6

1.5.2　形核与扩散生长

当钛合金以极小的冷却速度从 β 相进入 α+β 相区域时，相对于 β 相而言，不连续的 α 相首先在 β 相晶界上成核，然后沿着 β 相晶界形成连续的 α 相层。在连续的冷却过程中，片状 α 相或是在连续的 α 相层形核，或在 β 相自身晶界上形核，并生长到 β 相晶粒内部而形成平行的片状 α 相，它们属于伯格斯（Burgers）关系的相同变体（又称为 α 晶团），它们不断地在 β 相晶粒内部生长，直到与在 β 相晶粒的其他晶界区域上形核并符合另一伯格斯关系变体的其他 α 晶团相遇，这一过程通常被称作交错形核和生长。个别的 α 相片状体会在 α 晶团内部被残留的 β 相基体分离开，这种残留的 β 相基体通常被错误地称为 β 相片状体。α 和 β 相片状体也经常被称作 α 和 β 相层状体，所形成的微结构称为层状微结构。如图 1.17 所示，针对 Ti-6Al-4V 合金，这些微结构可以从 β 相区域通过慢冷获得。通过此类慢冷获得的材料中，α 晶团的尺寸可以达到 β 晶粒尺寸的一半。

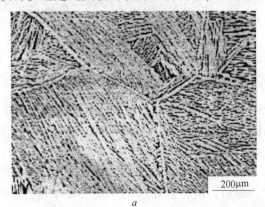
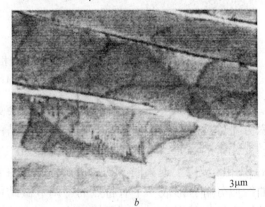

200μm　　　　　　　　　　　3μm

a　　　　　　　　　　　　*b*

图 1.17　Ti-6Al-4V 合金从 β 相区域慢冷时得到的层状 α+β 微结构

a—LM；*b*—TEM

在一个晶团中，α 和 β 片状体之间的晶体学关系如图 1.18 所示。从图中可以看出，(110)$_\beta$ // (0002)$_\alpha$ 和 [111]$_\beta$ // [1120]$_\alpha$ 严格遵循伯格斯（Burgers）关系，α 相片状体的平面平行于 α 相的 (1100) 平面和 β 相的 (112) 平面。这些平面几乎是等轴成形（环状成形），其直径通常被称为 α 片状体长度。

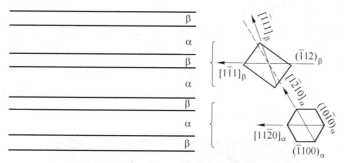

图 1.18 在 α 晶团中 α 片状体和 β 基相之间的晶体学关系简图

随着冷却速度的加快，α 晶团的尺寸以及单个 α 片状体的厚度都随之变小。在 β 晶界形核的晶团，无法填满整个晶粒内部，晶团也开始在其他晶团界面形核。为使总的弹性应力最小，新的 α 相片状体是以"点"接触的方式在已存在的片状 α 相表面成核并在与其几乎垂直的方向上生长。这种在晶团中少量的 α 相片状体的选择形核和生长机理，形成了一种较独特的微结构，称为"网篮"状结构或韦德曼士塔滕（Widmanstätten）结构。在确定的冷却速度下，这种"网篮"状结构经常可在含较高 β 相稳定元素，特别是含较低扩散能力元素的合金中观察到。在从 β 相区域开始连续的冷却过程中，非连续的 α 相片状体不能通过 β 基相均质形核。

1.6 硬 化 机 理

金属材料的 4 种不同硬化机理（固溶体硬化、高位错密度硬化、边界硬化和沉积硬化）中，固溶体硬化和沉积硬化适用于所有商用钛合金。边界硬化在 α+β 合金从 β 相区域快速冷却过程中起重要作用，它能减小 α 晶团尺寸而变成几个 α 相片状体或者引起马氏体相变。在这两种情况下，高位错密度也有助于硬化。需要指出的是，钛中的马氏体比 Fe-C 合金中的马氏体软，这是因为间隙氧原子只能引起钛马氏体中的密排六方晶格发生很小的弹性形变，这与碳和氮能引起黑色金属马氏体中的体心立方晶格发生剧烈的四方晶格畸变形成了鲜明的对比。

1.6.1 α 相硬化

间隙氧原子可使 α 相明显硬化，这可从含氧量在 0.18%~0.40% 间的 1~4 级商业纯钛（CP 钛）屈服应力值的比较中得到最好的说明。随着氧含量的增加，应力值从 170MPa（1级）增加到 480MPa（4 级）。商业钛合金根据钛合金的类型，含氧量在 0.08%~0.20% 之间变化。α 相的置换固溶硬化主要是由相对于钛具有更大的原子尺寸且在 α 相中具有较大固溶度的铝、锡和锆等元素引起的。

α 相的沉积硬化是由于 Ti$_3$Al 共格离子的析出而发生的，此时合金中大约含 5% 以上的铝。Ti_3Al 和 α_2 粒子以密排六方结构排列，晶体学上称为 DO_{19} 结构。由于它们的结构一致，它们会因位错移动而发生剪切，结果导致了平面滑移和相对于边界的大量位错积聚。随着尺寸的增加，这些 α_2 粒子变成了椭圆形状，长轴平行于密排六方晶格的 c 轴，由于氧和锡元素的存在，它们更稳定，这些元素可以使 $\alpha+\alpha_2$ 相在更高的温度下存在，此时，锡替代了铝，而氧仍为间隙氧原子。

在 $\alpha+\beta$ 两相区域以上对 $\alpha+\beta$ 合金进行退火后，重要的合金元素发生分化，α 相中富集了 α 稳定元素（铝，氧，锡）。共格的 α_2 粒子在 α 相中经时效析出，占据大量体积，例如，时效温度为：500℃（Ti-6Al-4V，IMI 550），550℃（IMI 685），595℃（Ti-6242）或700℃（IMI 834）时。从 IMI 834 合金的暗场透射电子显微镜照片可以看到均质高密度的 α_2 粒子在 α 相中的分布情况（见图 1.19）。

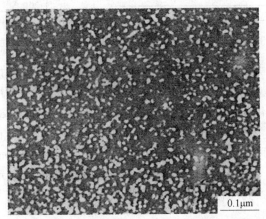

图 1.19　α_2 粒子在 IMI 834 合金中的暗场透射电子显微镜照片

（700℃ 时效 24h）

在纯 α-Ti 中，随着含氧量的增加，发现其微结构从波纹状滑移变化到平面滑移，同时伴随着共格 α_2 粒子的析出。检测表明，氧原子对均质性无影响，但趋向于在短排列方向形成区域，同时也证明，氧和铝原子协同推动了平面滑移。

应该提及的是，对于商用钛合金而言，尽管时效调节微结构的作用有限，但它会使斜方 α'' 马氏体呈螺旋式分离，从而导致屈服应力急剧增加。这种形变结构可以看作是一系列非常小的密集沉淀，在此状况下进行时效处理，由于其尺寸和不匹配位错增加，无序而溶质富集区对位错移动的阻碍变得更强。由于存在大量的形变微结构区域，宏观上，材料表现得很脆，究其原因，是在滑移带中，形变区域被破坏，微结构发生强烈扭曲，导致最大的 α'' 马氏体片状体中的第一滑移带也发生强烈扭曲，引起片状体边界的形核破坏。断口机理是微孔的聚合与长大，而不是分离。

1.6.2　β 相硬化

从传统意义上分析 β 相的固溶硬化是很困难的，因为亚稳态的 β 合金在快冷过程中，亚稳态的前驱体 ω 和 β′ 不能有效地从溶质中析出，并且，在完全时效后的微结构中，由于 α 相从溶质中有效析出，很难分析强化机理，此时，伴随着 α 相的析出，β 相固溶硬化的重要性取决于合金元素的分配。在二元合金中，评价 β 相稳定元素钼、钒、铌、铬和铁固溶硬化作用的一种方式就是检测晶格常数与溶质中错位晶格常数曲线的倾斜度，这些数据可在泊松（Pearson）手册中找到。从这些数据可以看出，倾斜度最大的是 Ti-Fe，而铬和钒，铌和钼等元素，对晶格常数的影响较小。

β 相的沉淀硬化对增加商业 β 钛合金的屈服应力是最有效的。在图 1.20 的简易相图中可以明显地看出，β 钛合金中有两个亚稳态相，ω 和 β′。在这两种情况下，混溶区都分为两个体心立方相，即 β贫 和 β富，其主要的区别在于相对基体的体心立方晶格 β富，在同质无序沉淀中被扭曲的体心立方晶格的数量 β贫。在高稳定元素含量合金中，被扭曲的体心立方晶格的数量值很小，亚稳态粒子被称为 β′，它为体心立方晶体结构；在低稳定元素含量合金中，沉淀过程中被扭曲的体心立方晶格的数量值更高，亚稳态粒子被称为等温 ω，从结晶学观点看，为密排六方晶格结构。

等温 ω 粒子呈椭圆形还是立方形，取决于沉淀与基体错位。低位错时，ω 粒子呈椭圆形，且长轴平行于 4 个 〈111〉 体心立方晶格的一个方向。作为一个实例，图 1.21 为 Ti-16Mo 合金在 450℃ 下时效处理 48h 后得到的暗场透射电子显微镜照片，从照片中可以看出 4 种不同椭圆形 ω 粒子中一种的分布情况。较高位错时，ω 粒子呈表面平滑的立方形，且平行于体心立方晶格的 {100} 面方向。作为一个实例，图 1.22 为 Ti-8Fe 合金在 400℃ 下时效处理 4h 后得到的暗场透射电子显微镜照片。

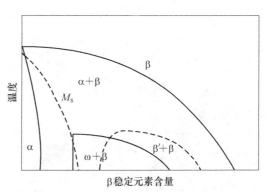

图 1.20　β 同晶型相图（简图）中的亚稳态 ω+β 和 β′+β 相区域

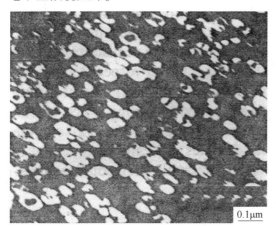

图 1.21　椭圆形 ω 析出的暗场显微镜照片
（Ti-16Mo，450℃，时效 48h，TEM）

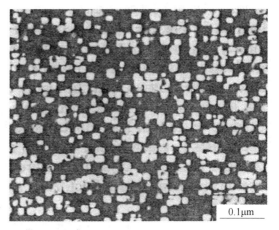

图 1.22　立方形 ω 析出的暗场显微镜照片
（Ti-8Fe，400℃，时效 4h，TEM）

β′ 的析出形态是变化的，它从在 Ti-Nb 和 Ti-V-Zr 合金中的球形或立方形转变为在 Ti-Cr 合金中的片状形，同样的，这取决于位错和共格扭曲的数量。作为一个实例，图 1.23 为 Ti-15Zr-20V 合金在 450℃ 下时效处理 48h 后溶质中贫 β′ 析出的透射电子照片。

ω 和 β′ 两相是共格的，受位错移动剪切，形成强烈的局部滑移带，致使早期的形核破裂并降低延展性，因此，在商用 β 钛合金中，通常应避免形成这些微结构，为此，在稍高的温度下对商用 β 钛合金进行时效处理，以便在较合理的时效时间内，利用 ω 或 β′ 作为前驱体和形核体来析出非共格的稳定 α 相粒子。有时，需要采用一步时效处理。借助这些前驱体，有可能获得到均匀分布的同质细晶粒 α 片晶，如图 1.24 所示，它是 Ti-15.6Mo-6.6Al 在 350℃，时效时间长达 100h 的初期 α 形核的透射电子显微镜照片。在商用 β 钛合金中，根据 α 片晶的分布和尺寸，法国的 CEZUS 开发出 β-CEZ 合金，在 580℃ 时，推荐的实效处理时间是 8h，其透射电子显微照片如图 1.25 所示。这些 α 片晶也遵循伯格斯（Burgers）关系，片晶的平滑表面平行于 β 基体 {112} 面。结合前述与图 1.25，从统计学角度看，并非所有 12 个可能的变量都能形核，因此，为了使所有的弹性应力最小，实际上，在 β 晶粒中，只有两到三个接近垂直的变量相互作用。

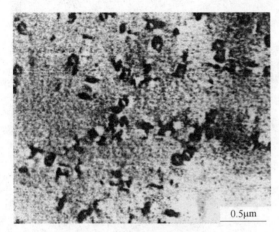

图 1.23　在 Ti-15Zr-20V 中的共格 β 粒子
（450℃，时效 6h，TEM）

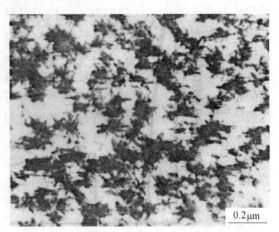

图 1.24　在 Ti-15.6Mo-6.6Al 的 β′ 粒子中
析出的细晶粒 α 片晶
（350℃，时效 100h，TEM）

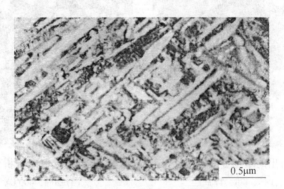

图 1.25　商用 β 钛合金 β-CEZ 中 α 片晶的尺寸和分布
（580℃，时效 8h，TEM）

由于这些非共格的 α 片晶太细小，不会发生塑性变形，它们仅能看作硬的、潜在的可成形粒子，因此，具有此类微结构的 β 钛合金可获得很高的屈服应力，但这类合金的屈服应力也能很容易地降低，例如，通过采用两步热处理，就可以将其调整到所期望的数值。第一步是在 α+β 相区域高温下进行退火，以便析出所希望体积分数的大晶粒 α 片状体；第二步是在较低温度下进行时效处理，以减少细晶粒 α 片晶的体积分数。大晶粒 α 片状体比细晶粒 α 片晶对屈服应力的影响小，因为大晶粒能降低塑性。目前，根据强化机理，大晶粒 α 片状体仅适于边界强化，但对所有具有 α 相析出的微结构而言，在 α 相析出过程中，β 基体的位错密度增加了，因此，位错强化对屈服应力也有作用。

α 相总是优先在 β 晶界上形核，并形成连续的 α 相层，尤其是 β 合金，细晶粒 α 片晶的强化提高了屈服应力的量级，这些连续的 α 相层对力学性能有害，作为此类微结构的 1 个例子，如图 1.26 所示的 β 合金 Ti-10-2-3β 合金热变形工艺的主要目的就是要消除或降低连续的 α 相层对力学性能的不良影响。

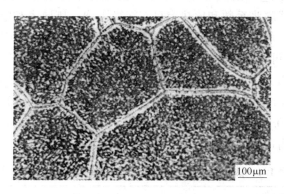

图 1.26 β 合金 Ti-10-2-3β 晶界上的连续 α 相层（LM）

在含有高含量 β 相稳定元素的 β 合金中，有时，通过常规的时效处理，要使 α 片晶均质分布是困难的，特别是时效温度在亚稳态两相区域以上时，究其原因，是在热处理温度与时效温度一致时，前驱体（ω 或 β′）的形成或 α 的形核非常缓慢，以至于不能完成，在这种情况下，采用在低温下的预时效处理，有可能使更多的 α 片晶均质分布，见图 1.27 中 β 合金——βC 中的 α 片晶分布效果。另外一种可能的方法就是在时效前先冷却，通过位错上的形核使更多的 α 片晶均质分布。

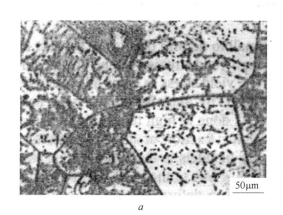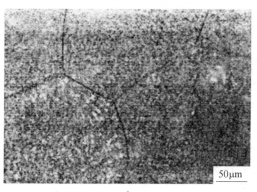

a   *b*

图 1.27 预时效后 β 合金——βC 中的 α 片晶分布效果（LM）
a—540℃时效 16h；*b*—440℃时效 4h+560℃时效 16h

1.7　一些基本的物理化学性能

在大部分应用中，钛的物理和化学性能的重要性相对于其力学性能而言要小得多。除其低密度以及形成表面氧化层，从而具有很好的耐蚀性能外，钛的大部分性能将总体概括讨论。本节将详细讨论包括扩散性，腐蚀行为和氧化性的部分基本性能。

钛及钛合金，与其他金属结构材料的性质见表 1.4。表中高纯 α-Ti 的数值，与各种等级的商业纯钛（CP 钛）的性质没有明显意义的区别，这表明即便其含氧量达到 0.40%，对其性能也只有轻微的影响。另外，如果将 α+β 合金 Ti-6Al-4V 和 β 合金 Ti-15-3 与纯 α-Ti 相比，可以看出，它们的热导率和电阻率的变化十分明显，这些商用合金的热导率较低而电阻率较高，线膨胀系数和比热容只有轻微影响。热导率和电阻率都取决于密度和导电电子的分散程度。如图 1.28 所示，在二元钛合金中，随着溶质含量的增加，电阻率增加。从图 1.28 中还可以看出，有两个互为依存的分支，上面的分支，包括了在 α-Ti 中趋向于有序排列的元素；下面的分支，包括了趋向于互溶的元素（钒，铌）或完全中性的元素（锆）。应该指出的是，氧属于上面的分支，因为含氧量为 0.40% 的 4 级商业纯钛（CP 钛）的电阻率为 $0.60\mu\Omega \cdot m$（热传导率为 $17W/(m \cdot K)$）。另外，在表 1.4 中给出了钛合金的电阻率，有的 β 钛合金已表现出了具有超导行为。

表 1.4　钛及钛合金与其他金属结构材料的物理性能比较

物理性能	线膨胀系数/K^{-1}	热导率/$W \cdot (m \cdot K)^{-1}$	比热容/$J \cdot (kg \cdot K^{-1})$	电阻率/$\mu\Omega \cdot m$
α-Ti	8.4×10^{-6}	20	523	0.42
Ti-6Al-4V	9.0×10^{-6}	7	530	1.67
Ti-15-3	8.5×10^{-6}	8	500	1.4
Fe	11.8×10^{-6}	80	450	0.09
Ni	13.4×10^{-6}	90	440	0.07
Al	23.1×10^{-6}	237	900	0.03

将钛与其他的金属结构材料相比，可以看出，钛的线膨胀系数较低，因此，对于强度与密度比要求高、热膨胀低的应用领域，钛是一种很不错的选择。例如，航空发动机的外壳和汽车发动机的连杆等。然而，由于钛的价格高，钛连杆仅用于高性能、高价格的车辆上。并且，α-Ti 的线膨胀系数在 c 轴的平行方向比垂直方向高 20%，这对高织构的 Ti-6Al-4V 材料用于连杆材料显得很重要。

钛的热导率比铁、镍和铝（见表 1.4）要低得多，这使其对加工工艺的冷却速度、热处理温度及热处理时间等有影响。表 1.4 中，钛与其他金属相比，有高的电阻率，这限制了它作为导电体的应用。从表 1.4 中还可看出，钛与其他金属相比，其比热容为同一数量级。

与其他金属结构材料相比，钛的比刚度（强度与密度之比）的优势归纳在表 1.5 中，如对 α+β 钛合金，屈服强度为 1000MPa，密度为 $4.5g/cm^3$，这一优势对于屈服强

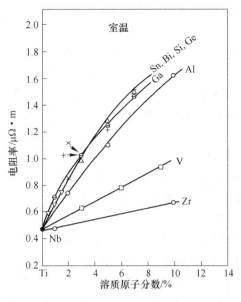

图 1.28 二元钛合金的电阻率

度值达 1200MPa 的高强度 β 合金并没有太明显的增加，因为大多数的 β 合金都含有像钼一样的重金属元素，使得合金密度增加了约 5%，如 β 合金-β21S，其密度值高达 4.94g/cm³。

表 1.5 钛和钛合金与铁、镍、铝等金属结构材料性质的比较

项　目	Ti	Fe	Ni	Al
熔点/℃	1660	1538	1455	660
相变温度/℃	$\beta \xrightarrow{882} \alpha$	$\gamma \xrightarrow{912} \alpha$	—	—
晶体结构	体心立方→六方晶系	面心立方→体心立方	面心立方	面心立方
室温 E/GPa	115	215	200	72
屈服应力水平/MPa	1000	1000	1000	500
密度/g·cm⁻³	4.5	7.9	8.9	2.7
相对抗蚀性	极高	低	中	高
与氧的相对反应性	极快	低	低	快
相对价格	极高	低	高	中

1.7.1 扩散性

由于密排六方（hcp）α-Ti 中原子堆垛密度大，因此 α-Ti 中的扩散比体心立方（bcc）β-Ti 中的扩散缓慢得多，α-Ti 的扩散系数比 β-Ti 的小几个数量级。以下给出的是钛在 500℃和1000℃时的自扩散系数。在 500℃扩散 50h 和在 1000℃扩散 1h 后扩散距离 d 的大小说明了其扩散系数之间的差异。

$$500℃:D_{\alpha\text{-Ti}} \approx 10^{-19}\,\mathrm{m^2/s} \qquad\qquad 50\mathrm{h}\,后:d \approx 0.8\,\mu\mathrm{m}$$

$$D_{\beta\text{-Ti}} \approx 10^{-18}\,\mathrm{m^2/s} \qquad\qquad d \approx 0.9\,\mu\mathrm{m}$$

$$1000℃:D_{\alpha\text{-Ti}} \approx 10^{-15}\,\mathrm{m^2/s} \qquad\qquad 50\mathrm{h}\,后:d \approx 4\,\mu\mathrm{m}$$

$$D_{\beta\text{-Ti}} \approx 10^{-13}\,\mathrm{m^2/s} \qquad\qquad d \approx 40\,\mu\mathrm{m}$$

α-Ti 和 β-Ti 的扩散系数受显微组织的影响，从而影响两相的力学性能，如抗蠕变性、热加工性能和超塑性。α-Ti 的体扩散有限，使得 α-Ti 和含 α 相的钛合金的抗蠕变性优于 β-Ti。

低于 β 转变温度时，与时间和温度有关的扩散过程非常缓慢。因此，快速冷却形成非常细小的层片状组织，而缓慢冷却得到粗大的层片状组织。α 相层片的径向扩展方向平行于 β 相的 {110} 晶面。如果冷速足够大，那么每个层片不仅会在晶界上形核，而且还会在单个层片束的生长前沿形核。

从马氏体相变开始温度以上快速冷却时，体心立方（bcc）的 β 相通过无扩散相变过程完全转变为密排六方（hcp）的 α 相，生成亚稳的细小盘状或针状马氏体组织。

马氏体转变不会产生脆性。但是与 α-Ti 相比，转变后的强度会略有提高。马氏体可以进一步分解成六方形 α′马氏体和斜方形 α″马氏体。在低于 900℃左右淬火过程中可以观察到斜方形 α″马氏体，它具有良好的变形性能。六方形 α′马氏体与 β 相的位向关系类似于 α 相与 β 相的位向关系。由于马氏体转变是无扩散形核过程，因此马氏体组织也具有非常细小的针形篮网排列组织特征。Ti-6Al-4V 合金的层片状显微组织（篮网排列图案），如图 1.29 所示。

图 1.29　Ti-6Al-4V 合金的层片状显微组织（篮网排列图案）

1.7.2　氧化性

钛暴露于空气中形成氧化物 TiO_2，它是四方晶系的金红石晶体结构。氧化层经常被称为"膜"，它是一种多类型的阴离子缺陷氧化物，通过氧化层，氧离子能够扩散。反应前沿位于金属/氧化物界面，"膜"不断长大，进入钛基体材料。钛快速氧化的驱动力是钛对氧有很高的化学亲和力，此亲和力比钛对氮的化学亲和力高。在氧化反应过程中，钛对氧的高亲和力和氧在钛中的高固溶度（大约 14.5%），促使了"膜"和临近基体富氧层的同时形成。由于富氧层是连续稳定 α 相的氧化层，故它被称为 α-块。增加的氧含量强化了 α 相，改变了 α-Ti 的形变行为，使其从波纹状滑移到平面滑移模式转变，因此，硬的、较小延展性的α-块在拉伸载荷下易形成表面裂纹。在疲劳荷载条件下，表面局部的低延展性和大的滑移相互作用，引起整体延展性的降低或早期形核裂纹，因此，传统钛合金的高温应用范围被限制到低于550℃。在550℃以下，通过"膜"（氧化层）的扩散速度很慢，这足以阻止过量的氧溶解在大块材料中，避免了毫无意义的α-块的形成。

为了减少氧通过"膜"的扩散速度，经研究不同的合金添加元素，结果发现，添加铝、硅、铬（大于10%）、铌、钽、钨和钼等能改善其特性。这些元素或者形成热力学稳定氧化物（铝、硅、铬）或具有化合价大于4的化合物，如Nb^{5+}。通过置换TiO_2结构中的Ti^{4+}，铌减少了阴离子所占空位的数量，因此也就降低了氧的扩散速度。基于这种情况，发明出了一种成分为Ti-15Mo-2.7Nb-3Al-0.2Si的β钛合金薄板（β21S）。这种β合金有很高的抗氧化性，但与α+β高温合金Ti-6242和IMI 834相比，它的高温强度和抗蠕变性都较低，但可在较低扩散速度下，通过增加铝的含量改善其性能，因为铝能形成一个致密的、热力学上稳定的$\alpha-Al_2O_3$氧化物，结果在TiO_2表面氧化层下方，"膜"由TiO_2、Al_2O_3等多种不同的混合物组成，其简图如图1.30所示。

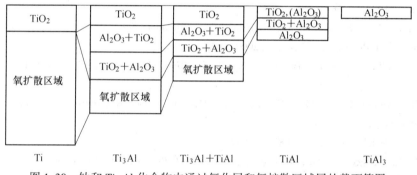

图1.30 钛和Ti-Al化合物中通过氧化层和氧扩散区域层的截面简图

在"膜"中增加Al_2O_3的体积分数，能够提高Ti-Al化合物（例如Ti_3Al或γ-TiAl基合金）的抗氧化性（见图1.30）。Al_2O_3的数量随铝浓度的增加而增加，大约在铝摩尔分数40%时，Al_2O_3层变成连续的，其结果是γ-TiAl表现出比Ti_3Al基合金具有更好的抗氧化性，这是因为，高温下TiO_2在钛合金中并不稳定；Al_2O_3层在Ti_3Al表面并不连续，而Al_2O_3层在γ-TiAl中表面是连续的，并且在更高温度下是稳定的。这种抗氧化性的改善可用于开发传统的表面涂层钛合金，如IMI 834，它在550℃以上仍可应用。已研究了许多不同的涂层，如Pt、NiCr、Si、Si_3N_4、Al、MCrAlY、硅酸盐、SiO_2、Nb，但最理想的还是Ti-Al涂层。图1.31表示出了高温合金Ti-1100的情况。尽管TI-MET公司不再生产这种合金，但结论仍是有价值的，因为Ti-1100在700℃时，表现出了与IMI 834类似的氧化行

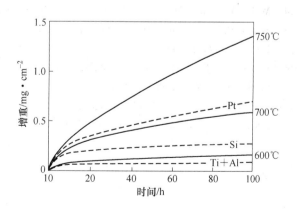

图1.31 相对于750℃（长划线）的涂层Ti-1100材料在不同温度下的氧化行为

为。从图 1.31 可以看出，Ti-Al 涂层比 Si、Pt 涂层表现出了更好的抗氧化性，甚至 Ti-Al 涂层材料在 750℃时表现出了比未涂层材料 600℃时更好的抗氧化性。

抗氧化性的一个方面就是抗着火性和抗燃烧性。在正常的大气环境下，所有钛合金都能抗着火和抗燃烧，但在特殊条件下，例如，在飞机发动机的汽轮压缩机的作用下（高压、高速气体），多数钛合金都可着火和燃烧。

参 考 文 献

[1] 陈振华，等译. 钛与钛合金 [M]. 北京：化学工业出版社，2005.

[2] Zarkades A., Larson F. R.: *The Science, Technology and Application of Titanium*, Pergamon Press, Oxford, UK, (1970) p. 933.

[3] Conrad H., Doner M., de Meester B.: *Titanium Science and Technology*, Plenum Press, New York, USA, (1973) p. 969.

[4] Fedotov S. G.: *Titanium Science and Technology*, Plenum Press, New York, USA, (1973) p. 871.

[5] James D. W., Moon D. M.: *The Science, Technology and Application of Titanium*, Pergamon Press, Oxford, UK, (1970) p. 767.

[6] Ivasishin O. M., Flower H. M., Lttjering G.: *Titanium '99, Science and Technology*, CRISM "Prometey", St. Petersburg, Russia, (2000) p. 77.

[7] Collings E. W.: *Materials Properties Handbook: Titanium Alloys*, ASM, Materials Park, USA, (1994) p. 1.

[8] Boyer R., Welsch G., Collings E. W., eds.: *Materials Properties Handbook: Titanium Alloys*, ASM, Materials Park, USA, (1994).

[9] Yoo H. M.: Met. Trans. 12A, (1981) p. 409.

[10] Paton N. E., Baggerly R. G., Williams J. C.: Rockwell Report SC 526. 7FR (1976).

[11] Baker H., ed.: *Alloy Phase Diagrams*, ASM Handbook, Vol. 3, ASM, Materials Park, USA, (1992).

[12] Otte H. M.: *The Science, Technology and Application of Titanium*, Pergamon Press, Oxford, UK, (1970) p. 645.

[13] Flower H. M., Davis R., West D. R. F.: *Titanium and Titanium Alloys*, Plenum Press, New York, USA, (1982) p. 1703.

[14] Mishin Y., Herzig C.: Acta Mater. 48, (2000) p. 589.

[15] Schutz R. W., Thomas D. E.: *Corrosion*, Metals Handbook, 9th edn, Vol. 13, ASM, Metals Park, USA, (1987) p. 669.

[16] Leyens C., Peters M., Kaysser W. A.: *Titanium '95, Science and Technology*, The University Press, Cambridge, UK, (1996) p. 1935.

[17] Leyens C.: *Titan und Titanlegierungen*, DGM, Oberursel, Germany, (1996) p. 139.

[18] Johnson T. J., Loretto M. H., Kearns M. W.: *Titanium '92, Science and Technology*, TMS, Warrendale, USA, (1993) p. 2035.

2 钛合金及合金化原理

2.1 钛合金相图类型及合金元素分类

2.1.1 钛合金二元相图

钛的二元系相图，可以归纳为四种类型（见图2.1）。

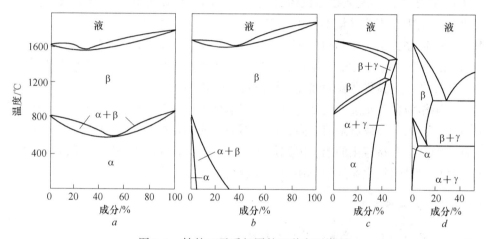

图 2.1 钛的二元系相图的四种主要类型

a—合金元素与 α-Ti 和 β-Ti 形成连续互溶的相图；b—合金元素 α-Ti 有限溶解，与 β-Ti 形成连续互溶的相图；
c—合金元素与 α-Ti、β-Ti 均有限溶解，且有包析反应的相图；d—合金元素与 α-Ti、β-Ti 均有限溶解，且有共析分解的相图

2.1.1.1 第一种类型

与 α-Ti 和 β-Ti 形成连续互溶的相图如图 2.1a 所示。这种二元系只有两个，即 Ti-Zr 和 Ti-Hf 系。钛、锆、铪在周期中是同族元素，其原子外层电子构造一样，点阵类型相同，原子半径相近，故这两个元素在 α-Ti 和 β-Ti 中的溶解能力相同，对 α 相和 β 相的稳定性能影响不大。

对钛来说，与其他合金添加剂相比，锆是相当弱的强化剂。但是温度高时，锆的强化作用较强，因此，锆常作为热强钛合金的组元。添加锆时，钛加热到 600℃，其抗氧化性降低。另外锆的加入可强化 α 相，目前工业钛合金中锆的应用已较多，而铪由于其十分稀缺，尚未应用。

2.1.1.2 第二种类型

与 α-Ti 有限溶解，与 β-Ti 形成互溶的相图如图 2.1b 所示。这样的二元系有 4 个：

Ti-V、Ti-Nb、Ti-Ta 和 Ti-Mo 系。由于钒、铌、钽、钼四种金属只有一种体心立方点阵，所以它们只与具有相同晶型 β-Ti 形成连续固溶体，而与密排六方点阵的 α-Ti 形成有限固溶体。

钒属于稳定钛 β 相的元素，并且随着浓度的提高，它急剧降低钛的同素异晶转变温度。钒含量不小于 15% 时，通过淬火可将 β 固相定在室温。钒含量降低时，根据淬火加热温度的不同，在组织中可以得到不同比例的 α 相和 β 相，也可以固定其他的相。对于工业钛合金来说，钒在 α-Ti 中有较大的溶解度（大于 3%），这是有重要意义的，因为可以得到将单相 α 合金的优点（良好的可焊性）和两相合金的优点（能热处理强化，比 α 合金的工艺塑性好）结合在一起的合金。钒作为钛合金化元素的其他优越性是在 Ti-V 系中无共析反应和金属化合物相。这样，在与加热有关的工艺过程有错误时，不致产生脆性。

铌在 α-Ti 中的溶解度大致与钒相同（约为 4%），但作为 β 稳定剂的效应低很多。为了淬火成全 β 组织，铌的含量不应小于 37%。

对于 Ti-Mo 系，由于钼与钒、铌、钽不在同一族，因此，钼在 α-Ti 中的溶解度不超过 1%，而 β 稳定化效应最大。为了通过淬火固定全 β 组织，有 11% 的钼就足够了。钼的添加有效地提高了室温和高温的强度。同时还使含铬和铁的合金的热稳定性提高。除了上述优点外，钼作为合金元素供应是充足的，在冶金中应用广泛。因此钼为多数钛合金的一种主要组元。钼的一个缺点是熔点高，与钛不易形成均匀的合金。但是，因为在绝大多数工业钛合金中，均有易熔化的铝，因此加钼时，一般是以 Mo-Al 中间合金的形式加入。这种中间合金可通过钼氧化物的铝热还原过程制得。

2.1.1.3　第三种类型

与 α-Ti、β-Ti 均有限溶解，并且有包析反应的相图，如图 2.1c 所示。形成这类相图的二元系有：Ti-Al、Ti-Sn、Ti-Ca、Ti-B、Ti-C、Ti-N、Ti-O 等。

Ti-Al 系相图目前已经做了大量的工作，特别提出的是在 5%~25% 铝浓度范围内的相区范围存在有序化的 α_2 相，它会使合金的性能下降。为了防止有序相 $Ti_3X(\alpha_2$ 相）的出现，考虑到铝和其他元素对 α_2 相析出的影响，Rosenberg 提出铝当量经验公式为

$$[Al] = [Al]\% + 1/3[Sn]\% + 1/6[Zr]\% + 1/2[Ga]\% + 10[O]\%$$

只要铝当量低于 8%~9%，就不会出现 α_2 相。但应指出，这一当量公式是建立在经验基础上，有其实用价值，但是公式物理意义不明确。

锡是相当弱的强化剂，但能显著提高热强性。因此在热强化钛合金中，一般加入 1%~6%，在特殊情况下，锡的含量可达 13%。锡作为热强钛合金的合金化元素的优越性在于：以锡合金化时，其室温塑性不降低而热强化性增加。在生产上锡和铝都得到广泛的应用。

微量的硼可细化钛及其合金的大晶粒，镓可以与钛良好溶合，并显著提高钛合金的热强性。

与其他二元系不太一样的是，氧在多数情况下是有害的杂质，引起钛的脆性。与氮不同，氧是 α-Ti 较"软"的强化剂，在含量允许的范围内时，不仅可以保证所需的强度水平，而且可以保证足够高的塑性。

2.1.1.4 第四种类型

与 α-Ti、β-Ti 均有限溶解，并且有共析分解的相图，如图 2.1d 所示。形成这类相图的二元系有 Ti-Cr、Ti-Mn、Ti-Fe、Ti-Co、Ti-Ni、Ti-Cu、Ti-Si、Ti-Bi、Ti-W、Ti-H 等。

Ti-Cr 系中，形成的 Ti_2Cr 化合物有两种同素异晶形式，其固溶体以 δ 和 γ 表示。根据对钛的同素异晶转变的影响，铬属于 β 稳定剂，在这方面，与钼类似。铬在 α-Ti 中的溶解度不超过 0.5%。为了用淬火固定合金中的 β 组织，加入 9% 的铬就够了。铬可使钛合金有良好的室温塑性并有高的强度，同时可保证有高的热处理强化效应。

在 Ti-W 系统中会产生偏析转变：$β' \leftrightarrow α+β''$。由于偏析反应的温度较高，Ti-W 系的热稳定性比 Ti-Cr 合金高得多。W 在 α-Ti 中的溶解度不高。在钨含量大于 25% 的合金中，通过退火可固定 β 组织。

在一定条件下，氢可作为与钛产生共析反应的元素。与金属 β 稳定剂相似，氢降低钛的同素异晶转变温度，形成共析反应，从而使 β 固溶体分解而形成 α 相和钛的氢化物。在共析温度下氢在 α-Ti 中的溶解度为 0.18%。此外，与金属不同，氢组成间隙型固溶体，属于有害物质，它会引起钛合金的氢脆。

氢脆发生的机理与钛合金组织的微观结构有很大关系。在非合金化钛和以 α 组织为基的单相钛合金中，氢脆的原因是脆性氢化物相的析出，急剧降低断裂强度。在两相合金中，不形成氢化物，但产生氢的过饱和固溶体区，在低速变形时引起脆性断裂。在 β 相含量小的合金中，这两种机理产生联合作用。氢杂质含量足够高时，在所有类型合金中均发现有氢脆。纯钛和近 α 组织的钛合金对氢脆最敏感。随着合金中 β 相含量的增加，其氢脆敏感性减弱。表 2.1 列出了 19 个最重要二元系的主要参数。

表 2.1 二元系状态图的主要参数

元素	溶解度			与下两相平衡的第二相	
	在 α-Ti 中最大的	在 α-Ti 中最小的	在 β-Ti 中最大的	α-Ti	β-Ti
Ag	14.5(7)% [855℃]	约 4.5(2)% [600℃]	28(15)% [1030℃]	Ti_3Ag, 53%	Ti_3Ag[855~930℃] TiAg 69%[930~1030℃]
Al	约 31(44.4)% [约 1240℃]	<5(8)% [500℃]	约 35.5(48.5)% [1460℃]	$α_2(Ti_3Ag)$ 超结构	γ(TiAl), 35%
B	<0.4 (<1.7)% [(886±4)℃]	不溶	不溶 [1610±25)℃]	TiB 18.43%	TiB 18.43%
C	约 0.5(2.0)% [约 (920±30)℃]	<0.2(<1)% [600℃]	约 0.14(0.55)% [1645℃]	TiC 13.5%	TiC 11%
Cr	约 0.5(0.5)% [(667±10)℃]	<0.35(<0.35)% [450℃]	100% [>(1365±10)℃]	$TiCr_2$ 约 63%	[>1365℃] -均匀化区 [<1365℃] -$TiCr_2$ 68.5%
Cu	2.1(1.6)% [约 798℃]	0.7(0.55)% [600℃]	17(13.4)% [990℃]	Ti_2Cu 40%	Ti_2Cu

元素	溶解度			与下两相平衡的第二相	
	在 α-Ti 中最大的	在 α-Ti 中最小的	在 β-Ti 中最大的	α-Ti	β-Ti
Fe	<0.012（0.01）% ［约 590℃］	<0.001（0.01）% ［500℃］	25（22）% ［1085℃］	TiFe 54%	TiFe
H	约 0.175（1.9）% ［319℃］	<0.005（0.24）% ［20℃］	约 1.8（48）% 1atm ［640℃］	TiH 1.8（48）%	TiH₂ 约 3.0（60）%
Mn	约 0.5（0.44）% ［约 550℃］	不溶	约 33（30）% ［1175℃］	TiMn 53.4%	TiMn ［550~950℃］ TiMn₂（69.6）［950~1175℃］
N	7（22）% ［约 2305℃］	3.5（10）% ［600℃］	约 2（6）% ［约 2020℃］	α（TiN）约 30（59）% ［>1050℃］ ω（Ti₂N）约 8.5（24）% ［<1050℃］	α
Nb	4（2.5）% ［500℃］	—	不连续固溶体系列	TiNb ~50（35）% ［约 600℃］	
Ni	<0.1（0.08）%	<0.1（0.08）%	10.3（12.3）% ［942℃］	Ti₂Ni 38%	Ti₂Ni
O	约 15.5（35）% ［1770℃］	约 14.5（34）% ［600℃］	约 2（约 6）% ［1740℃］	TiO 约 20（43）% ［925~1170℃］; δ 约 18（42）% ［<925℃］ ［<1200℃］- 超结构	
Pd	<0.02（1）% ［578℃］	不溶	49.9（31）% ［1140℃］	Ti₄Pd 35.7%	Ti₄Pd₃ 62.5% ［约 900~1140℃］ Ti₂Pd 52.3% ［780~900℃］ Ti₄Pd ［<780℃］
Si	0.45（0.8）% ［860℃］	<0.2（0.12）% ［约 600℃］	3（5）% ［1330℃］	Ti₅Si₃ 约 27.5%	Ti₅Si₃
Sn	<20（9）% ［约 885℃］	<20（9）% ［约 600℃］	32（16）% ［1590℃］	Ti₃Sn 约 43（23）% ［≤885℃］- 超结构	Ti₃Sn 约 43（23）% ［约 885~1605℃］

元素	溶解度			与下两相平衡的第二相	
	在 α-Ti 中最大的	在 α-Ti 中最小的	在 β-Ti 中最大的	α-Ti	β-Ti
V	3.3(3.1)% [600℃]	—	不连续固溶体系列	β(TiV) 约 28(26)% [约 600℃]	—
W	约 0.8(0.2)% [约 715℃]	<0.8(0.2)% [700℃]	不连续固溶体系列	β(TiW) 96(86)% [约 715℃]	—
Zr	与 α-Ti 和 β-Ti 形成不连续固溶体系列，65.6(49.3)%，545℃时，在 β/α 曲线上最小				

2.1.2 合金元素及其作用

2.1.2.1 合金元素的分类

根据各种元素与钛形成相图的特点，及对钛的同类异形转变的影响，加入钛中的合金元素可分成：提高 α ⇌ β 转变温度的 α 稳定元素；降低 α ⇌ β 转变温度的 β 稳定元素；对同素异形转变温度影响很小的中性元素。

A α 稳定元素

能提高 β 相变温度的元素，称为 α 稳定元素，它们在周期表中的位置离钛较远，与钛形成包析反应。这些元素的电子结构、化学性质与钛的差别较大。

铝是最广泛采用的、唯一有效的 α 稳定元素，Ti-Al 二元相图如图 2.2 所示。钛中加入铝，可降低熔点和提高 β 转变温度，在室温和高温都起到强化作用。此外，加铝也能减小合金的比密度。含铝量达 6%~7% 的钛合金具有较高的热稳定性和良好的焊接性。添加铝在提高 β 转变温度的同时，也使 β 稳定元素在 α 相中的溶解度增大。因此，铝在钛合金中的作用类似于碳在钢中的作用，几乎所有的钛合金中均含铝。

铝原子以置换方式存在于 α 相中。当铝的添加量超过 α 相的溶解极限后，会出现以 Ti_3Al 为基的有序 $α_2$ 固溶体，使合金变脆，热稳定性降低。因此，钛合金对铝的最高含量一直有限制。随着材料科学的发展，行业已发现 Ti-Al 系金属间化合物的密度小，高温强度高，抗氧化性强及刚性好，这些优点对航空航天工业具有极大的吸引力。铝含量分别为 16% 及 36% 的 Ti_3Al 和 TiAl 基合金，是很有前途的金属间化合物耐热合金。

除铝外，镓、锗、氧、氮、碳也是 α 稳定元素。镓属于稀贵元素，其应用仍处于研究阶段。氧、氮、碳一般为杂质元素，很少作为合金的添加元素使用。

B 中性元素

对钛的 β 元素转变温度影响不明显的元素，称为中性元素，如与钛同族的锆、铪（见图 2.3）。中性元素在 α、β 两相中有较大的溶解度，甚至能够形成无限固溶体。另外，锡、铈、镧、镁等，对钛的 β 转变温度影响不明显，亦属中性（见图 2.4）。中性元素加入后主要对 α 相起固溶强化作用，故有时也可将中性元素看作 α 稳定元素。

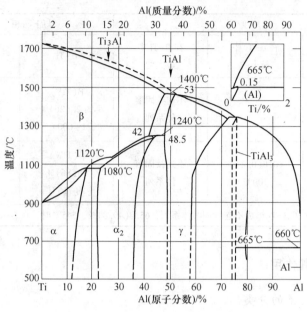

图 2.2　Ti-Al 系相图

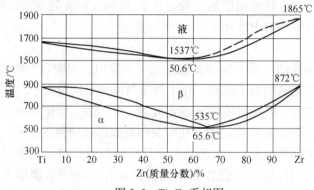

图 2.3　Ti-Zr 系相图

钛的合金中常用的中性元素主要为锆和锡，它们在提高 α 相强度的同时，也提高其热强性，但其强化效果低于铝，它们对塑性的不利作用也比铝小，这有利于压力加工和焊接。适量的铈、镧等稀土元素，也有改善钛合金的高温拉伸强度及热稳定性的作用。

C　β 稳定元素

降低钛的 β 转变温度的元素，称为 β 稳定元素。根据相图的特点，又可分为 β 同晶元素及 β 共析元素。

a　β 同晶元素

β 同晶元素，如钒、钼、铌、钽等，在周期表上的位置靠近钛，具有与 β-Ti 相同的晶格类型，能与 β-Ti 无限互溶，而在 α-Ti 中具有有限溶解度。图 2.5～图 2.7 所示为 Ti-Mo、Ti-V、Ti-Nb 系相图。

由于 β 同晶元素入的晶格类型与 β-Ti 相同，它们能以置换的方式大量溶入 β-Ti 中，产生较小的晶格畸变，因此这些元素在强化合金的同时，可保持其较高的塑性。含同晶元

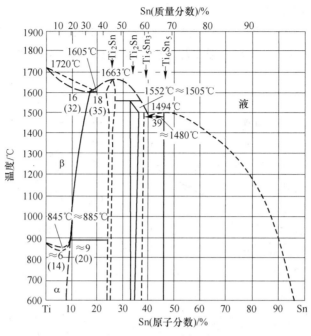

图 2.4 Ti-Sn 系相图

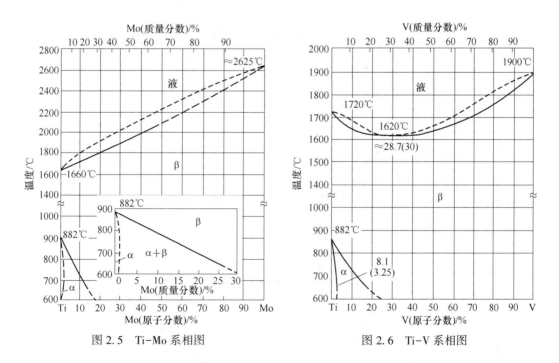

图 2.5 Ti-Mo 系相图 图 2.6 Ti-V 系相图

素的钛合金，不发生共析或包析反应而生成脆性相，组织稳定性好。因此 β 同晶元素在钛合金中被广泛应用。

b β 共析元素

β 共析元素，如锰、铁、铬、硅、铜等，在 α-Ti 和 β-Ti 中均具有有限溶解度，但在 β-Ti 中的溶解度大于在 α-Ti 中的，以存在共析反应为特征。按共析反应的速度，又可分为慢共析元素和快共析元素。

慢共析元素有锰、铁、铬、钴和钯等（见图 2.8～图 2.10），它们的加入，使钛的 β 相具有很慢的共析反应，反应在一般冷却速度下来不及进行，因而慢共析元素与 β 同晶元

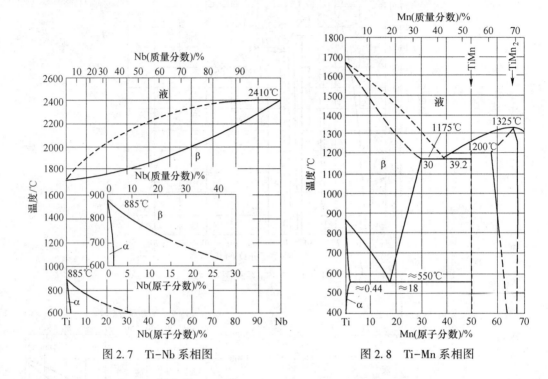

图 2.7　Ti-Nb 系相图　　　　　　　　图 2.8　Ti-Mn 系相图

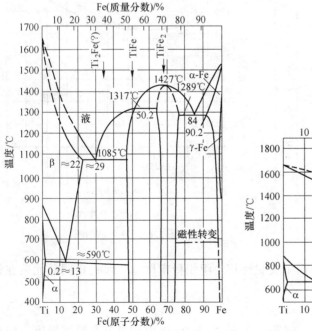

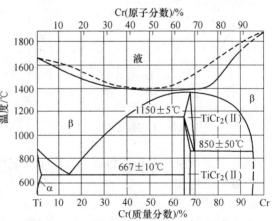

图 2.9　Ti-Fe 系相图　　　　　　　　图 2.10　Ti-Cr 系相图

素作用类似，对合金产生固溶强化作用。它们也广泛应用于工业钛合金中。

快共析元素，如硅、铜、镍、银、钨、铋等（见图 2.11、图 2.12），在 β-Ti 中所形成的共析反应速度很快，在一般冷却速度下就可以进行，β 相很难保留到室温。共析分解所产生的化合物，都比较脆，但在一定的条件下，一些元素的共析反应，可用于强化钛合金，尤其是可提高其热强性。

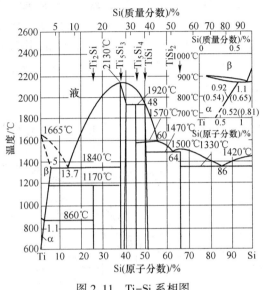

图 2.11 Ti-Si 系相图

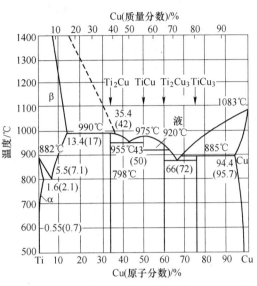

图 2.12 Ti-Cu 系相图

β 稳定元素的加入，可稳定 β 相，随其含量增加，β 转变温度降低。当 β 稳定元素含量达到某一临界值时，较快冷却能使合金中的 β 相保持到室温，这一临界值称为"临界浓度"，用 C_k 表示，其稳定 β 相的能力越强。一般 β 共析元素（尤其使慢共析元素）的 C_k 要小于 β 同晶元素。各种 β 稳定元素的 C_k 见表 2.2。

表 2.2 常用 β 稳定元素的 C_k

合金元素	Mo	V	Nb	Ta	Mn	Fe	Cr	Co	Cu	Ni	W
C_k（质量分数）/%	11	14.9	28.4	40	6.5	5	6.5	7	13	9	22

在 β 稳定元素中，锰、铁、铬对 β 相的稳定效果最大，但它们是慢共析元素，在长时间的高温工作条件下，β 相容易发生共析反应，因而合金组织不稳定，蠕变抗力差。但如果同时加入钼、钒、钽、铌等 β 同晶元素，则共析反应可受到进一步抑制。

D 生成离子化合物的元素

卤素元素氯、碘等与钛形成离子化合物。在工业生产中，制造 $TiCl_4$ 和 TiI_4，通过还原的工艺，可获得海绵钛和碘化法高纯钛。

E 不发生作用的元素

和钛不发生作用的有镁、钠、钙等元素，它们在周期表上属ⅠA和ⅡA族。这些元素在冶炼工业中作为还原剂，将钛从卤化物或氧化物中还原出来，获得金属钛。另一类与钛不发生作用的是惰性气体氦、氩等，它们作为保护气体，在钛的熔炼、铸造、焊接和热处理等工艺中，获得了广泛的应用。

2.1.2.2　合金元素对钛力学性能的影响

目前，钛合金中最常用的合金元素约十余种，其主要强化途径是固溶强化和弥散强化。前者是通过提高 α 相或 β 相的固溶体而提高合金的性能；后者是借助热处理获得高度弥散的 α+β 或 α+金属间化合物来达到强化的目的。目前来讲，钛合金通过这两种强化效果，可使抗拉强度从纯钛的约 450MPa 增加到 1000~1200MPa，如果再结合适当的热处理，强度可以达到 1200~1500MPa，个别合金可达到 1800~2000MPa。应该说与合金钢相比钛合金的强化效应并不是很强，且发展潜力也并不是很大，主要原因是难以通过组织调整，在满足高强度水平的同时，仍保留足够的塑性和韧性。

A　合金元素对室温力学性能的影响

图 2.13 表示各类主要合金元素对钛退火状态力学性能的影响，此图可反映合金元素的固溶强化效果。

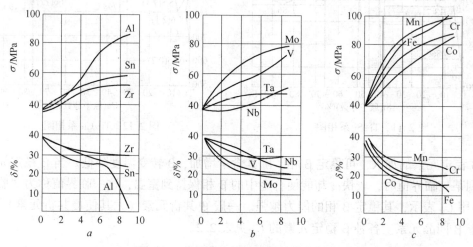

图 2.13　常用合金元素对钛性能的影响

a—中性元素及 α 稳定化元素；*b*—同晶型 β 稳定化元素；*c*—共析型 β 稳定化元素

图 2.13*a* 表示 α 稳定元素铝和中性元素锆、锡的影响。在图示成分范围内，退火组织为单相 α 固溶体，而且铝的固溶强化效果最显著，可以看出每增加 1% 的铝，抗拉强度增加约 50MPa；锆、锡强化作用则比较弱，对应的强度增量为 20~30MPa。另外，锆、锡一般不单独使用，而是作为多元合金的补充强化剂。

图 2.13*b* 表示 β 同晶元素与合金性能之间的关系。合金组织与成分有关，当合金浓度超过 α 相的极限溶解度后，进入 α+β 相区。由于 β 稳定元素优先溶于 β 相，因此 β 相具有更高的强度和硬度，这样合金平均强度将随组织中 β 相所占比例增加而提高，当 α 相和 β 相各占 50% 时强度达到峰值。继续增加 β 相数量，强度反而有所下降（见图 2.14）。元素的强化作用按钼、钒、钽、铌次序递减。

图 2.13*c* 表示共析型 β 稳定元素对合金性能的影响。其规律和 β 同晶型元素相似，特别是非活性共析元素锰、铬、铁，在一般生产和热处理条件下，共析转变并不发生，因此大体上可以钼、钒等组元同等对待，退火组织仍为 α+β 相。但对于需要在高温长期使用

的耐热合金，非活性共析元素的存在，将降
低材料的热稳定性。

B　合金元素对高温力学性能的影响

合金在高温下的行为与常温有所不同。
首先，钛中凡添加能提高合金固态相变温度
的元素，在其他条件相同的情况下，改善耐
热性的作用比较明显。这是因为在接近相变
温度时，组织稳定性下降，原子活性增加，
故促使金属软化。按照这一原则，耐热钛合
金在成分上应以 α 稳定化元素和中性元素为
主，至于 β 稳定化元素一般效果较差。只有
那些能强烈提高钛原子键合力的钼、钨及共
析转变温度较高的硅、铜等元素，在适当浓
度范围内可有效增加合金热强性。

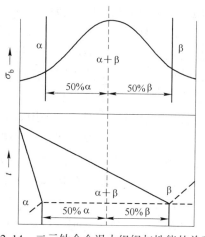

图 2.14　二元钛合金退火组织与性能的关系

其次，从组织角度来看，在单相固溶体浓度范围内，耐热性随浓度的增加而提高，当
组织中出现第二相时则有所下降，这也符合一般规律，因为复相组织，例如 α+β 型合金，
在加热过程中将发生 α→β 转变，促使相界附近的原子扩散，故耐热度下降。按照这一特
点，耐热钛合金应以单相组织为宜，实际情况也是如此，一般均选用 α 型或近型合金作为
高温工作的材料。

2.1.2.3　杂质元素对钛性能的影响

钛中的主要杂质元素有氧、氮、碳和硅，其中前三种属间隙型元素，后一种属置换型
元素，它们可以固溶在 α 相或 β 相中，也可以以化合物的形式存在。

钛的硬度对间隙型杂质元素很敏感，杂质含量越多，钛的硬度就越高（见表 2.3）。
据此，生产上常根据钛的硬度来估计其纯度。为了综合考虑间隙元素对硬度的影响，引入
氧当量，即

$$[O]_当 = [O] + 2[N] + 0.67[C]$$

氧当量和硬度的关系为

$$HV = 65 + 310\sqrt{[O]_当}$$

表 2.3　钛的纯度与硬度的关系

Ti 纯度/%	99.5	99.8	99.6	99.5	99.4
硬度 HV	90	145	165	195	225

氢降低 (α+β)/β 相变温度，是 β 稳定元素，氢对钛的性能影响主要表现为氢脆。氢
在 β-Ti 中的溶解度比 α-Ti 中大得多，且在 α-Ti 中的溶解度随温度降低而急剧减少，当
冷却到室温时，会析出脆性氢化物 TiH_2，使合金变脆，称为氢化物氢脆。含氢的 α-Ti 在
应力作用下，促进氢化物析出，由此导致的脆性叫应力感生氢化物氢脆。此外，溶解在晶
格中的氢原子，在应力作用下，经过一定时间会扩散到晶体缺陷处，在那里与位错发生交

互作用，位错被钉扎，引起塑性降低。当应力去除并静止一段时间，再进行高速变形时，塑性又可以恢复，这种脆性称为可逆氢脆。当钛及钛合金中氢含量小于 0.015% 时，可防止发生氢化物型氢脆，但应力感生氢化物氢脆和可逆氢脆是很难避免的。减少氢脆的主要措施是减少氢含量。实践表明，严格控制原材料的纯度，采用真空熔炼，加热时采用中性或弱氧化性气氛，在惰性气体保护下进行焊接，在酸洗时尽量避免增氢等措施都是有效的。当钛中氢含量过多时，可采用真空退火去氢。

一方面，在室温时氢引起各种氢脆；另一方面，在高温形变时氢有增塑作用，即提高热塑性或超塑性。生产上利用氢作为暂时合金元素渗到合金中去，发挥其有利作用，然后通过真空退火去氢。增塑的原因是氢降低形变激活能，即降低原子扩散迁移所必须克服的能量，提高了形变过程中扩散协调变形能力。同时氢原子在高温下分布比较均匀，减小了局部弹性畸变，并且氢有促进晶粒细化作用，从而改善了高温热塑性。

氮、氧、碳都提高 $(\alpha+\beta)/\beta$ 相变温度，扩大 α 相区，属 α 稳定元素。它们提高钛的强度，急剧降低塑性，如图 2.15 所示，其影响程度，按氮、氧、碳顺序递减。为了保证合金的塑性和韧性，目前在工业钛合金中氢、氮、氧、碳含量分别控制在 0.015%、0.15%、0.05%、0.1% 以下。随着科学技术的发展及产品质量的提高，对纯度要求也更趋严格。对于低温应用的钛及钛合金，由于氮、氧、碳提高塑-脆转变温度，应尽量降低它们的含量，特别是氧含量。

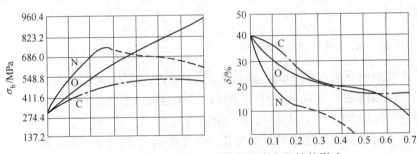

图 2.15　氧、氮、碳纯度对钛的强度和塑性的影响

微量铁和硅在固溶范围内与钛形成置换固溶体，它们对钛的性能影响不像间隙元素那样强烈。作为杂质时，铁和硅的含量分别要求小于 0.3% 和 0.15%，但有时它们也作为合金元素酌情加入。

2.1.3　常用合金元素

钛中加入合金元素可改善钛的性能，得到不同类型的钛合金。目前国内外，商用的钛合金中常用的合金元素有铝、锡、锆、钒、钼、锰、铁、铬、铜、硅等，而且几乎在所有的钛合金中都含有铝，只是数量不同，最多不超过 8%。元素间相互作用是形成固溶体还是形成化合物，形成固溶体的溶解度有多大，根据合金理论，这些问题主要取决于原子的电子层结构、原子半径大小、晶格类型、电负性及电子浓度等因素。

钛是过渡族金属，在周期表上，与钛同族的元素锆和铪具有与钛相同的外层电子结构和晶格类型，原子半径也相近，故与 α-Ti 和 β-Ti 均能无限互溶，形成连续固溶体。在周期表上，靠近钛的元素（如钒、钼、铌、钽等）与β-Ti具有相同的晶格类型，能与β-Ti无限互溶。在α-Ti中则有限溶解。周期表上离钛越远的元素，其电子结构及原子半径与钛相差越大，与钛的溶解度也越小，并且容易形成化合物。

2.2　合金元素对钛合金组织结构和性能的影响

钛合金中各种合金元素，如铝、钒、锡、锆、钼、铜等，它们可以对钛合金进行强化，改善钛合金性能。

2.2.1　铝

铝是工业上应用最广泛的元素，同时铝也是钛合金中最主要的强化元素。铝具有显著的固溶强化作用，它在α-Ti中的固溶度大于在β-Ti中的固溶度，提高了α/β相互转变的温度，扩大了α相区，属于α稳定化元素。当合金中铝的质量分数在7%以下时，随含铝量的增加，合金的强度提高，而塑性无明显降低。而当铝的质量分数超过7%后，由于合金组织中出现脆性的Ti_3Al化合物，使塑性显著降低，故铝在钛合金中的质量分数一般不超过7%。

2.2.2　钒（钼、铌、钽）

钒是钛合金中广泛应用的一种合金元素，它与β-Ti属于同晶元素，具有β稳定化作用。钒在β-Ti中无限固溶，而在α-Ti中也有一定的固溶度。钒具有显著的固溶强化作用，在提高合金强度的同时，能保持良好的塑性。钒还能提高钛合金的热稳定性。为淬火成β组织，钼的浓度不应小于50%。钽对于钛来说，是"软"强化剂：无论常温还是高温，它使钛的强度提高不大。总体来说，钼、铌、钽在钛合金中的性质和利用与钒相似。

2.2.3　铜

铜属于β稳定化元素。钛合金中的铜有一部分以固溶态存在，另一部分形成Ti_2Cu或$TiCu_2$化合物，$TiCu_2$具有热稳定性，直到提高合金热强化性的作用。由于铜在α相中的固溶度随温度的降低而显著减小，故可以通过时效沉淀强化来提高合金的强度。最近的研究表明，具有微晶结构的铸造Ti60Cu14Ni12Sn4Nb10合金压缩强度可达2.4GPa并且塑性变形也可以达到14.5%，在该合金中铌的添加可以起到稳定α相的作用。Dmitri等人研究了合金的组织结构和力学性能，该合金组织为共晶组织（见图2.16），相结构分别为(Ti,Nb,Ni,Cu)固溶体、单斜TiNi类(Ti,Nb)(Ni,Cu)相和$(Ti,Nb)_2(Cu,Ni)$，其中$(Ti,Nb)_2(Cu,Ni)$是由Ti_2Cu转换而来，只不过铌和镍原子部分置换了钛、铜原子，金属间化合物相组成成分见表2.4。经过1073K长时间退火处理，TiCu将沉淀析出。该合金表现出强烈的加工硬化趋势，屈服强度（0.2%）可达1770MPa，塑性变形率为11%。另外，有研究表明，铜、锡复合强化并配之以快速凝固或冷却工艺所获得的Ti50Ni20Cu23Sn7合金呈非晶态组织的拉伸强度为2200MPa。

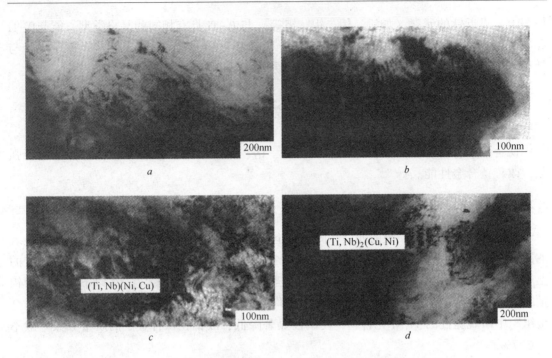

图 2.16　Ti60Cu14Ni12Sn4Nb10 合金的透射电镜的微观组织结构
a—共晶组织；b—β-Ti 固溶体；c，d—金属间化合物相

表 2.4　Nb、Ni 原子置换行为的钛合金各相的化学成分组成

合金相　　　　元素	Ti	Ni	Cu	Nb
β-Ti 固溶体	48.4	3.3	5.5	42.8
(Ti,Nb)(Ni,Cu)	47.7	27.8	22.6	1.9
(Ti,Nb)₂(Cu,Ni)	58.5	12.6	21.9	7

2.2.4　硅

　　硅的共析转变温度较高（860℃），加硅可改善合金的耐热性能，因此在耐热合金中常添加适量硅，加入硅量以不超过 α 相最大固溶度为宜，一般为 0.25%左右。由于硅与钛的原子尺寸差别较大，在固溶体中容易在位错处偏聚，阻止位错运动，从而提高耐热性。对于钛镍形状记忆合金加入硅元素后，将对组织转变行为和力学性能产生较大的影响。Hsieh 等人将 2%（原子分数）的硅加主 TiNi 中，仔细研究了 Ti51Ni47Si2 和 Ti51Ni49 两种合金的微观组织结构、马氏体转变行为等方面的异同，发现加入硅后，Ti-Ni 合金基体晶界处分布有大量的沉淀析出产物，通过物相分析显示沉淀相为 Ti5Ni4Si1 X 相，说明硅加入到合金后，除了作为固溶元素固溶于基体，还有一部分形成第二相沉淀析出来，其析出形态如图 2.17 所示。不仅如此，硅的加入不仅扩大了马氏体稳定存在温度区间，并且还提高了合金硬度，图 2.18 显示了经不同程度冷轧加工后两种合金的硬度区别。另外，对

于钛铝合金的定向凝固生长，少量硅的加入可改善凝固组织的抗蠕变和氧化性能但降低断裂韧性，不仅影响生长前沿动力学，推移领先 α 相向低的铝成分区，并且在凝固组织中出现大量 Ti$_5$Si$_3$ 析出相，尺寸较大的粒子直接从液相中生成，而那些较小的弥散分布的粒子则来源于类共析反应。

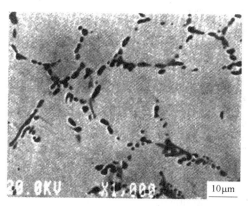

图 2.17　Ti5Ni4Si 第二相析出形态

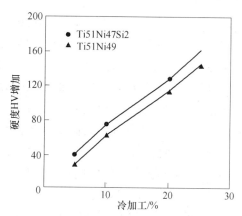

图 2.18　经不同程度冷轧加工变形后 Ti51Ni47Si2 和 Ti51Ni49 两种合金的硬度变化

2.2.5　锆、锡

它们是常用的中性元素，在 α-Ti 和 β-Ti 中均有较大的溶解度，常和其他元素同时加入，起补充强化作用。尤其是在耐热合金中，为保证合金组织以 α 相为基，除铝以外，还须加锆和锡来进一步提高耐热性，同时对塑性不利影响比铝小，使合金具有良好的压力加工性和焊接性能。和铝一样，锡和锆能抑制 ω 相的形成，并且锡能减少对氢脆的敏感性。在钛锡系合金中，当锡超过一定浓度也会形成有序相 Ti$_3$Sn，降低塑性和热稳定性。

2.2.6　锰、铁、铬

它们强化效果大（见表 2.5），稳定 β 相能力强，密度比钼、钨小，故应用较多，是高强亚稳定 β 型钛合金的主要添加剂。但它们与钛形成慢共析反应，在高温长期工作条件下，组织不稳定，蠕变抗力低。当同时添加 β 同晶型元素，特别是钼时，有抑制共析反应的作用。

表 2.5　钛中加入 1%（质量分数）合金元素增加的强度值

元　素	α 稳定元素	中性元素		β 稳定元素						
	Al	Sn	Zr	Mn	Fe	Cr	Mo	V	Nb	Si
$\Delta\sigma_b$/MPa	50	25	20	75	5	65	50	35	15	12

对于以上合金元素对钛合金中的作用，归纳起来有以下几点：

（1）起固溶强化作用。提高室温抗拉强度最显著的是铁、锰、铬、硅；其次为铝、钼、钒；而锆、锡、钽、铌强化效果差。

（2）升高或降低相变点，起稳定 α 相或 β 相的作用。

（3）添加 β 稳定元素，增加合金的淬透性，从而增强热处理强化效果。

（4）铝、锡、锆有防止 ω 相形成的作用；稀土可抑制 α_2 相析出；β 同晶元素有阻止 β 相共析分解的作用。

（5）加铝、硅、锆、稀土元素等可改善合金的耐热能。

（6）加钯、钌、铂等提高合金的耐腐蚀性和扩大钝化范围。

实际上工业合金均采用多元组合复合强化，因任何一个单独元素，其作用都是有限的，难以得到很高的综合性能。意大利的研究人员研究了添加第三元素对 MATi40Al60 合金的热稳定性的影响，也就是要看添加第三元素是否可改善铝无序的 TiAl 相的热稳定性。研究中采用的第三添加元素是高熔点金属元素铌和钼，并根据所得到的实验结果，讨论了它们对结构和热稳定性的影响。通过研究，他们得到了如下结果：

（1）虽然部分钼可溶入非晶基体 $Ti_{40}Al_{60}$ 中，但钼并不参与合金化过程；基体本身晶化温度的变化可以说明这一点。

（2）铌则完全参与合金化过程，并形成一个独特的非晶相。

（3）热处理可使非晶相首先转变为具有立方铝结构的无序金属间化合物相，然后再转变为有序 LI_0 结构。

（4）添加铌可稳定非晶状态，但同时降低无序 TiAl 相的热稳定性。

目前绝大多数钛合金，除铝外，还添加 β 稳定化组元钒、钼等及中性元素锡、锆，它们不仅增强了复相组织中 α、β 相强度，而且改变了 β 相分解动力学，提高时效组织的弥散度，因而显著增强热处理强化效果。多元复合强化将导致析出相金属间化合物的原子置换，并且相应地析出相形态等也可能变化，图 2.19 和图 2.20 所示为 Ti6Al2Cr2Mo2Sn2Zr 合金经过 550℃/1000h 和 550℃/500h 时效后，$TiCr_2$ 粒子沿 α-Ti 基体中位错线析出形态和粒子微观结构形貌。

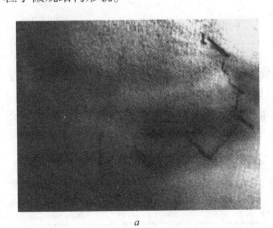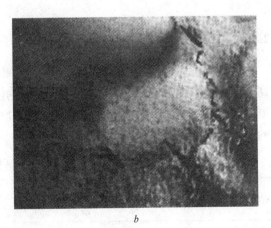

a　　　　　　　　　　　　　　　　　*b*

图 2.19　Ti6Al2Cr2Mo2Sn2Zr 合金经过 550℃/1000h 时效后

$TiCr_2$ 粒子沿 α-Ti 基体中位错线析出形态

a—*g* = 002；*b*—*g* = 1100

图 2.20 Ti6Al2Cr2Mo2Sn2Zr 合金经过 550℃/500h 时效后 TiCr₂ 粒子形貌和内部孪晶结构

2.3 钛合金的分类

钛合金可按其退火组织分为三类：α 钛合金、β 钛合金、α+β 钛合金（还包括含有少量 β 相的近 α 合金）。它们的划分可以利用钛钒合金状态图的 β 相转变成 α 相部分（见图2.21）来加以说明。如果钛中钒的加入量少于 D 点的含量时，这样的钛钒合金，从 β 相变温度以上的温度空冷下来，如垂线 1 所示，将转变成条状的 α 相组织。这样的合金称为 α 钛合金。如果钛中加入的钒很多，并大于 15% 时，如图中垂线 2 所示，在淬火冷却或空气冷却的条件下，将得到单一的不够稳定的 β 相，这样的合金，便是 β 钛合金。在垂线 1 和 2 之间，约从 D 点到 15% 钒点的成分范围内的合金，都是 α+β 两相钛合金。

三大类钛合金各有其特点。α 钛合金高温性能好，组织稳定，焊接性能好，是耐热钛合金的主要组成部分，但常温强度低，塑性不够高。α+β 钛合金可以热处理强化，常温强度高，中等温度的耐热性也不错，焊接性能良好，但组织不稳定。β 钛合金的塑性加工性能好，合金浓度适当时，可通过强化热处理获得高

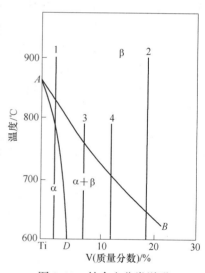

图 2.21 钛合金分类说明

的常温力学性能，是发展高强度钛合金的基础，但组织性能不够稳定，冶炼工艺复杂。当前应用最多的是 α+β 钛合金，其次是 α 钛合金，β 钛合金应用相对较少。

若按性能特点分类，则钛合金可分为低强钛合金、中强钛合金、高强钛合金、低温钛合金、铸造钛合金及粉末钛合金等。

2.3.1 α钛合金

退火组织为以 α-Ti 为基体的单相固溶体的合金称为 α 合金。我国 α 合金的牌号为

TA，后跟一个代表合金序号的数字，TA4～TA8 都属于 α 合金。这类合金中的合金元素主要是 α 稳定元素和中性元素，如铝、锡、锆，基本不含或只含很少量的 β 稳定元素，强度较低。其主要特点是高温性能好，组织稳定，焊接性和热稳定性好，是发展耐热钛合金的基础，一般不能热处理强化（Ti-2Cu 合金除外）。

TA4～TA6 是 Ti-Al 系二元合金，铝在 500℃ 以下能显著提高合金的耐热性，故工业用钛合金大多数都加入一定量的铝，但温度大于 500℃ 以后，Ti-Al 合金的耐热性显著降低，故 α 钛合金的时效温度一般不能超过 500℃。

值得说明的是，TA4 合金只含 2%～3.3% 的铝，强度不高，适于做焊丝材料；TA5 合金加入微量的硼，主要是为了提高弹性模量，强度也不高；TA6 合金约含 5% 的铝，但铝含量接近上限，就会有变脆的趋势，而且只有中等强度，工艺塑性也较差，适于热变形。所以在航空工业中多用强度更高的 TA7 合金代替 TA5、TA6 合金。

在 Ti-Al 合金中加入少量的中性元素锡，在不降低塑性的条件下，可进一步提高合金的高、低温强度。Ti-5Al-2.5Sn 就是加入少量锡的 TA6 合金，由于锡在 α 和 β 相中都有较高的溶解度，能进一步固溶强化 α 相，只当锡含量大于 18.5% 时才能出现 Ti_3Sn 化合物，所以添加 2.5% 的锡的 TA7 合金仍是单相 α 合金。

TA7 合金的塑性与 TA6 合金基本相同，但强度高一些，并且组织稳定，焊接性能好，焊接无脆化现象，强度与塑性基本相同。TA7 合金还有较好的热塑性和热稳定性，可在 400℃ 长期工作，多用于冷成形半径大的飞机蒙皮和制造各种模锻件，是我国应用最多的一种 α 钛合金。

Ti-5Al-2.5Sn 合金作为单相合金，虽然有高的抗蠕变性能，但这种合金通常要求在 α/β 转变温度以下塑性加工，以防止晶粒过分长大，再加上六方晶格结构的先天缺点（塑性变形能力低）和应变硬化率高，变形率受到很大的限制。因此这种合金在国外有逐渐被成形性能更高的时效硬化型 Ti-2.5Cu 合金所代替的趋势。但 TA7 合金还原另一极有前景的用途，就是制造超低温用的容器。这种合金的比强度在超低温下约为铝合金和不锈钢的两倍，故钛合金压力容器已成为许多空间飞行器储存燃料的标准材料。

α 钛合金的组织与塑性加工和退火条件有关。在 α 相区塑性加工和退火，可以得到细的等轴晶粒组织。如果自 β 相区缓冷，α 相则转变为片状魏氏组织；如果是高纯合金，这种组织还可以出现锯齿状 α 相；当有 β 相稳定元素或杂质氢存在时，片状 α 相还会形成网篮状组织；自 β 相区淬火可以形成针状六方马氏体 α′。

α 钛合金的力学性能对显微组织虽不甚敏感，但自 β 相区冷却的合金，抗拉强度、室温疲劳强度和塑性要比等轴晶粒组织低。而另一方面，自 β 相区冷却能改善断裂韧性和抗蠕变性。

α 型钛合金共同的主要优点是焊接性好、组织稳定、抗腐蚀性强，缺点是强度不很高、变形抗力大、热加工性差。

2.3.2　α+β 钛合金

退火组织为 α+β 相的合金称 α+β 两相合金。当 β 稳定化元素超过一定临界成分时，称为富的 α+β 钛合金；当 β 稳定化元素低于临界成分时，称为贫 β 的 α+β 钛合金。工业用 α+β 钛合金的组织中仍以 α 为主，但 TB 有一定量的（一般小于 30%）β 相，β 相的存在正是靠加入适量（2%~6%，小于10%）的β稳定元素来保证的。这类合金的中国牌号为TC，后跟合金序号，如TC3、TC4等。这类合金的特点是，有较好的综合力学性能，强度高，可热处理强化，热压力加工性好，在中等温度下耐热性也比较好，但组织不够稳定。

2.3.2.1 α+β钛合金的合金化特点

α+β钛合金既加入α稳定元素又加入β稳定元素，使α和β相同时得到强化。β稳定元素加入量为4%~6%，主要为了获得足够数量的β相，以改善合金的成形塑性和赋予合金以热处理强化的能力。由此可知，α+β钛合金的性能主要由β相稳定元素来决定。元素对β相的固溶强化和稳定能力越大，对性能改善作用越明显。由表2.6可知，β稳定元素的固溶强化效应并不大，但对β相的稳定作用却很明显，加入量不太高，就可以得到淬火β相，通过退火或时效，可使室温强度提高到1400MPa以上。

表2.6 β稳定元素对β相的固溶强化和稳定能力

β稳定元素	V	Cu	Mo	Ni	Co	Mn	Cr	Fe
固溶强化，1%β稳定元素室温强度的增值/MPa	19	14	27	35	48	34	21	46
获得淬火β相的最低浓度/%	14.9	13	10	9	7	6.4	6.3	3.5

但应说明，由于钛合金的热导率低，限于大锻件的渗透性，只有少数合金能达到这一强度水平。

α+β钛合金的α相稳定元素主要是铝。铝几乎是这类合金不可缺少的元素，但加入量应控制在6%~7%以下，以免出现有序反应，损害合金韧性。为了进一步强化α相，只有补加少量的中性元素锡和锆。

β稳定元素的选择比较复杂，就稳定β的能力来看，非活性的共析型β稳定元素铁和铬最高，但加入铁或铬的合金在共析温度以下（450~600℃）长时间加热，共析化合物$TiCr_2$或TiFe能沿晶界沉淀，降低合金的韧性，甚至于降低强度。这种组织不稳定，在加热时易受氧化或受其他气体夹杂污染而使性能变坏的现象称为"热稳定性"低，是钛合金化应当极力避免的问题。因此，α+β合金只能用稳定能力较低的β全溶固溶型元素钼和钒作为主要β稳定元素，再适当配合少量非活性共析型元素锰和铬或微量活性共析型元素硅。

2.3.2.2 α+β合金的组织与性能

α+β合金的显微组织较复杂，归纳起来有：在β相区锻造或加热后缓冷的魏氏组织；在两相区锻造或退火的等轴晶粒的两相组织；在（α+β）/α转变温度附近锻造和退火的网篮组织。

α+β钛合金的力学性能与组织间的关系也较复杂。合金的抗拉强度对退火组织和锻造温度不甚敏感（见表2.7）。

表2.7 Ti-6Al-4V锻件锻造后在705℃ 2h退火的力学性能

力学性能	锻造温度（α/β转变温度为1005℃）	
	α+β相区	β相区
σ_b/MPa	980	995

续表 2.7

力 学 性 能	锻造温度（α/β 转变温度为 1005℃）	
	α+β 相区	β 相区
$\sigma_{0.2}$/MPa	945	915
δ/%	16.0	12.0
ψ/%	45.0	22.0
K_{IC}/MN·m^{-3}	52.0	79.0
疲劳强度（$N=10^7$）σ_{-1}/MPa	±495	±745

Ti-6Al-4V 合金在 α+β 相区锻造和退火得到的是等轴晶粒组织，塑性（δ 和 ψ）比较高，而在 β 相区锻造后空冷，在 705℃ 退火的组织是魏氏组织，有高的断韧度和疲劳强度。这说明疲劳裂纹沿魏氏组织的 α 丛扩展，通路曲折，速度慢，这点与 α 合金的魏氏组织有高的疲劳强度是一致的。

2.3.2.3　主要 α+β 钛合金性能综述

在钛合金中用量最大并且性能数据最为齐全的是 Ti-6Al-4V(TC4) 合金。此合金具有良好的力学性能和工艺性能（包括热变形性、焊接性、切削加工性和抗蚀性），可加工成棒材、型材、板材、锻件、模锻件等半成品供应。在航空工业上多用于制造压气机叶片、盘以及某些紧固件等。当合金中的氧、氮控制到低含量时，还能在低温（-196℃）保持良好的塑性，可用于制作低温高压容器。Ti-6Al-4V 在不同温度加热和冷却后的性能（见表 2.8）。

表 2.8　Ti-6Al-4V 在不同温度加热和冷却后的性能

加热温度	性　能	水冷	空冷	炉冷
1065℃	σ_b/MPa	1102.5	1054	1036
	$\sigma_{0.2}$/MPa	945	939	933
	δ/%	7.7	7	10.5
	ψ/%	19.2	10.3	15.6
	组织	α	针状 α+β	粗片 α+β
955℃	σ_b/MPa	1113.6	987	935
	$\sigma_{0.2}$/MPa	949	842	832
	δ/%	17	17.8	18.8
	ψ/%	60.2	54.1	46
	组织	α_0+α	α_0+β转	等轴 α+晶间 β
900℃	σ_b/MPa	1113	997	953
	$\sigma_{0.2}$/MPa	919	864	850
	δ/%	15.2	17.5	16.5
	ψ/%	53.9	54.7	43.3
	组织	α_0+α+β	α_0+β转	等轴 α+晶间 β

加热温度	性 能	水冷	空冷	炉冷
845℃	σ_b/MPa	1004	1015	
	$\sigma_{0.2}$/MPa	768	871	
	δ/%	20	17.8	
	ψ/%	54.7	47.7	
	组织	$\alpha_0+\alpha+\beta$	$\alpha_0+\beta+\beta_{转}$	

从表 2.8 中可以看出 Ti-6Al-4V 合金，从两相区加热水冷后的塑性并不差，还可以看出炉冷后的强度、塑性都不如水冷和空冷好。以下是 Ti-6Al-4V 合金典型的热处理工艺。

去应力退火：600℃、2~4h，空冷。

工厂退火：700℃、2h，空冷，或 800℃、1h，空冷。

再结晶退火：930℃、4h，炉冷至 480℃，出炉空冷。

双重退火：940℃、10min，空冷+700℃、4h，空冷。

固溶处理过时效：940℃、10min，水冷+700℃、4h，空冷。

固溶处理+时效：940℃、10min，水冷+540℃、4h，空冷，或 900℃、30min，水冷+500℃、8h，空冷。

工厂退火的温度强度高，但塑性、断裂韧性低，其他退火可改善塑性、断裂韧性及裂纹扩展抗力。预先 β 退火后，再进行两相区加热处理也可大大改善合金的断裂韧性和抗蠕变性能。

固溶时效可以提高合金的抗拉强度（σ_b 能够达到 1250MPa 左右），但损失断裂韧性。由于这种合金的淬透性低，只适用于小零件的强化热处理。

TC3 和 TC10 也属于 Ti-Al-V 系合金。只是 TC4 的铝含量要比 TC3 多一些，因此，TC3 合金的强度较低，但是塑性和加工性较好，能够加工成板材使用。

TC10(Ti-6Al-6V-2Sn-0.5Cu-0.5Fe) 合金是在 Ti-6Al-4V 基础上改进而得到的。合金中增加了 β 稳定元素，因而增加了淬透性，可淬透的直径达到 50mm 左右，使大截面的零件亦可进行强化热处理，克服了 Ti-6Al-4V 淬透性低的缺点。另外，添加锡、铜、铁等元素能够进一步提高合金的强度和耐热性。

在钛合金中添加铝能够提高 α 固溶体中原子间的结合力，因而提高合金的耐热性。钼的扩散系数很低（在一般的 β 稳定元素中，钼的扩散系数最低），加入后能够减慢原子的扩散过程，从而提高合金的热强性。锆起固溶强化 α 相的作用，而且锆的加入不会降低原子间的结合力，因此也能保证合金的热强性。但是加入量不宜过多，否则会加速钛合金的氧化过程。硅与锆共存时，会形成弥散的复杂硅化物，沉积于活动位错上，阻碍位错运动，提高合金的抗蠕变性能，其作用比铜强烈。锡溶入 α 相也可提高合金的耐热性。铝和锡的含量过多时，易形成 Ti_3Al、Ti_3Si 等化合物，使合金塑性及热稳定性下降。总之，加入适量的铝、锡、钼、锆、硅等均有利于提高合金的热强性。

耐热钛合金需要具有良好的热稳定性。钛合金的热稳定性是指合金在一定温度下，对于应力或非应力状态下暴露后，保持室温塑性和韧性的能力。通常以暴露前后室温断面收缩率 ψ 或断裂韧性 K_{IC} 的变化来衡量。高温暴露后的室温断面收缩率如大于未暴露时的

50%，则认为是热稳定的，否则就是不稳定的。BT8、BT9(Ti-6.5Al-3.5Mo-0.25Si-2Zr-0.25Fe 苏联)、BT3-1(Ti-6Al-2.5Mo-2Cr-0.4Fe-0.25Si 苏联) 均属耐热的 α+β 钛合金。

钛合金的热稳定性决定于两个主要因素：一是高温长期暴露过程中内部组织的变化 (如出现有序相 Ti_3Al、Ti_3Sn，剩余 β 相分解，硅化物的沉淀和聚集等)；另一个是氧的渗入形成污染层，使合金变脆。研究表明，在较高温度暴露时，表面污染层比内部组织变化对热稳定性的影响大。

合金组织中的亚稳相多时，组织的热稳定性差，例如固溶时效组织及高温空冷组织都比缓冷退火组织的稳定性差。

2.3.3　近 α 钛合金

β 相中原子扩散快，易于发生蠕变。为了提高蠕变抗力，在 α+β 合金中，必须降低 β 相的含量，因而发展出所谓近 α 钛合金。这类钛合金中所含 β 稳定元素一般小于 2%，其平衡组织为 α 相加少量 β 相。这些 β 稳定元素还有抑制 α 相脆化的作用 (即延缓 α 中形成有序相的过程)。如 Ti811(Ti-8Al-1Mo-1V)、Ti-679(Ti-2.25Al-11Sn-5Zr-1Mo-0.25Si) 及 Ti6242S(Ti-6Al-2Sn-4Zr-2Mo-0.1Si) 等。这类合金在钛合金中具有最好的耐热性，它们的成分和性能见表 2.9。

表 2.9　几种近 α 钛合金的性能

主要成分和牌号	热处理	室温性能				高温性能			工作温度 /℃
		σ_b /MPa	$\sigma_{0.2}$ /MPa	δ /%	ψ /%	瞬时强度 /MPa	100h 持久强度 /MPa	温度 /℃	
Ti-679 (Ti-2.25Al-11Sn-5Zr-1Mo-0.25Si)	双重退火固溶时效	101.5 112.5~123	94.5 98.6~108	10 10	20 30	66.5~73.5 (427℃)	49 (538℃、23h)		450
Ti6242S (Ti-6Al-2Sn-4Zr-2Mo-0.1Si)	退火固溶时效	91~94.5 105~114	84~87.5 89.3~102	10 12	— 25	61.9~64.3		538	500
Ti-685 (Ti-6Al-5Zr-0.6Mo-1Nb-0.3Si)	β 固溶处理和时效	99~108	84.7~94	8	15				500~550
BT18 (Ti-7.7Al-11Zr-0.6Mo-1Nb-0.3Si)	退火	100~120	95~115	10~16	24~25	88	65~70	500	550~600
OT-4 (Ti-3.5Al-1.5Mn)	退火	70~90	55~65	10~26	25~55	49~52	49	350	<350

(1) Ti-679 合金。此合金可用作发动机高压压气机叶片和盘，是采用低铝高锡，再

添加锆、钼、硅等合金元素而得到的。铝的强化作用大，引起的塑性下降也大，用低铝高锡配合，以获得较好的综合性能，得到了较好的室温强度、塑性、400℃时的瞬时强度和蠕变强度的结合。此合金钼含量不高，以免形成过多的 β 相，使蠕变强度下降。钼还可以部分溶入 α 相，提高 α 相的耐热性。锆的作用是补充强化 α 相。

此合金的抗蠕变性能和热稳定性都比较好。热稳定性好的原因是铝含量少，不易发生铝的局部有序化，且 β 稳定元素不多，亚稳 β 相或 α′相少。其工作温度可达 450℃，但是高于 450℃时热稳定性急剧降低。这是因为复杂硅化物沉淀聚集，而且合金中锆含量较高，锆比钛对氧有更强的亲和力，故加速了钛的氧化污染 Ti-679 合金的 (α+β)/β 相变点为 950~970℃，常用的热处理工艺为 900℃、1h 空冷+500℃、24h，空冷，组织为初生 α+β 转变组织+复杂硅化物。在高温长时间暴露时将从 β 转变中的残余 β 中析出 α，并有硅化物的进一步沉淀和聚集，因此热稳定性下降。

（2）BT18(Ti-7.7Al-11Zr-0.6Mo-1Nb-0.3Si) 合金。此合金有良好的热强性，热处理工艺为双重退火，即 900~980℃、1~4h 空冷+550~650℃、2~8h 空冷。这样可以进一步提高合金的热强性。

2.3.4 β钛合金

含 β 稳定元素较多（大于17%）的合金称为 β 合金。目前工业上应用的 β 合金在平衡状态均为 α+β 两相组织，但空冷时，可将高温的 β 相保持到室温，得到全 β 组织。此类合金有良好的变形加工性能。经淬火时效后，可得到很高的室温强度。但高温组织不稳定，耐热性差，焊接性也不好。这类合金的编号为 TB，如 TB1、TB2 等。

2.3.4.1 β钛合金的合金化特点

β 钛合金是发展高强度钛合金潜力最大的合金。合金化的主要特点是加入大量 β 稳定元素，空冷或水冷在室温能得到全由 β 相组成的组织，通过时效处理可以大幅度提高强度。β 钛合金另一特点是在淬火条件下能够冷成形（体心立方晶格），然后进行时效处理。由于 β 相浓度高，M_s 点低于室温，淬透性高，大型工件也能完全淬透。缺点是 β 稳定元素浓度高，铸锭时易于偏析，性能波动大。另外，β 相稳定元素多系稀有金属，价格昂贵，组织性能也不稳定，工作温度不能高于 300℃，故这种合金的应用还受一定限制。

TB1 是用钼和铬来稳定 β 相。按道理应该加入 β 同晶型稳定元素钼、钒、钽、铌，才能得到稳定的组织和性能。但这些元素稳定 β 相的能力没有铁、铬、锰等共析型 β 相稳定元素高，尤其是钽和铌的稳定性能更差，且价格极贵，一般很少使用。因此大多数 β 钛合金都是同时加入 β 相同晶稳定元素和非活性共析型 β 相稳定元素。

β 钛合金加入铝，一方面是为了提高耐热性，但更主要的是保证热处理后得到高的强度。因此铝是 α 相稳定元素，主要溶解在 α 相中，而 β 钛合金的时效硬化正是靠 β 相析出 α 相弥散质点，因此，提高 α 相的浓度，也就是提高合金的强化效应。

TB2 合金的合金化原则与 TB1 基本相同，只是降低了钼和铬的含量，添加了钒，而铝的含量不变。因钒对塑性有好处并且增加了元素数目，β 相的稳定性更高，但时效后的强度比 TB1 高。

2.3.4.2 β钛合金的组织和性能

TB1 合金的室温平衡组织是 α+β 相，但因铬含量较高，充分退火的组织还会出现共析化合物 $TiCr_2$，所以真正的平衡组织是 α+β+$TiCr_2$。

TB1 合金的 (α+β)/β 转变温度为 750℃，自 800℃ 淬火的组织是均匀的 β 相固溶体，极易进行塑性成形加工，但应注意，β 合金的固溶处理温度不宜过高，以免晶粒过分长大，损害塑性。TB1 合金自 β 相转变温度以上空冷（退火），也能得到均匀的 β 相组织。所以这种合金的退火组织与淬火组织并无明显的差别，给生产工艺带来许多方便。

2.3.5 铸造钛合金

变形钛合金零件的生产费用高，有些形状复杂的零件也难以制造。近几年来，为了降低形状复杂的钛件费用，各国都大力开展钛铸件的研究和生产，已取得一定成果。例如，已经铸造出航空发动机压气机机匣、整流叶片、附件液泵的叶轮、各种框和支承架以及机轮轮壳等。

钛合金难熔而且化学活性高，是影响其铸造工艺和铸件质量的主要问题。液态钛非常活泼，能与气体和几乎所有的耐火材料起反应，故其熔化和浇注都必须在惰性气体保护下或真空中进行。常用的设备有真空自耗电弧凝壳炉等。熔炼时采用强制冷却的铜坩埚，不能采用普通耐火材料制成的坩埚，铸型可用捣实的石墨模，可用离心法浇注。

目前所用的铸造合金并无特殊合金系列。这固然与发展情况有关，但也是由于常用钛合金的铸造工艺性比较好，其结晶温度间隔一般是 40~80℃，线收缩小（0.5%~1.5%），体积收缩也不大（3%），而且高温下强度较高，不易产生热裂。但若受到污染，在铸件表面形成脆性富氧 α 层，容易在表面产生冷裂。

铸造钛合金的性能与合金 β 锻造状态的性能相近。具有较好的抗拉强度和断裂韧性，其持久强度和蠕变强度与变形合金相近，只是由于组织粗大，塑性约比变形状态低 40%~50%，同时疲劳强度也较低。几种钛合金在铸造和变形状态的性能比较见表 2.10。

表 2.10 铸造和变形钛合金的室温力学性能

合　　金	热处理	铸　造			锻　造		
		σ_b /MPa	$\sigma_{0.2}$ /MPa	δ /%	σ_b /MPa	$\sigma_{0.2}$ /MPa	δ /%
Ti-6Al-4V	退火	949	857	1.9	984	914	1.5
Ti-6Al-4V	固溶时效	1146	1076	5.0	1125	1055	9.7
Ti-5Al-2.5Sn	退火	886	759	7.6	914	844	17.0
Ti-6Al-2Sn-4Zr-2Mo	退火	1019	858	9.0	991	914	18.0

铸造钛合金的热处理与变形钛合金一样，但强化热处理用的还较少。随着钛合金铸造工艺的不断改进，铸件质量提高、成本降低、毛坯精化，钛铸件的应用必将更加扩大。

2.3.6 低温钛合金

钛合金不仅有比强度高、耐热、耐蚀性好的优点，还有着耐低温的特性，因此在火箭、导弹上被用作低温高压容器和管道等（液氧储箱的工作温度约为-183℃，液氢储箱则为-253℃）。

钛合金在低温下仍能保持良好的塑性和韧性，与钛在低温下塑性变形的特点有关。

对低温钛合金合金化原理的研究表明，加入与钛形成连续固溶体的元素锆、铪，以及β同晶元素钒、铌、钼、钽等，对钛的低温性能有益。β同晶元素在α-Ti中的溶解度是随温度的下降而增加，溶入α-Ti后，可在低温保持塑性，而共析β稳定元素在α-Ti中的溶解度是随温度的下降而减少（如Ti-Si、Ti-Cr、Ti-B等），析出第二相，使合金组织不均匀，且各相比容不同，常产生大的内应力，使合金在低温时出现脆性。铝含量高时，低温冲击韧性下降。

就合金所具有的显微组织而言，加入的元素溶入α相，形成单相α固溶体的合金，能够在更低的温度范围（-253℃）内使用。

间隙元素氧、氮、氢等大大降低了钛合金的低温性能，表2.11列出了氧含量对BT5-1（Ti-5Al-2.5Sn）合金低温冲击韧性的影响，可以看出氧含量过高时，在-196℃下冲击韧性已经小到无实用意义。

表 2.11   不同氧含量对 BT5-1 合金冲击韧性的影响

氧含量/%	$a_K/N \cdot m \cdot cm^{-2}$	
	20℃	-196℃
0.17	4.6	2.3
0.30	2.8	1.3
0.34	1.8	0.8
0.40	0.8	0.4

为了保证钛合金在低温环境中的塑性和工作时的可靠性，应该严格限制合金中的间隙元素的含量，其中氧含量小于0.1%，氮含量小于0.03%，碳含量小于0.04%，氢含量小于0.008%。

参 考 文 献

[1] 张喜燕，赵永庆，白晨光. 钛合金及应用 [M]. 北京：化学工业出版社，2005.

[2] E. A. 鲍利索娃. 钛合金金相学 [M]. 陈石卿译. 北京：国防工业出版社，1986.

[3] 周彦邦. 钛合金铸造概论 [M]. 北京：航空工业出版社，2000.

[4] 谭树松. 有色金属材料学 [M]. 北京：冶金工业出版社，1992.

[5] 林肇琦. 有色金属材料学 [M]. 沈阳：东北工学院出版社，1986.

[6] He G, Eckert J, Loser W, et al. Nat Mater, 2003, 2：33.

[7] Dmitri V Louzguine, Hidemi Kato, Akihisa Inoue. J Alloys and Compounds, 375, 2004：171.

[8] Zhang T, Inoue A. Mater. Trans. JIM, 1998, 39：1001.

[9] Chen J Z, Wu S K. Thin Solid Films, 1999, 339：194.

[10] Wu S K, Chen J Z, Wu Y J, et al. J Phil. Mag, 2001, A81：1939.

[11] Hsieh S F. J Alloys and Compounds, 2002, 335：254.

[12] Lin H C, Wu S K, Lin J C. Mater. Chem. Phys, 1994, 37：184.

[13] Hsieh S F, Wu S K, Lin J C. Journal of Alloys and Compounds, 2002, 335：254.

[14] T Noda, M Okabe, S Isobe, et al. Mater Sci. Eng, 1995, A192/193: 451.

[15] Tsuyama S, Mitao S, Minakawa K. Mater. Sci. Eng. , 1992, A153: 591.

[16] Maki K, Shioda M, Sayashi M, et al. Mater. Sci. Eng. , 1992, A153: 591.

[17] Johnson D R, Inui H, Yamaguchi M. Acta Materialia, 1996, 44: 2523.

[18] Zhang X D. Mater Sci Eng. in press. Bliss. R C Titanium 92 Science and Technology, 1992: 201.

[19] Zhang X D. Mater Sci Eng. 2003, A344: 300.

[20] Zhang X D, Evans D J, Baeslack W A, et al. Mater Sci Eng, 2003, A344: 300.

[21] 吕炎. 锻件组织性能控制 [M]. 北京: 国防工业出版社, 1998.

3 工业纯钛(CP钛)和α钛合金

本章主要描述α钛合金的加工、微观结构及性质，重点介绍各种级别的工业纯钛（CP钛，常称为CP-Ti）。所有α钛合金都是钛的低温、六方同素异形结构，这些合金含有溶解在六方晶格α相结构中的置换合金元素（铝或锡）或间隙元素（氧、碳或氮），这些合金也含有有限溶解度的有限元素，如铁，钒和钼等。

表3.1列出了CP钛和α钛合金及其对应的等级编号、合金元素成分限制或范围以及对应的最小屈服强度值，这类合金特性来源于前面提到的六方晶格α相结构，为了更清晰地讨论合金性能的变化趋势，这类合金应该进行更细致的分类。由于CP钛的强度与包括铁、钯和钌在内的替代合金元素无关，将他们归为一类。表3.1中的其他合金组成另外一组，命名为α钛合金。原则上，表中所有合金都是α钛合金，但如果按上述建议对这个主要的类别进行细分，可以使这些合金的性质和应用上的讨论更清晰。

表 3.1 CP 钛和 α 钛合金的化学组成和最小屈服应力

	等级或合金	O（最大值）	Fe（最大值）	其他添加	$\sigma_{0.2}$/MPa
CP 钛	CP 钛 等级 1	0.18	0.20		170
	CP 钛 等级 2	0.25	0.30		275
	CP 钛 等级 3	0.35	0.30		380
	CP 钛 等级 4	0.40	0.50		480
	Ti-0.2 Pd（等级 7）	0.25	0.30	0.12~0.25 Pd	275
	Ti-0.2 Pd（等级 11）	0.18	0.20	0.12~0.25 Pd	170
	Ti-0.05 Pd（等级 16）	0.25	0.30	0.04~0.08 Pd	275
	Ti-0.05 Pd（等级 17）	0.18	0.20	0.04~0.08 Pd	170
	Ti-0.1 Ru（等级 26）	0.25	0.30	0.08~0.14 Ru	275
	Ti-0.1 Ru（等级 27）	0.18	0.20	0.08~0.14 Ru	170
α 钛 合 金	Ti-0.3Mo-0.9Ni（等级 12）	0.25	0.30	0.2~0.4Mo, 0.6~0.9Ni	345
	Ti-3Al-2.5V（等级 9）	0.15	0.25	2.5~3.5Al, 2.0~3.0V	485
	Ti-3Al-2.5V-0.05Pd（等级 18）	0.15	0.25	2.5~3.5Al, 2.0~3.0V,（+Pd）	485
	Ti-3Al-2.5V-0.1Ru（等级 28）	0.15	0.25	2.5~3.5Al, 2.0~3.0V,（+Ru）	485
	Ti-5Al-2.5Sn（等级 6）	0.20	0.50	4.0~6.0Al, 2.0~3.0Sn	795
	Ti-5Al-2.5 Sn ELI	0.15	0.25	4.75~5.75Al, 2.0~3.0Sn	725

注：列出的所有的等级，C 和 N 的标准值分别是 0.08~0.10 和 0.03~0.05。

相比不锈钢而言，CP 钛具有很好的耐蚀性，这使其在化学和石油化学加工设备领域中成为具有吸引力的结构材料，由于 CP 钛的可焊性和良好的可塑性使其已逐渐用于热交换器和其他管道设备上，同时也应用于特殊设备的管材和管材的后续成形上。虽然起初 CP 钛比不锈钢更贵，但由于 CP 钛在使用中有更好的耐久性，由 CP 钛制造的产品常常具有较低的寿命周期成本，在大部分情况下，CP 钛是特殊应用设备的首选材料，这主要与 CP 钛的特殊性质有关，例如耐蚀性和可塑性。当选择其他 α 钛合金时，通常由于 CP 钛在实际应用中强度不够，当需要考虑耐腐蚀性时，成分对力学性能的影响，特别是对强度的影响，一般是较次重要的问题。目前，如压力容器设备方面的应用越来越多，在做材料选择时，机械性能也是同样要考虑的重要指标，在这方面的应用上，设计工程师选定材料时，考虑不同级别合金力学性能的变化是很关键的。尽管具有一定的耐蚀性始终是必需的性能，但对于其他设备可能还不够，例如，泵轮，振动和高平均应力对合金的选择产生了限制，对许多设备来说，机械性能处于第二重要地位，这是该类钛合金与其他合金的主要区别。

3.1 加工工艺和微观结构

为了方便，α 钛合金加工可以分成两部分，第一部分是材料的加工，生产者按照使用所需的规格尺寸和微观结构来加工，确保微观结构与元件的制造程序相适应，第二部分是零件制造工艺的运用（仍然是加工程序，但不同类型）和材料微观结构对于采用的制造工艺有效性的影响。

3.1.1 材料加工

从表 3.1 可以看出，钛合金和不同等级 CP 钛都是作为 α 钛合金进行分类的，这类合金构成主要是 α 相结构，同时带有小体积分数的 β 相（最大值为几个百分数）。α 钛合金的微观结构比强度较高的 α+β 和 β 合金更简单，α 合金具有少量的添加合金，这些添加合金对热处理本质上没有影响，但这一特点使 α 合金具有优越的焊接性。此外，也可通过热机械加工来控制晶体结构和粒度，但不适合采用与熟练控制 α+β 合金和 β 合金微观结构相似的操作。

CP 钛以生产扁材（板和片）为主，当 CP 钛的一些铸造物用于泵轮或其他形状复杂的零件时，铸造是很有吸引力的选择。钛合金铸件很少使用 CP 钛锻造件，首先，这是因为属于这类钛合金都易于焊接的，因此，焊接件在价格上比锻件更有竞争优势，其焊接件的性能几乎接近廉价金属并且可以消除廉价金属焊接件性能的不稳定性。

一般情况下，CP 钛不适合锻件制造，然而轧制滚筒以及大压力容器端面的材质，其中的板材本质上是在锻造操作中热成形的，也有锻件仍使用 Ti-5Al-2.5Sn 生产，但由于这种合金很难加工且很贵，所以很少有新的这类合金的锻件设备。

CP 钛加工从 VAR 圆锭开始也可以从冷平底炉的矩形截面板铸件开始，金属锭由初轧机轧制或被锻造成一个有较小均匀粒度的大厚板，今后的趋势是使用大型圆锭或扁锭，热板是热轧到一个称为热带的中间产品类型，热带被盘卷，根据预期的产品规格，或者是酸洗和退火，或者仅仅经过为最终产品而需最后轧制准备的退火，加工工艺的变化是由材料等级决定的，等级 1、等级 2 和等级 12 完全可以连续冷轧直到预期规格。等级 4 和等级 3

的一些批次需要升温叠轧，这和用于制造 Ti-6Al-4V 薄板的工序一样，处理顺序如图 3.1
所示。

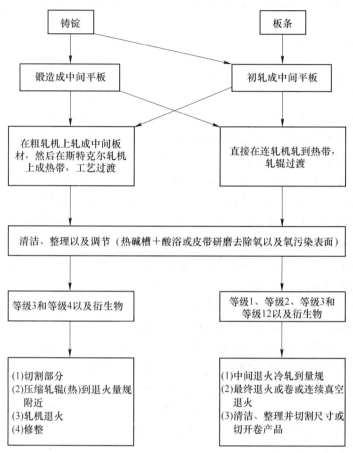

图 3.1　制作 CP 钛薄板或条产品的加工流程图

当今使用的大量 CP 钛薄板均是由卷板生产的，卷板生产过程中，材料仅仅进行适中的横轧来获得所需产品厚度，此阶段之后，厚度被单向轧制，降低厚度到所需尺寸并绕成盘圈。由 3 个操作步骤或阶段组成的 α 合金的一个典型加工流程如图 3.2 所示。表 3.2 概括了阶段 Ⅱ 和 Ⅲ 的目的以及与这些阶段有关的重要参数。一般而言，由于低溶质浓度将铸锭中的凝固偏析最小化，所以 α 钛合金需要较短的均匀化时间。由于溶质偏析在凝固过程中的减少，大块的、各向同性的厚板可以直接由冷床炉铸锭成型，并且这些铸坯的均质化可以完全忽略。由于材料具有良好的延性和低的切口灵敏度，CP 钛锭的直接轧制可以在最小条件和低的材料应力损失下完成，从铸坯连续轧制生产的 CP 钛材是目前使用的最具价格竞

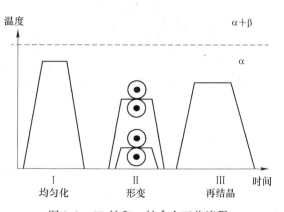

图 3.2　CP 钛和 α 钛合金工艺流程

争的钛轧制成品。

表 3.2　CP 钛和 α 钛合金重要过程因素和产生的微观结构

工艺步骤（见图 3.2）	重要参数	微观结构
Ⅱ 形变	形变度	-结构强度 -α 粒度
Ⅲ 再结晶	退火温度	-α 粒度

与大多数高强度合金不同，许多 α 合金也能被广泛地冷轧，但 α 合金很少用在非再结晶条件下，这是因为较低的加工硬化使钛几乎没有强度优势，并且冷加工材料降低了延展性，限制了随后的元件制造选择，因此，当选用 CP 钛时，对其加工过程常常包括最终轧制操作后的再结晶退火。退火可以在连续退火炉内完成或对卷材进行分批退火，连续退火炉位于最终辊轧台和卷取机之间的传输生产线上，加工后 α 合金的微观结构由含有分散 β 相的再结晶 α 晶粒组成，这种分散 β 相如图 3.3 所示。存在 β 相是由于在所有级别的 CP 钛中都存在少量的铁，铁在 α 相中溶解度很低，因此在凝固或后续的冷却过程中，都不易形成 β 相，但 β 相一直到室温下都能保持稳定。当需要高强度时，如 Hall-Petch 关系所描述的，更小的晶体尺寸可以用来增加屈服强度，中间体晶体粒度通过促进更多孪晶的形成来提高材料的成型性能，CP 钛中孪晶示例如图 3.4 所示。CP 钛（等级 1~4）中的最终晶粒尺寸可主要看作是最终轧制操作条件和再结晶温度两者的函数（见表 3.2）。再结晶退火 3.5h 后，退火温度与晶粒尺寸的关系如图 3.5 所示。在连续退火期间，一旦再结晶完成，晶粒将会长大，但是 β 相将随着晶粒长大的速率而降低，因此，材料的加工能力是随着晶粒的再生长而变化的。铁含量对结晶粒度的影响如图 3.6 所示，在固定条件下，不同铁含量（0.15% 和 0.03%）的两个生产批量有相接近的晶粒尺寸。700℃ 下 1h 退火处理后，含铁 0.15% 的材料没有呈现明显的晶体长大（见图 3.6a），而铁含量 0.03% 的材料表现出二次晶粒长大（见图 3.6b）。

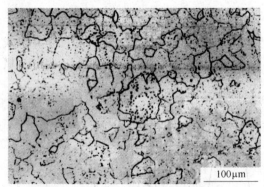

图 3.3　在 3 级 CP 钛中 Fe 在稳定 β 相中的分散，铁含量为 0.15%（LM）

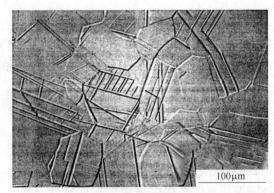

图 3.4　CP 钛中的形变孪晶（LM）
（由 J. A. Hall 提供）

稳定 β 相中的铁也能提高氢的溶解度，这提高了该级别钛合金对氢的极限量，这一点很重要，因为这种合金许多是应用在腐蚀环境中，在这种环境中工作，具有相对较高的氢吸附可能性。

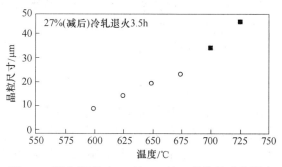

图 3.5　退火温度对 CP 钛（3 级）晶粒尺寸的影响

图 3.6　Fe 含量对 CPT 钛晶粒结构的影响（LM）偏振光

a—含铁量 0.15%；*b*—含铁量 0.03%

α 合金 Ti-5Al-2.5Sn 最初是在 20 世纪 50 年代早期作为中等强度高温合金发展起来的，当时 Ti-5Al-2.5Sn 被认为是难以生产的合金。考虑到可生产性和性能两方面的平衡，已生产出两个等级的 Ti-5Al-2.5Sn 合金，如表 3.1 所示，不同等级间的差别是成分的不同。ELI 等级（ELI 代表超低间隙原子）有更低的氧、更低的铁以及更低的最大铝含量。由于该合金主要应用于低温储罐，故所有这些区别都是使材料在更低的温度下更有韧性。在热工作条件下，由于 Ti-5Al-2.5Sn 仅含有 0.25%～0.5% 的铁并且没有其他 β 相稳定元素，故 Ti-5Al-2.5Sn 大部分是 α 相，它也具有高的 β 相转变温度（1040℃，对于 ELI 等级），α+β 相仅在非常狭窄的温度范围内存在。在 Ti-5Al-2.5Sn 坯、棒、片、板材的热加工过程中，经常遇到由其内部 α 相局部应力而引起的不同程度的切应变裂纹，严重时导致工件破碎。较小的严重裂纹表现为浅表面裂纹，这些裂纹导致材料在最后加工前必须进行预处理。两种情况的存在，增加了该合金最终产品的生产成本。该合金的生产过程中，由于存在这种困难，使最终的生产相比并不经济，例如，热加工操作是 α 相域中高温下典型的工艺程序，产生的应变比在使用 Ti-6Al-4V 生产相同产品过程中的应变小，在高温和低应变下恢复迅速，因此，要想使晶粒大小与经常在 Ti-6Al-4V 观察到的晶粒尺寸一样，该种 Ti-5Al-2.5Sn 合金的生产具有挑战性，和这一点一致，Ti-5Al-2.5Sn 的屈服应力在板材和片材间变化，变化值达到 50MPa，这反映这两种产品形式间晶粒大小的区别。在

1000℃左右热轧这种合金，一般能够实现裂纹最小化，用沿横向的基面极引入高度的择优取向（结构），这个结构类型称为横向（T）结构，因此，在 Ti-5Al-2.5Sn 片材中，相比纵向，横向屈服应力增加 70~100MPa 就很普遍了。

3.1.2　零件加工工艺

　　α 合金，特别是 CP 钛，可以应用于耐蚀性的环境中或者是加工成密度修正强度可以与其他耐蚀性合金相媲美的各种零件，例如奥氏体不锈钢或 Ni-Cr-Mo 合金，如 C-276。如上所述，当选择 CP 钛作为特殊应用时，可成形性和可焊性是主要考虑的因素，因为这些特点将影响最终产品的成本。熔焊 CP 钛管已经变成重要的中间产品，目前这些产品在自动制管机上被大规模生产，这些机器把 CP 钛卷作为输入原材料，通过一系列轧制把这些原料切成一定宽度、弯曲，然后将衔接边缘焊合到一起，形成管道，这是一个连续过程。制造高质量焊管对使用材料的主要要求是材料的均匀性和可焊性，对于等级 1 和等级 2 的 CP 钛来说，弯曲应变相对较低且延展性不是问题，为了维持管材圆度，对圆周方向的局部屈服均匀性也有要求，如果原材料具有均匀粒度和结构，这个要求容易满足。许多焊管也通过滚压扩张做成热交换器，滚压扩张使用锥形旋转轴，这个转轴使管径塑性变形或扩大。管道扩张过程中直径增加，直到管道接触到薄板中固定管道孔的周边，称之为管板，如图 3.7 所示。滚压扩张在热交换器管道和管板之间形成一个密封，对滚压扩张的均匀响应，要求尺寸均匀（包括焊接）和一个圆周屈服应力常量来确保沿着管道圆周各点有相同的膨胀程度（径向的塑性流动），包括焊接的屈服应力和热影响区。滚压扩张成功的其他几个原因，一个是在操作过程中提供了充足的延展性支持塑性变形，另一个是完成操作需要的力，这取决于流动应力，由于滚压扩张是手动操作，因而当管道尺寸和管道壁厚度增加时，后面一点就成为一个重要的限制条件，在某些点需要的力，超过了许多滚压扩张的物理强度能力，例如图 3.7 所示的壳式热交换器。

图 3.7　壳式热交换包括熔焊 CP 钛管
（由 J. A. Hall 提供）

　　另一种 CP 钛零件是深冲压成型的，因为深冲压成型包括双轴应变，所以深冲压成型的难度比弯曲成型更大。双轴应变的可重复响应需要材料具有可重复的塑性应变比值 r。参数 r 是平面应变变形过程在薄板宽度和厚度两个方向的塑性应变的比值，r 值高意味着在一次操作过程中在厚度方向较少变形情况下，允许更深的冲压而不被撕裂。与宽度或其他平面方向相比，更高的 r 值意味着厚度方向上更高的实际屈服强度，这个实际屈服应力的提高使全厚度应变和伴随双轴变形而形成的薄化最小化，因为双向拉伸利用 c 轴变形，所以在带有基底（B）结构的材料中得到的 r 值最高。由于需要横向轧制，所以这种结构的生产非常困难。氧的增加也导致不同 α-Ti 滑移模式的分解切应力值分散，$\vec{c}+\vec{a}$ 滑移具有最高值，因此，对于织构化的 CP 钛，等级 3 和等级 4 的 r 值与等级 1 和等级 2 的 r 值相比可以增加，但是氧含量越高总拉伸延展性也越低，常用来测量拉延性能的方法是深冲圆杯形的起始尺寸与冲击后孔的直径的比率，这个比率的最大值称为极限拉伸比（LDR），它取决于材料本身，CP 钛是易于成型的，但是其屈服强度要求有相当大的压力，在所有金属中，深度大于直径的冲压块需要多重式压延操作。

3.2　微观结构及组成和性质

α 钛合金的性质取决于成分（也就是 CP 钛的氧含量）和加工程序，因为加工工序控制了晶粒尺寸和取向（织构）。与 α+β 合金和 β 合金相比，α 钛合金的性质更直接依赖其成分。一般来讲，片材产品在纵向和横向间表示出连续的屈服强度和弹性模数变化，这种变化是由于晶体间织构始终存在于 α 钛合金中。与垂直方向相比，当平行于 c 轴测量时，α-Ti 的弹性常数更高。在 Ti-Al 合金中，弹性常数的不同大概是因为铝是缩短 α 相晶格的一种代位元素，与之相反，氧是 α 相中的间隙元素并且对弹性模数没有影响（见表 3.3），因而，CP 钛比合金（如 Ti-5Al-2.5Sn），其由织构决定的成分对模量的影响很小。

表 3.3　CP 钛的典型机械性能

材料	E/GPa	$\sigma_{0.2}$/MPa	UTS/MPa	拉长 δ/%	σ_{10}^{7}（$R=-1$）/MPa	$\sigma_{10}^{7}/\sigma_{0.2}$
等级 1	105	170	240	24	—	—
等级 2	105	275	345	20	—	—
等级 3	105	380	445	18	280	0.73
等级 4	105	480	550	15	350	0.73

用于强化单相钛合金的方法很少（如 α 相钛合金），也存在实际应用的限制，强化 α 相合金的基础机理是通过间隙元素（如氧、碳和氮）和代位元素（如铝、锡和锆）的固溶强化、晶粒强化、织构强化以及 α_2 相形成的沉积硬化，这些可能性中，通过间隙元素（特别是氧）的固溶强化导致的局部应变将随后进行讨论，固溶强化和小晶粒都限制了形变孪生的发生并降低了材料的形变能力。织构强化原则上是可能的，由于有很多的同向性，织构也能对片材进行强化，但仅能达到一个基本织构类型。由 α_2 相产生的析出硬化也导致局部应变，它会急剧地降低材料的拉伸延展性。α 钛合金的有效强化机制见表 3.4。

表 3.4　α 钛合金的有效强化机制

强化机制	关　系	例子/限制
粒度	$d^{-1/2}$	细晶粒极限孪晶

续表 3.4

强化机制	关　系	例子/限制
填隙式固溶体	$c^{1/2}$	应变局部化>2500ppm 氧
置换固溶体	c	应变局部化>5%铝当量
结构	c 轴方向	沿 c 轴加载最大值
析出	$r^{1/2}$, $f^{1/2}$	出现>5.5%铝当量

　　CP 钛，尤其是等级 1 和等级 2 的 CP 钛，一般用来生产卷材，在卷材的生产过程中，轧制主要是单向的，其织构和强度归因于这种加工条件。存在于 CP 钛中的典型织构具有沿连接片材正常方向和片材宽度（横向）方向的最大基极浓度，基极浓度最大值的点位于片材正常方向和横向方向偏移大约 30°，CP 钛典型的基极如图 3.8 所示。CP 钛的织构与 α+β 合金，例如 Ti-6Al-4V 平板轧制的典型织构不同，在 Ti-6Al-4V 中，存在一个强基/横向（B/T）织构。双向拉伸过程中，CP 钛中的织构使得沿基极存在相当高的分解应

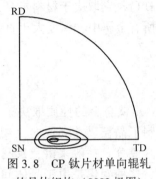

图 3.8　CP 钛片材单向辊轧的晶体织构（0002 极图）

力，双向张力相当于沿厚度方向压缩并且通过材料在成型过程中的厚度减少来实现，在这种拉伸条件下，双晶模式操作有益于 CP 钛的成型，因为，当应力轴平行于 c 轴时，双晶允许变形，这一事实以及此类合金较低的屈服应力水平定性地解释了为什么此类合金与强度更高的合金相比更适合应用于片材成型，例如 Ti-6Al-4V 或 Ti-5Al-2.5Sn，因为其孪晶的形成并不常见。

　　不同等级 CP 钛中所含最大氧浓度（除铁外）列于表 3.1 中，氧在 α 相中是很有效的固溶体强化剂，CP 钛中等级 1~等级 4 的拉伸性能变化反映这一事实（见表 3.3），这类合金在成型过程中，要严格控制氧和铁的含量，因为它们是影响终产品的强度的主要因素。在很高的氧浓度（不小于 0.25%）下，滑移特性由波浪形变成平面形，并且双晶趋于迅速下降，这种滑移模式变换如图 3.9 所示。形变行为随着更高强度等级 CP 钛成型性能的降低而变化，部分原因是与平面滑移有关的局部应变的发生，以及双晶数量的减少。

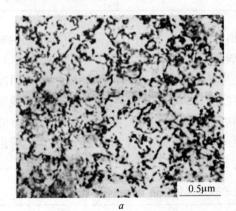
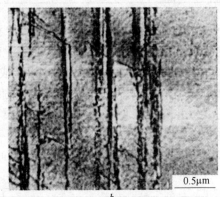

a　　　　　　　　　　　　　　　　　　　　　b

图 3.9　氧在 CP 钛滑移模式中的作用（TEM）

a—氧含量 0.15%；b—氧含量 0.50%

氧在变形模型中的作用仅持续到中等温度（大约300℃），在这几个等级 CP 钛允许的拉应力随温度变化的曲线中可以反映出来（见图3.10），因此，如果需要的成型应变很大，那么，等级3和等级4的热成型相对而言就很普通了。

晶粒尺寸强化是改变 CP 钛强度的重要方式，在不同应变下，晶粒尺寸度对3级 CP 钛流变应力的影响如图3.11所示。在4级 CP 钛中，晶粒尺寸和氧对强度的影响，从本质上来说是叠加的，两者一起导致屈服应力值高达480MPa。与其他金属材料一样，对于一定的晶粒尺寸而言，CP 钛的强度和延伸性是相反的，具体可以通过表3.3的数据说明，从表中可以看出在 10^7 周期循环后，CP 钛的高周疲劳强度大约是屈服强度的0.7。如果在2级和3级 CP 钛之间出现了波纹滑移向平面滑移的转变，可以预测晶粒尺寸的作用对疲劳裂痕的产生具有明显的影响，但是这些材料系统的疲劳数据很少。尽管 CP 钛疲劳和断裂数据的整体缺少，但也可以反映出早期选择这类材料是以其优越的耐腐蚀性和可塑性为基础的，而不是出于本质上对其力学性能的考虑。而且，钛材设备对高强度和疲劳性能的要求将会使更高强度钛合金成为大多数的选择。因为这些合金性质明显优异，而成本只是略有增加，并且其增加还取决于产品类型。例如，在片材设备中，CP 钛片的成本与 Ti-6Al-4V 片材相比已经相当低，因此，CP 钛会更好一些。

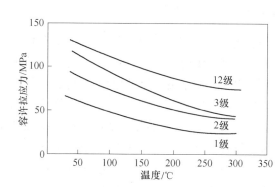

图 3.10　几个等级的 CP 钛和 Ti-0.3Mo-0.8Ni （等级 12）允许拉应力与温度的函数关系

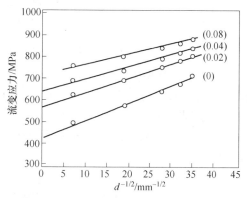

图 3.11　四个塑性应变下的室温流变应力与 CP 钛晶粒尺寸关系

当 β 相作为延性夹杂物存在时，它可以充当大多数加载条件下的止裂点，例如，热成型的加工工艺或者在 200~300℃ 温度下，长期使用可以导致铁稳定的 β 相分解成为脆性 β+ω 混合物。当这种情况发生时，CP 钛的抗断裂性在疲劳和单冲荷载时会降低，这一点很重要，因为在不能进行热处理的材料中，有忽略性质随时间变化可能性的趋势。

与高强度的 α+β 或 β 合金相比，CP 钛的断裂类型有时是不同的，最明显的差异是在裂纹扩张过程中，大量的塑性流动导致了大型的拉伸以及 CP 钛中更大的空隙尺寸。3级 CP 钛中的这一延性拉伸和断裂裂纹的例子见图3.12，从某种程度上讲，这是因为非合金 α 相并非很牢固，当氧含量小于 2500×10^{-6}，或当 α 相中铝含量小于3%，并且氧含量小于 2000×10^{-6} 时，非合金 α 相易于延展。α 钛合金和高强度级钛合金之间的另一个差异是具有相对低的阻碍滑移转变的晶界数量。在 CP 钛中，这些晶界大部分是 α/α 晶界，然而在高强度合金中，却是 α/β 晶界，事实上，高强度合金大部分强度来自于界面增强，因此，按照定义，这些合金的 α/β 晶界密度很高，这些在高强度合金中的 α/β 晶界，位于应变积累和应变不相容性的位置，因而常常是延展断裂过程中空隙成核的位置。相反，CP 钛中的空隙主要在晶界成核，这些空隙通过塑性拉伸生长，并最终将空隙之间的区域拉伸撕裂而汇合，因此，CP 钛通常显示不同的断裂构形。与高强度合金相比，等级 3 和等级 4 常常含有铁稳定 β 相，空隙成核也发生在这些合金中毗连的 α/β 界面。在表 3.1 列出的这些合金之中，关于铝和氧含量的早期说法，Ti-5Al-2.5Sn 合金是个例外。

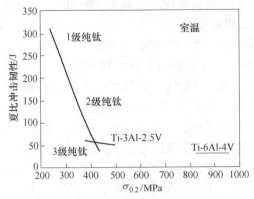

图 3.12　几种等级的 CP 钛和 Ti-3Al-2.5V 及
Ti-6Al-4V 合金的夏氏冲击韧性与屈服应力的关系

低温下，结合高加载速度，α 相变得很坚硬，尤其在氧含量高的等级 3 和等级 4 CP 钛中，在这种环境下塑性流变被限制，致使 α 相沿着裂缝断裂。1~3 级 CP 钛的夏氏冲击韧性与其他两种合金的比较如图 3.12 所示，由于 CP 钛有脆性解理断裂的潜在可能，如果预先考虑到在低温和高加载速率下使用，3 级和 4 级的使用应该受限，解理断裂模式如图 3.13 所示，解理断裂出现在 α 钛晶体基面上，当穿过解理面的局部常规应力超过临界值时，发生典型解理断裂，这个断裂判据与延展断裂过程中达到引起微孔成核发生的临界局部塑性应变的判据相反。在六方 α 相中，由于基面和荷载轴的相对方向影响了通过解理面的常规应力分量，因而其织构直接影响了其特性，已有报道称解理破裂的倾向随着晶粒尺

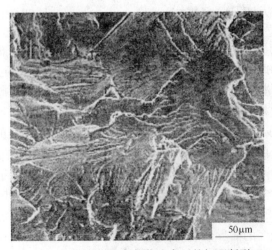

图 3.13　4 级 CP 钛在低温高载荷速率下的解理断裂（SEM）

寸的减小而减少，这一现象的发生与小晶粒中的形核解理破裂难度增加有关，因此，低温下使用的零件更适于由细颗粒、低氧级的 CP 钛制造，在这种情况下，由细晶粒尺寸细化的增强，部分地弥补了低氧材料强度的降低。

α 钛合金是大多数耐蚀结构材料中可以用于多种侵蚀性环境的材料，这些环境的例子见表 3.5。钛在氧化环境中，能使保护氧化膜保持完整并形成钝化表面从而非常耐腐蚀。而在还原环境（如硫酸、磷酸和盐酸）中，除非有缓蚀剂的存在，否则这层膜会被分解。为改善 CP 钛在还原环境中的耐蚀性，通过加入少量（相当于 0.2%）的铂系金属元素（PGM），钯是这些添加剂中最普通的，添加 0.2%钯，能使 α-Ti 在没有缓蚀剂的还原环境中非常耐腐蚀，这在不使用或不能使用缓蚀剂的应用中是很重要的，然而，这些 CP 钛的成本比没有添加钯的 CP 钛贵两倍，成本的差别可简单地归因于钯的高价，因此，限制了这些添加了钯合金的使用，尽管如此，含有 0.2%钯的 7 级 CP 钛（最大含氧量 0.25%）以及 11 级 CP 钛（最大含氧量 0.18%）还是在大量设备中使用，这些等级的成本，正如前面提到的，如 C-276，可以与 Ni-Cr-Mo 合金相当。最近已经表明，在还原环境中，少量的钯对稳定表面氧化物具有近似相同的作用，因此，目前含 0.05%钯等级 16 和等级 17 的钛，成本比等级 7 和等级 11 的低了 30%，这些低钯等级的钛，已成功应用于除了最恶劣腐蚀还原环境中的其他所有环境中。目前，出现了可以把价格更低的元素（钌）加入 CP 钛中，能够使其在还原环境中耐蚀性获得几乎一样的合金，在这种情况下，需要消耗大约 0.1%钌，可以达到与 0.05%钯相当的作用，尽管如此，由于钌价格较低，含有 0.1%钌的 CP 钛在相同含氧水平下的成本低于等级 16 和等级 17 成本的 20%，因此，出现了两种新的含有钌的 CP 钛，即等级 26 和等级 27 的 CP 钛。CP 钛等级 7（0.2%钯）和等级 16（0.05%钯）的强度与没有钯添加剂的相同等级 CP 钛的强度相同，而其腐蚀性的提高归因于小 Ti-PGM 金属间沉淀物，或者是 Ti_2Pd 或是 TiRu 的析出，这些析出物影响了此处氢（阴极）超电压，扩大了表面保持的范围，这些析出物较小并且所占体积分数小，因此，应预先考虑到这些合金添加剂对强度没有影响，原因有两个，首先小体积分数和大沉淀物不能引起弥散强化，其次，钯和钌在 α 相的固溶度较低，且较小的固溶强化作用被氧的强作用所掩盖，因此，需考虑成本和所需耐蚀性之间的平衡，以便来确定合金或选择等级。

表 3.5　钛由于良好的耐蚀性在工业上的应用

工　业	设　备	环　境
发电	冷凝器、热交换器、废气洗涤器	不同纯度水溶液、含 SO_2 气体
水厂	脱盐热交换器	海水
石油化工工业	热交换、井口、管道以及下向钻眼硬件	含 H_2S 盐水
纸浆和纸	流程中漂白部分扩散洗涤器	含氯化物液体
化学工业	尺寸稳定电极	Cl_2 和 Cl_2 化合物
金属生产	电解制取 Cu、Au 和 Zn 的阴极	不同侵蚀性水溶液
选矿	高 T 和 P 下压力容器	不同侵蚀性水溶液
医疗	骨科植入物、外科植入物、外科工具	人体和高压蒸气灭菌器
航天器	低温贮罐	N_2O_4、液体 O_2、液体 H_2

　　不同等级 CP 钛的许多应用是在化学和石化工业中的工艺设备，大量的这些设备在高温（例如在 100~150℃范围内）下使用，这对结构材料耐蚀性和材料的机械强度有直接影响，特别是 CP 钛，因此，材料选择过程中，必须考虑高温运行的影响，例如表 3.7 所列出的热交换器内管束。

　　由于钛吸收氢的倾向随着温度增高而增加，所以，给定环境的严格程度随着使用温度升高而增加。另一个因素是发生缝隙腐蚀的趋势随温度的升高而增加，缝隙腐蚀由浓差电池的形成而产生，在产生浓差电池的结合点或其他地方，腐蚀过程由该处的几何特征决定，在这种情况下，氧局部减少且此处的腐蚀环境下降，导致表面氧化物分解，加入钯（如等级 7）或乃至 Ni+Mo（例如等级 12）的合金元素，能提高钛合金的耐缝隙腐蚀性。CP 钛也有良好的固有缝隙腐蚀性，特别是在一定的环境温度下，但在高温下，基于前面所叙述的原因，含 PGM 添加剂的等级更有优势。

　　氢能降低 CP 钛和许多高强度钛合金的力学性能，因此，在知道吸氢存在的环境中，应避免使用钛合金，有几种类似的潜在情形的环境不太引起人们的注意，包括阳极与阴极面积比大的电偶，其他例子还有阴极区域的缝隙腐蚀和高温情况下的氢气增加，造成延展裂纹和抗断裂性减小的详细机理存在几种观点，显然，含有足够的氢引起氢化物析出的导致氢脆是清楚的，一段时间以来，这种脆性的起因与脆性 TiH_2 相的存在有关的观点已经被接受，鉴于该反应的重要性，接下来将详细讨论 TiH_2 的形成，不过，也有明确的证据表明，在低氢浓度即在规格极限（$150×10^{-6}$）左右时，合金的延展性会减小，但在此种情况下，关于氢化物的存在还没有资料说明。两种情况中，都发生了分布在 α 相基面上由裂纹面易脆、晶内模型断面导致的断裂，因而，对低氢浓度下的延展性降低可能存在着两种机理，一种可能的机制是在基面上的滑移带中增加的氢浓度直接降低了断裂应力，另一种可能是滑移带中增加的氢浓度形成了一层薄的、很难检测到的、甚至暂时的氢化层。

　　在侵蚀性环境中，CP 钛失效的基本模式是氢脆，在 α 钛合金中，脆化的原因是钛氢化物（TiH_2）的形成，钛氢化物（TiH_2）具有与 CaF_2 相同的结构和脆相，如果超过氢化物的断裂应力，在脆性 TiH_2 中可以形成裂缝，当存在高体积分数 TiH_2 时，这些裂缝可以生长成为 α 相基质，导致在总应变较低时的断裂。由于氢化物的形成和 CP 钛机械行为之间的关系，因而再次对 TiH_2 形成进行详细的总结很重要。TiH_2 的形成伴随的体积变化（+18%）以及这个体积改变必须能容纳基质中的塑性流动。归纳起来，有关氢化物形成的动力学有以下结论：第一是对基体流动应力的依赖，因为这种依赖变成要求塑性流动的约束力适应沉淀物的形成，它将依次影响特种合金中氢的表观溶解度，对于其内部是 α 相固溶强化的合金，要求更高的氢过饱和来形成足够的驱动力促使基质中位错环的形成，这些环对累积体积的增长是必要的，氢化沉淀物附近位错环的例子如图 3.14 所示，一旦这些环开始形成，氢化物就迅速生长。超过屈服应力的外部应力形成位错，这些位错可以提供必要的空间场所。因此，在被氧或例如铝或锡固溶体元素强化的 α 相合金中，存在较大氢过饱和的可能性。如果超过了局部屈服应力，结果之一是大体积分数的氢化物快速形成。与氢化物形成有关体积改变的另一个结果是氢有选择性地富集在所有氢抗拉应力场存在的区域。从设计角度来考虑这点变得很重要，特别是如果设计的物质将要使用高强度合金时，在设计过程中应注意在切口处尽量避免应力集中出现。并且在加工过程中保证致使拉伸应力集中的其他来源不被带入，包括错误的机械加工半径或是带有助溶剂的焊接。从选择材料观点出发，在室温下可以使用等级 1 或等级 2，对于高温下的应用，裂缝腐蚀则更需要考虑，虽然成本增加但是等级 7、等级 11 或等级 12 的使用变化更重要，这些合金一般具有优良的抗裂缝腐蚀性，这是其经常被选择的原因。

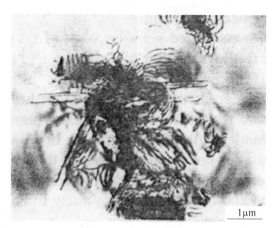

图 3.14　α 相钛合金中氢化沉淀物周围的位错环（TEM）

　　金属和合金因钝氧化层的存在产生的耐蚀性常常受到间隙腐蚀的影响，这是因为裂缝区域形成浓差电池且在氯离子的存在下钝化层破裂，使金属处于无保护状态，由于 α 钛合金比不锈钢和镍合金具有更好的抗裂缝腐蚀能力，因而 α 钛合金普遍应用在这类腐蚀可能性较高的环境中。检测材料耐裂缝腐蚀的性能相对容易且对结果的解释也很简单直接。裂缝腐蚀敏感性的一种常规测试包括制造一个由绝缘材料分离的多层异质材料，用一个与样品绝缘的螺栓将异质材料堆垛压紧，并扭转到一个预定值，以获得一个可复现的裂纹，如图 3.15 所示，这些堆垛浸于缝隙腐蚀敏感的介质内，通常用于辨别候选金属和合金敏感性的介质是含酸的饱和盐水，典型的测试结果如图 3.16 所示，可以看到 CP 钛样品 A 和 B 对缝隙腐蚀敏感，而 Ti-0.2Pd 样品 C 和 D 则不敏感。

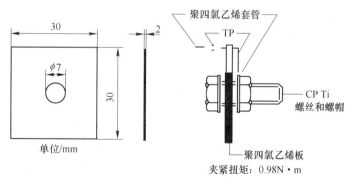

图 3.15　缝隙腐蚀试样 "堆" 图
（由 J. A. Hall 提供）

　　未曾讨论 α-Ti 的一种合金是 Ti-0.3Mo-0.8Ni 合金（等级 12）。这种合金具有比等级 2CP 钛更好的耐蚀性，但是不如等级 7（Ti-0.2Pd）的耐蚀性好。从经济上考虑，这一点使其成为许多需要考虑间隙腐蚀应用方面的首选，因为等级 12 成本大大低于等级 7，使其

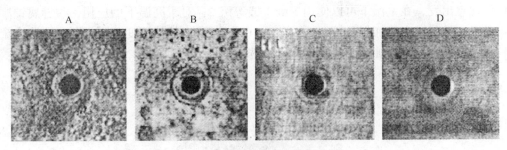

图 3.16　CP 钛等级 2 缝隙腐蚀试样（试样 A 和 B）以及
Ti-0.2Pd（等级 7）（试样 C 和 D）

（由 J. A. Hall 提供）

在改良耐腐蚀性方面的应用具有很大的吸引力。在一些环境中，等级 12 具有与等级 7 相当的耐蚀性，但在其他环境中耐蚀性则差很多。根据热处理过程也可以看出等级 12 的组织结构可能相当复杂，例如，温度在 650~700℃ 范围内，退火会导致镍和钼稳定 β 相分解为 Ti_2Ni 或 ω 相或两者同时存在，受热处理的影响，腐蚀速率和合金结构之间存在着复杂的相互依赖关系，如图 3.17 所示，在未经仔细选择优先热处理的高温下，等级 12 的使用看似可以降低服役过程中耐蚀性能的不稳定性，但应避免这种冒险的实践。

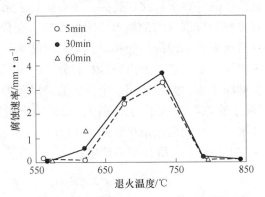

图 3.17　α 钛合金 Ti-0.3Mo-0.8Ni（等级 12）
三种不同时间下腐蚀速率与退火温度变化的关系

在这类合金中还有一种合金是 Ti-3Al-2.5V（等级 9）。这种合金常常被称为"近 α"合金，当需要高强度和好的焊接性以及一定的耐蚀性时，这种合金常常替代含有较少溶质的 α 合金，因为这种合金易于由挤压或周期式热轧制造成无缝管，因而特别有用，这种合金的耐蚀性没有上面讨论过的各种等级的合金好，但等级 9 具有较好的强度与易加工性（包括焊接性能）及对多种苛刻环境的良好抗性，使其成为许多应用的较好选择，例如飞机中的液压管道，从运输角度上考虑，质量是制造大型压力容器时要考虑的关键因素。

3.3　性质和应用

如前所述，CP 钛和其他 α 合金主要应用于化工工业和石油化工工业的工艺设备，如果设备按每年使用的量排序，CP 钛在其他工业部门也有许多应用，这些应用及一些工作环境如表 3.5 所示。

管壳式热交换器是 CP 钛常见的应用,这种热交换器如图 3.7 所示,此类热交换器由大量单独的焊接管组成,这些管已经轧制并安装到热交换器每个末端板上。此类热交换器主要在两种环境中具有优势,一种是存在潜在污渍的环境,另一种是介质中含有固体颗粒的环境,此种情况下会造成使用过程中个别管中发生堵塞的可能,堵塞不会严重损害整个设备的使用,但会导致一些安全故障的出现。与竞争材料相比,CP 钛与能有效除去污垢的氯化合物不反应,易于清除热交换器污垢是 CP 钛成为有吸引力材料的另一个理由。

CP 钛的应用环境范围很宽广,且易于制造成管和热交换器,这是选择 CP 钛做成管和壳式热交换器的主要原因。这些 CP 钛生产的热交换器成本高于由 70/30Cu-Ni 合金或 316 不锈钢生产的热交换器,但低于用锆合金、铬镍铁合金或 C-276(Ni-Cr-Mo)生产的热交换器,称之为管和框架热交换器的大型管型热交换器是用 CP 钛制成的,如图 3.18 所示,这类热交换器要求管道被构架支撑而不是使用板架支撑,在别的方面,其工作原理基本相同。

另一个被经常使用的设计产品称为盘架式热交换器,这种设备如图 3.19 所示,这些设备使用堆叠盘,以便获得热交换面积最大并实现设备单位体积上很大的热传递面。此外,这些设备是单体和附加单体可增加附加调节的排热设备,这些盘在形状上是相当复杂的,因而结构材料必须有良好的可成型性,组成这些面板的独立模块如图 3.20 所示,1 级 CP 钛和 2 级 CP 钛符合这些加工要求,并且加上这类材料的内在耐蚀性,各种等级的 CP 钛已成为材料的一种自然选择。

图 3.18 CP 钛制造的管架式热交换器
(由 J. A. Hall 提供)

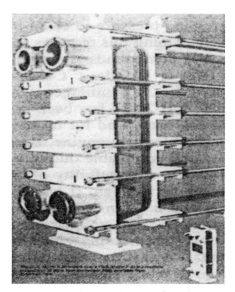

图 3.19 CP 钛制造的盘架式热交换器
(由 J. A. Hall 提供)

在所有热交换器中,从一个重要方面来讲,冷却水的流动速率决定了设备的效率,即一定时间内,设备处理液体的体积。在海水用作冷却水的情况下,与其他成本较低的备选方案相比,CP 钛具有显著优点,例如 70/30Cu-Ni 合金,在海水流量高的情况下,CP 钛

图 3.20　装配板架式热交换器盘中形状复杂的片件，CP 钛

（由 J. A. Hall 提供）

比 Cu-Ni 合金更适合在表面冷凝器中使用，因为即使在高流量下，CP 钛的惰性氧化膜仍保持完整。CP 钛表面冷凝器完全可以保证在高海水流量条件下使用 40 年，这种情况可以促进企业回收成本，这使得 CP 钛在考虑寿命周期成本方面成为更好的选择。

另一个在强侵蚀环境中使用的部件是纸浆和纸生产中漂白部分的设备，运行环境的侵蚀性很强，只有 CP 钛才可以长期正常工作，另外，这些结构是大型的，并且 CP 钛合金的比强度有利于运输以及这些大型部件的选址，这些建筑物如图 3.21 所示。

图 3.21　用于纸浆和纸生产过程漂白工段的 CP 钛大型构造实例

（由 J. A. Hall 提供）

CP 钛也用在燃煤发电厂的排放控制系统中，从这些燃煤发电厂中清洁废液的压力逐渐增长，这要求脱除包括 SO_2 在内的含硫化合物。与不锈钢或含氮合金相比，含硫化合物的脱出更适合使用 CP 钛，因此，即便 CP 钛零件成本更高，但这方面的应用仍逐渐变多。

更高强度的合金 Ti-5Al-2.5Sn 已用于航天器的低温贮罐，Ti-5Al-2.5Sn 也用于航天飞船主发动机液氢燃料系统中的零部件，这两种应用是由于这种合金良好的焊接性以及在低温下令人满意的延展性。考虑到钛合金对氢吸收的敏感性，这是大胆的应用。试验证明，温度为 10K 时，液态氢和钛合金的接触不会导致任何相互作用或吸收，因而，当发动机已经停止运行时，从使用氮气或惰性气体的系统中净化氢气是非常关键的。这个过程保证了氢气和钛部件之间的最小接触，因此，氢吸收和脆化可能性是最小化的，该试验已被证实。

另一个相当古老的合金与 Ti-5Al-2.5Sn 相似，它是 Ti-8Al-1Mo-1V 合金，该合金不具有任何有效的热处理作用，至少采用相同的热处理方式，α+β 合金会有作用的。因此，和 Ti-5Al-2.5Sn 一起讨论这种合金是合理的。严格来说，从合金结构角度看，它是 α+β 合金，因为铝含量高，Ti-8Al-1Mo-1V 是由于 α+β 的形成而产生析出硬化的，同时，由于其铝含量高，Ti-8Al-1Mo-1V 比所有 α+β 合金的弹性模数都高。当它用于生产片材时，其屈服应力为 70~140MPa，比轧制退火的 Ti-6Al-4 片材高，Ti-8Al-1Mo-1V 比所有的 α+β合金的弹性模数都高。当将其用于生产片材时，其屈服应力为 70~140MPa，比轧制退火的 Ti-6Al-4V 片材高，但由于该合金容易产生应力腐蚀裂缝，因此不再是很好的选择。

参 考 文 献

[1] Sakurai K., Itabashi Y., Komatsu A.: *Titanium '80*, *Science and Technology*, AIME, Warrendale, USA, (1980) p. 299.

[2] Boyer R., Welsch G., Collings E. W., eds.: *Materials Properties Handbook*: Titanium Alloys, ASM, Materials Park, USA, (1994) p. 228.

[3] Curtis R. E., Boyer R. R., Williams J. C.: Trans. ASM 62, (1969) p. 457.

[4] Margolin H., Williams J. C., Chesnutt J. C., Lütjering G.: *Titanium '80*, *Science and Tech nology*, AIME, Warrendale, USA, (1980) p. 169.

[5] Okazaki K., Conrad H.: Trans. JIM 13, (1972) p. 205.

[6] Okazaki K., Conrad H.: *Titanium and Titanium Alloys*, Plenum Press, New York, USA, (1982) p. 429.

[7] Finden P. T.: *Sixth World Conference on Titanium*, Les Editions de Physique, Les Ulis, France, (1988) p. 1251.

[8] Dieter G. E.: *Mechanical Metallurgy*, 2nd edn, McGraw-Hill, New York, USA, (1976) p. 685.

[9] Conrad H., Jones R.: *The Science*, *Technology and Application of Titanium*, Pergamon Press, Oxford, UK, (1970) p. 489.

[10] Fleischer R. L.: *The Strengthening of Metals*, Chapman and Hall, New York, USA, (1964) p. 93.

[11] Williams J. C., Baggerly R. G., PatonN. E.: Met. and Mater. Trans. 33A, (2002) p. 837.

[12] Boyer R., Welsch G., Collings E. W., eds.: *Materials Properties Handbook*: Titanium Alloys, ASM, Materials Park, USA, (1994) p. 247.

[13] Boyer R., Welsch G., Collings E. W., eds.: *Materials Properties Handbook*: Titanium Alloys, ASM, Materials Park, USA, (1994) p. 227.

[14] Jones R. L., Conrad H.: Trans. AIME 245, (1969) p. 779.

[15] Blackburn M. J., Williams J. C.: *Proc. Conf. on the Fundamental Aspects of Stress Corrosion Cracking*, NACE, Houston, USA, (1969) p. 620.

[16] Williams J. C., Thompson A. W., Rhodes C. G., Chesnutt J. C.: *Titanium and Titanium Alloys*, Plenum Press, New York, USA, (1982) p. 467.

[17] Boyer R., Welsch G., Collings E. W., eds.: *Materials Properties Handbook. Titanium Alloys*, ASM,

Materials Park, USA, (1994) p. 238.

[18] Paton N. E. , Williams J. C. , Chesnutt J. C. , Thompson A. W. : AGARD Conf. Proc. , no. 185, (1976) p. 4-1.

[19] Boyd J. D. : The Science, *Technology and Application of Titanium*, Pergamon Press, Oxford, UK, (1970) p. 545.

[20] Paton N. E. , Hickman B. S. , Leslie D. H. : Met. Trans. 2, (1971) p. 2791.

[21] Williams J. C. : *Effect of Hydrogen on Behavior of Materials*, AIME, New York, USA, (1976) p. 367.

[22] Hall J. A. , Banerjee D. , Wardlaw T. : *Titanium*, *Science and Technology*, DGM, Oberursel, Germany, (1985) p. 2603.

4 α+β 钛合金

4.1 加工工艺和微结构

在 α+β 系合金中，有完全片状微结构、完全等轴结构和在 α+β 片状基体中包括等轴初级 α($α_p$) 的所谓双相微结构。这三种显著不同的微结构可以通过改变热-机械加工流程来获得。

4.1.1 完全片状微结构

片状微结构可以在 β 相区内通过对合金进行退火处理（β 再结晶）获得，因此，这种微结构也常称为"β 退火"结构，这个阶段是加工流程中的第Ⅲ阶段（见图 4.1）。变形过程（阶段Ⅱ）可以在 β 相区或在 α+β 相区内通过锻造或轧制来实现。工业生产中，由于低流变应力的作用，材料首先在 β 相区内变形，然后在 α+β 相区内变形，以避免粗大 β 晶粒的产生。类似的，在阶段Ⅲ中，再结晶温度通常保持在高于 β 转变温度 30~50℃之间，这是为了控制 β 合金组织的晶粒度。因此，典型的完全片状微结构的 β 晶粒度大约是 600μm。

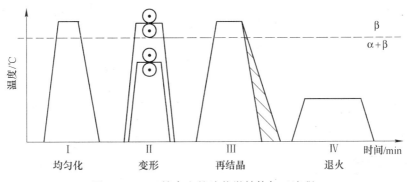

图 4.1 α+β 钛合金的片状微结构加工流程

表 4.1 列出了对微结构有较大影响的加工工艺参数，从表中可以看出，冷却速度决定了片状微结构（如 α 薄片厚度、α 晶团大小以及 β 晶界上的 α 片层厚度）的特点，所以加工流程中最重要的参数是阶段Ⅲ中 β 相区的冷却速率。Ti-6242 合金片状微结构随 β 相区冷却速度的变化如图 4.2(LM) 和图 4.3(TEM) 所示，从图中可以看出，表 4.1 中所列出的"冷却速度"对合金微结构的影响，即 α 薄片厚度、α 晶团大小、β 晶界上 α 片层厚度，皆随着冷却速度的增加而降低，例中冷却速度从 1℃/min（炉冷）的缓慢冷却，变为速度为 8000℃/min 的快速降温，这个冷却速度可通过薄型制品（厚度不大于 10mm）的水淬获得，较为常见的冷却速度是 100℃/min，例如截面尺寸（锻件、板材等）较大的快速冷却（水淬或强制风冷）或薄片的自然风冷，从晶团或魏氏（Widmanstätten）微结构变化

为马氏体组织等，合金的冷却速度通常应避免处于 CCT 图中"鼻凸"位置处，对于大多数普通的 α+β 合金，如 Ti-6Al-4V 或 Ti-6242，这种变化发生在冷却速度高于 1000℃/min 时，因而，马氏体组织很少出现在 α+β 合金部件中。

表 4.1　影响片状微结构的重要工艺参数以及相应的片状微结构的特征

加工阶段（见图 4.1）	重要参数	微观组织特征
Ⅲ	冷却速率	-α 晶团大小 -α 薄片厚度 -GB α 层
Ⅳ	退火温度	-α 中 Ti$_3$Al -β 中次级 α

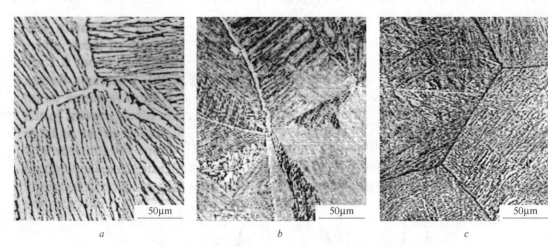

图 4.2　β 相区的冷却速度对 Ti-6242 片状微结构的影响（LM）

a—1℃/min；b—100℃/min；c—8000℃/min

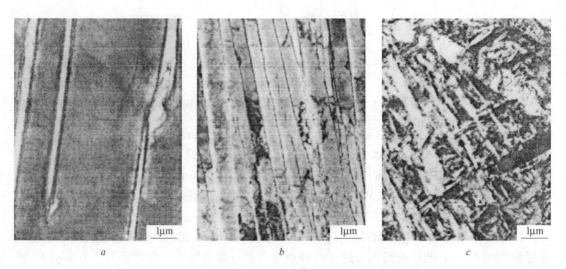

图 4.3　β 相区的冷却速度对 Ti-6242 片状微结构的影响（TEM）

a—1℃/min；b—100℃/min；c—8000℃/min

虽然 α 片层厚度和 α 晶团的大小随冷却速度增加而降低，但其大小的改变发生在冷却速度的不同范围内。在材料缓慢冷却时，α 片层厚度大约 5μm，当冷却速度为 100℃/min 时，α 片层厚度急剧降低到 0.5μm（见图 4.3a 和图 4.3b），然而随冷却速度进一步增加，只是导致相当数量更厚的马氏体片出现在微结构中，其尺寸大约为 0.2μm（马氏体片平均厚度），如图 4.3c 所示，相比之下，在材料缓慢冷却时，α 晶团的大小约为 β 晶粒度的一半，约 300μm，当冷却速度为 100℃/min 时，α 晶团大小降低到大约 100μm（见图 4.2b），α 晶团大小下降到单个马氏体片厚度，这一过程主要发生在冷却速度为 100℃/min 到 8000℃/min 之间。

从图 4.2 中可以看到，在三种冷却速度下，β 晶界上都析出了连续 α 层，因而，α 层的形成在非常快的冷却速度下也不能避免，在材料缓慢冷却时，晶团中 α 薄片与在 β 晶体界面上连续的 α 片层厚度相接近（见图 4.2a）。

α 晶团微结构中的 β 薄片及其余 β 基体可以在 α 板材之间清晰地看出，如图 4.3a 和图 4.3b 所示的电子透射显微照片，在 α+β 相区中，通过退火处理马氏体来改良薄片 α+β 微结构问题。

在加工过程中的第Ⅳ阶段（最终退火热处理），温度的控制比时间更重要，因为温度决定了 α 相是否被 Ti$_3$Al 粒子强化，例如，在 Ti-6Al-4V 合金中，Ti$_3$Al 固溶体分解温度大约 550℃，在 500℃对材料保温将使 Ti$_3$Al 粒子沉淀析出，要消除析出的 Ti$_3$Al 粒子，就要在 600℃或更高温度对材料进行退火处理，另外，在阶段Ⅳ的热处理过程中，通过对阶段Ⅲ中冷却过程的控制，精细次级 α 片晶可以在 β 相中沉淀，尽管不适用于工业生产，但马氏体微结构可以在 700~850℃ 范围内退火转变成精细的薄片 α+β 微结构，通过这种热处理，β 相形成一个马氏体片的连续层。许多试验室在 800℃下对 Ti-6Al-4V 合金进行退火处理，用于验证精细薄片 α+β 微观组织。

另一类片层微结构是被称为 β 加工条件下的完全薄片微结构，但这种加工条件下的 α+β 合金没有广泛应用于工业生产中。图 4.1 中，阶段Ⅲ的 β 再结晶并没有在图 4.4 中出现，因此，材料完全保持在非再结晶状态下。在加工流程图 4.4 中的阶段Ⅱ，可以对应变速度、β 相区中的温度和停留时间、变形加工后的冷却速度进行控制，从而避免再结晶的发生。非再结晶 β 晶粒的形状取决于变形模式（轧制、锻造、压制等）以及形变速度，形变速度决定了变形 β 晶粒的宽度（见表 4.2），这个非再结晶 β 加工条件的主要优点是 α 晶团大小在一个方向上受限于 β 晶体的厚度，并且 β 晶界上的连续 α 片层被分解，形成了之字形的变质 β 晶界，这两个特征可以在图 4.5 所示的 Ti-6242 合金 β 加工微观组

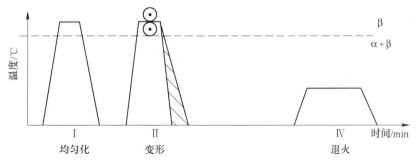

图 4.4 α+β 钛合金中 β 微结构加工流程

织中看到。变形加工后的冷却速度会直接影响快速冷却状态中 α 薄片厚度和 α 晶团大小（见表 4.2），比较图 4.5b 和图 4.3b 可以看出，β 加工条件下 α 薄片厚度并没有明显的小于 β 退火之后的 α 薄片组织，显然，经过 β 加工后，材料恢复到 α 片层形核前较远的阶段。

表 4.2　影响 β 相微结构的重要工艺参数及相应的微结构特征

加工工序（见图 4.4）	重要参数	微观组织特征
Ⅱ	变形时间	非晶体结构
	变形模式	β 晶体外形
	形变度	−β 晶体厚度 （→α 晶团尺寸） −α 片层 GB 形状
	冷却速率	−非晶体结构 −α 晶团尺寸 −α 薄片厚度
Ⅳ	退火温度	−α 中 Ti_3Al −β 中次级 α

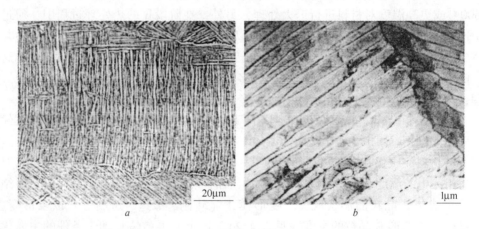

图 4.5　Ti-6242 合金 β 相加工条件下的微观结构（冷却速率大约 100℃/min）

a—LM；*b*—TEM

4.1.2　双相微结构

　　双相微结构的加工流程示意图如图 4.6 所示，加工过程分为 4 个阶段：β 相区中均匀化（Ⅰ）、α+β 相区中形变加工（Ⅱ）、α+β 相区中再结晶（Ⅲ）以及时效和消除内应力处理（Ⅳ），该加工流程的重要参数及双相微结构特征如表 4.3 所示。加工流程中最重要的参数是 β 相区中（阶段Ⅰ）的均化温度和冷却速度，冷却速度决定了 α 薄片的宽度（见图 4.2 和图 4.3），然后这些 α 薄片在阶段Ⅱ中形变并在阶段Ⅲ中再结晶。阶段Ⅰ产生的优先 α 薄片厚度和等轴初级 α 尺寸两个双相组织如图 4.7 所示，加工流程中唯一的不同是阶段Ⅰ中 β 均质化处理后的冷却速度和形变过程。

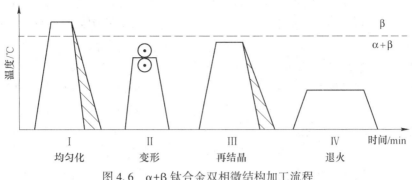

图 4.6 α+β 钛合金双相微结构加工流程

表 4.3 影响双相微结构的重要工艺参数及相应的微结构特征

加工工序（见图 4.6）	重要参数	微观组织特征
I	冷却速率	α 薄片厚度 （→α 大小）
II	变形温度 形变度 变形模式	组织类型 -组织强度 -位错密度 组织对称性
III	退火温度 冷却速率	-α$_p$ 体积分数 （→β 粒度） -合金元素划分 α 薄片厚度
IV	退火温度	-α 中 Ti$_3$Al -β 中次级 α

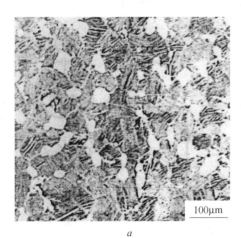

图 4.7 加工流程 I 阶段 β 相区不同冷却条件下 IMI834 合金的双相微结构（LM）
a—双相 1，缓慢冷却；b—双相 2，快速冷却

在下一个阶段 Ⅱ 中，即为 α+β 相区中的形变过程，薄片组织发生塑性变形（非断裂），塑性变形使材料获得足够高的应变能（位错），这些能量用来完成阶段 Ⅲ 过程中的 α 相和 β 相的完全再结晶。单斜六方 α 相和体心立方 β 相中的晶体织构会发生相互转变，从而影响材料的力学性能。单向轧制过程中，形变温度决定了织构类型（见图 4.8），在低形变温度下，形变过程中 α 相所占的体积分数较高，形成 α-形变织构，即所谓的基板/横向（B/T）型织构。在高形变温度下，形变过程中 β 相所占体积分数较高，形成 β-形变织构，在冷却过程中，β 相织构向 α 相形变，在 ｛110｝ 晶系的六个晶面中，可能只有一个 β 相晶面能优先与 α 相完成伯格斯（Burgers）型关系，$(110)_\beta \| (0002)_\alpha$，这种转变称为横向（T）型织构转变，弗雷德里克（Frederick）提出 β 向 α 转化的过程是持续应力作用的结果，在这两个形变温度区域之间，因为 α-形变织构（B/T）随着变形温度增加而降低，由于在形变过程中，β 相体积分数低而形成的（T）型织构强度较低，所以 α 相织构强度较低（见图 4.8），形变模式（单项轧制、横向轧制、扁平锻造等）决定了织构的对称性（见表 4.3），在阶段 Ⅲ 的再结晶过程中，六方 α 相织构不会发生明显的改变。

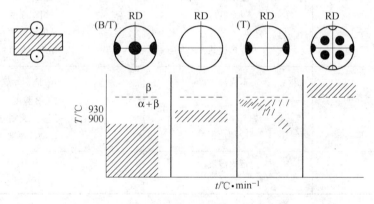

图 4.8　α+β 钛合金中形成的晶体结构（0002 晶向）

再结晶退火阶段 Ⅲ（图 4.6）中最重要的参数是温度，它决定了位于 β 晶界处的再结晶等轴初级 α（α_p）的体积分数，α_p 的体积分数和尺寸是双相结构中最重要的微结构特征，α_p 的尺寸大约为 β 晶粒尺寸之间初生 α 片层的距离（见图 4.7）。

阶段 Ⅲ 中的退火时间不是严格控制的参数（见表 4.3），只要满足初生等轴 α_p 晶体生成的时间就可以，在这种 α_p 和 β 晶体混合的二相中，晶粒长大非常缓慢，阶段 Ⅰ 中的片状"启动"结构的机理在阶段 Ⅱ 中发生形变，在再结晶过程中变成等轴 α 和 β 晶体，如图 4.3 所示，从图中可以看到，再结晶 β 相沿着 α/α 晶界渗入再结晶 α 薄片中，导致个别 α_p 晶体的分离。

在 α_p 和 β 的分离过程中，合金元素会重新分配，α 稳定元素（铝、氧）或 β 稳定元素（钼、钒）等，将会分别分配到两相中。通过元素的重新分配，片状 α 在再结晶退火温度以上就已经生成，与 α_p 或全片状微结构相比，α 稳定元素（铝、氧）浓度较低，可以促进阶段 Ⅳ 中 Ti_3Al 粒子的形成与时效强化。

图4.6阶段Ⅲ中，α+β 相区的冷却速度主要影响单个 α 薄片的厚度，而 α 晶团的尺寸和在 β 晶界上连续生成的 α 片层厚度取决于 β 晶粒尺寸，在 30~600℃/min 正常冷却速度范围内，双相微结构的 α 晶团大小大与 β 晶粒差不多，在冷却速度缓慢时，α_p 的尺寸和体积分数都增加。950℃下双相微结构的再结晶机理见图4.9。

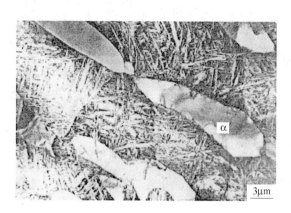

图4.9　950℃下双相微结构的再结晶机理，Ti-6Al-4V（TEM）

4.1.3　完全等轴微结构

获得完全等轴微结构的途径有两种，一种是与获取双相微结构阶段Ⅲ之前的加工流程相同（见图4.10），如果再结晶退火的冷却速度足够低，那么只有 α_p 晶体会在冷却过程中长大，β 晶体中没有 α 薄片的生成，这样，就形成了位于 α 晶体"三晶点"的 β 完全等轴结构，如图4.11所示的 Ti-6242 合金，在这种情况下，α 晶粒相当粗大，并且大于在快速冷却中形成的相应双相结构 α_p 的大小。

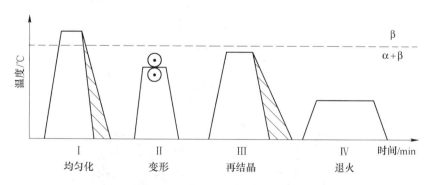

图4.10　双相再结晶退火缓慢冷却后 α+β 钛合金完全等轴微结构的加工流程

另一种方法是在阶段Ⅲ的再结晶过程中，α 相的体积分数在相平衡时足够高，再结晶过程直接从变形薄片结构形成完全等轴微结构，变形薄片结构转变为等轴结构的机理和双相微结构机理相同（见图4.9），但方向相反，α 相沿 β/β 晶界渗入到再结晶 β 薄片（见图4.13），导致最终微结构中的 β 晶体分离。在较低的再结晶退火温度下，第二个工艺流程比上面描述的第一个流程能获得较小的 α 晶粒，以 Ti-6Al-4V 合金为例，使用 800℃ 再结晶退火温度，可以在实验室中获得 α 晶粒大小大约 2μm 的完全等轴微结构，这种微结构如图 4.14 所示，α 晶体大小只能通过 TEM 才能清楚地看到。

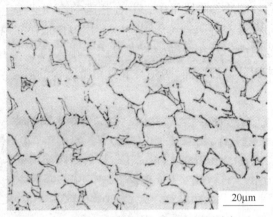

图 4.11　双相再结晶退火温度下缓慢冷却后 Ti-6242 合金完全等轴微结构（LM）

　　这两个加工流程的重要加工参数和微结构特征见表4.4。从 β 相区（阶段Ⅰ）快速冷却的速度对低温再结晶退火流程获得细晶 α 完全等轴微结构是非常重要的，如图 4.12 所示，在最终退火处理（阶段Ⅳ）过程中，是否有次级 α 片晶在 β 相中形成，取决于低温再结晶温度流程中的再结晶退火温度和最终退火温度之间的差值，或者是缓慢冷却流程（见图 4.10）中再结晶退火后的具体冷却过程。

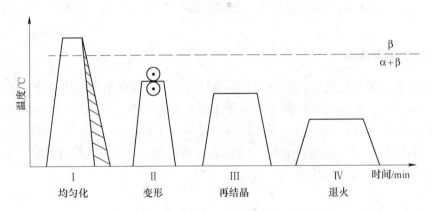

图 4.12　低温再结晶的 α+β 钛合金完全等轴微结构的加工流程

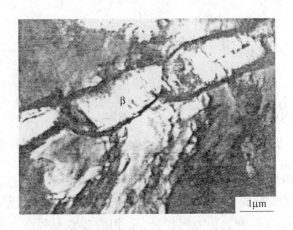

图 4.13　800℃下完全等轴微结构的再结晶机理，Ti-6Al-4V（TEM）

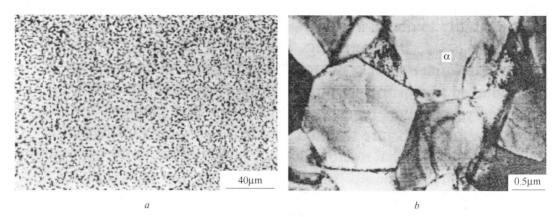

图 4.14　800℃下再结晶的 Ti-6Al-4V 合金的细晶粒完全等轴微结构

a—LM；*b*—TEM

表 4.4　影响完全等轴微结构的重要加工参数及相应的微结构特征

加工工序（见图 4.10 和图 4.12）	重要参数	微观组织特征
I	冷却速度	α 薄片厚度 （→α 晶体大小）
II	变形温度 形变度 变形模式	组织类型 -组织强度 -位错密度 组织对称
III	缓慢冷却速度（见图 4.10） 低退火温度（见图 4.12）	完全等轴组织 完全等轴组织
IV	退火温度	-α 中 Ti_3Al -β 中次级 α

　　一般来说，完全等轴微结构可以转变为双相微结构，把材料加热到 α+β 相区，使各成分的浓度达到生成 $α_p$ 的浓度，然后在适当的冷却速度下，在 β 晶粒中生成 α 片层组织；反过来，双相微结构也可以转变为完全等轴微结构，把双相微结构的材料加热到 α+β 相区，调整成分浓度，使 α 片层组织溶解到 β 晶粒中，在足够低的冷却速度下，使之生成 $α_p$ 晶粒，同样，双相微结构中的 $α_p$ 的体积分数也发生了改变，但是，不管是这两种途径中的哪一种，在加工处理过后，α 和 β 的晶粒尺寸都会发生长大。

　　轧制-退火条件是一种非常普遍但很少定义的加工方法。在这种加工方法中，阶段 III 的再结晶过程被完全省略（见图 4.15），因此，控制阶段 II 中形变过程的具体步骤（加热一次或两次，在第二次加热时先预热一定时间，形变后冷却速度控制等）就决定了产生的微结构，特别是再结晶程度。大部分情况中，形变过程的细节可人为控制，但在生产者之间甚至在不同批次之间细节都会变化，所以，轧制-退火条件常常不能明确定义它的微结构。轧制-退火的 Ti-6Al-4V 合金微结构如图 4.16 所示，在这种情况下，轧制-退火微结构再结晶看起来相当好，仅含有很少的片状纤维状夹杂物，无结晶物。材料在轧制-退火加工流程中的最终退火阶段，是在温度高于 Ti_3Al 固溶度曲线的温度下完成的，这个阶段是纯消除应力处理，并且 Ti_3Al 在 α 中沉淀，因此未在表 4.5 中概括出此微结构特征。

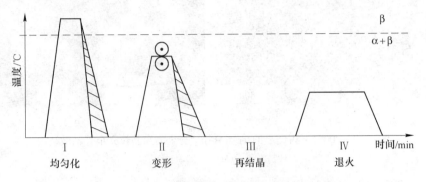

图 4.15 α+β 钛合金轧制-退火的微结构加工流程

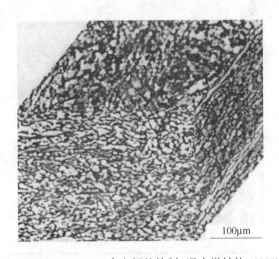

图 4.16 Ti-6Al-4V 合金板的轧制-退火微结构（LM）

表 4.5 影响轧制-退火微结构的重要加工参数及相应的微结构特征

加工工序（见图 4.15）	重要参数	微观组织特征
I	冷却速度	α 薄片厚度 （→α 晶体大小）
II	变形温度 形变度 变形模式	再结晶程度 （等轴晶体体积分数） 组织强度 组织对称
IV	退火温度	β 中次级 α

4.2 微结构和力学性能

本节中，将对 α+β 钛合金的微结构特征和力学性能之间的基本关系进行概述，本节中主要的力学性能是指拉伸、疲劳以及断裂韧性。在 4.1 节中，列出了不同的微结构特征，这里，只对最重要的特征作详细讨论，其他的只做简单介绍。基本微结构及相关性能的定性描述见表 4.6，它是本节的总线，表 4.6 中的 +，0，− 表示当微结构特征的基本参数改变时，相关力学性能改变的方向。表 4.6 中表示材料拉伸性能的主要参数是屈服应力 $\sigma_{0.2}$ 以及延伸率，10^7 周时的高周疲劳（HCF）强度是衡量疲劳裂纹形核的标准，抗疲劳裂纹增长的能力表示为 ΔK_{th}，也就是说，只要 da/dN-ΔK 低于 ΔK_{th} 的"门槛"值 K_{IC}，裂纹就不会形核。本节中将采用紧凑拉伸（CT）试样研究微裂纹和宏观裂纹的断裂力学机理。表 4.6 中列出了两种不同的宏观裂纹，对裂纹未闭合（$R=0.7$）和裂纹闭合（$R=0.1$）的裂纹扩展进行区分。断裂韧性 K_{IC} 没有包含在裂纹闭合那一栏中，位于两个疲劳裂纹之间。表 4.6 中的小塑性应变（0.2%），也就是在初始蠕变区域的抗蠕变强度，将会在第 5 章中进行讨论。表中的拉伸、疲劳以及断裂韧性的趋势基本上都是在室温条件下测得的，除双相微结构的 HCF 强度外，其他的都适用于高温情况。

表 4.6 α+β 钛合金重要的微结构参数和力学性能之间的关系

项 目	$\sigma_{0.2}$	ε_F	HCF	微裂纹 ΔK_{th}	宏观裂纹			蠕变强度 (0.2%)
					ΔK_{th} ($R=0.7$)	K_{IC}	ΔK_{th} ($R=0.1$)	
小型 α 晶团，α 薄片 a	+	+	+	+	−	−	−	+/−
双相组织 b	+	+	−	−	−	−	−	−
小型 α 晶体大小 c	+	+	+	−	−	−	−	−
时效 α_2，（氧）	+	−	+	−	−	−	+	+
β 中次级 α	+	−	+	+	0	0	0	+
组织： 应力 ‖ c-轴	+	0	+真空 −空气	0 真空 −空气	0 真空 −空气	0	0 真空 −空气	+

注：1. 与粗糙片状结构相比；
　　2. 与相同冷却速度的完全片状结构相比；
　　3. 与大型完全等轴结构 α 晶体尺寸相比。

4.2.1 完全片状微结构

对片状微结构力学性能影响最大的因素是 α 晶团的大小，它的大小决定了片状微结构中的有效滑移长度，α 晶团的大小由 β 相区的冷却速度控制（见图 4.1 及表 4.1）。尽管 α 片层和 β 基体两个相必须相互独立地形变，但由于每个相的滑移系完全平行，即 $(110)[111]_\beta \parallel (0002)[11\bar{2}0]_\alpha$ 和 $(112)[111]_\beta \parallel (1\bar{1}00)[11\bar{2}0]_\alpha$ 及其他两个：$(110)[11\bar{2}]_\beta$ 和 $(0002)[1\bar{2}10]_\alpha$ 以及 $(112)[111]_\beta$ 和 $(10\bar{1}0)[1\bar{2}10]_\alpha$ 只相差 10°，所以滑移很容易通过不连贯的 α/β 界面传递。

　　滑移长度（α晶团大小）对力学性能的影响见图 4.17 所示，随着冷却速度的增加，α
晶团尺寸随有效滑移长度的相应减小而减少，而相应的屈服应力增加。图 4.18 中列出了
冷却速度对三种 α+β 钛合金（Ti-6Al-4V，Ti-6242，IMI834）屈服应力和延伸率的影响，
从图中可以看出，在工业常用的冷却速度下（1000℃/min），有效屈服应力大约为50~
100MPa，然而，当晶团结构改变为马氏体型微结构时，滑移长度和"晶团"大小等于单
个 α 薄片的厚度，屈服应力大大增加了。在快速冷却的情况下，屈服应力与马氏体组织的
晶粒尺寸有关，在三种合金中，Ti-6242 的马氏体组织是最细的，而 Ti-6Al-4V 合金和
IMI834 材料的微结构是粗大的马氏体板。

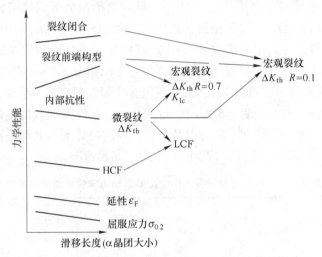

图 4.17　滑移长度（α晶团大小）对力学性能的影响

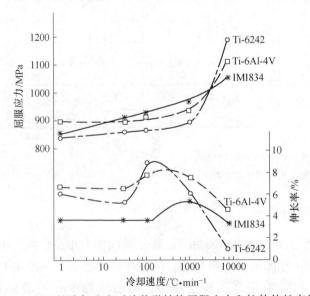

图 4.18　β相区的冷却速度对片状微结构屈服应力和拉伸伸长率的影响

　　如图 4.18 所示，在初期，随着冷却速度的增大，拉伸伸长率增加，这与图 4.17 所示
的滑移长度减少的作用一致，然而，随冷却速度的增大，曲线达到一个最大值后下降。图

4.18 中所示的伸长率变化远大于相应的 RA 值，伸长率的最大值与断裂类型的改变相关，在冷却速度较低时，可以看到韧性穿晶断裂；而在高冷却速度时，在 β 晶界上的连续 α 片层上发生晶间断裂，这种断裂类型的改变如图 4.19 所示。由于在连续 α 片层区域的择优塑性变形以及这些区域伴随着早期裂纹的成核，所以，连续 α 层对伸长率的影响较大，伸长率的极值与连续 α 片层区域之间强度、基体的强度、晶界长度（β 晶体大小）等有关。β 晶体大小对 Ti-6Al-4V 合金伸长率的影响如图 4.20 所示，当在较快的速度下冷却时，β 晶粒大小从 600μm 减小到 100μm，伸长率有较大的增加，为了更进一步的说明，大小为 25μm 的 β 晶粒的双相微结构的伸长率如图 4.20 所示，虽然 β 晶界上生成的连续 α 片层与其他两种微结构相似，但在快速冷却状态下，双相微结构的伸长率比另外两个完全片状组织更高。由于双相微结构中的基质和 α 片层之间的强度比其他结构的 α+β 合金更高，所以连续 α 片层对材料伸长率和其他力学性能的影响比另外两个完全片状组织更明显。

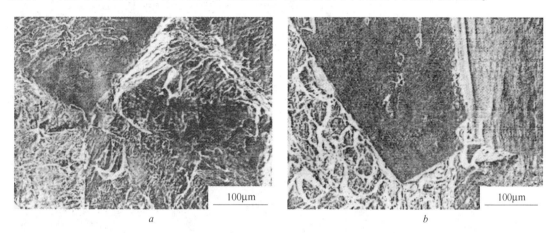

图 4.19 β 相区不同冷却速度下的片状微结构拉伸断裂表面，Ti-6242（SEM）

a—100℃/min；b—8000℃/min

HCF 强度（裂纹形核抗性）取决于位错运动的阻力，因此，HCF 强度取决于滑移长度以及 α 晶团大小，这一特征与屈服应力相似（见图 4.17）。HCF 强度随 β 相区冷却速度的变化趋势与图 4.18 所示的屈服应力基本相同，当冷却速度增加到中等冷却速度区域时，HCF 强度随之增加，但在快速冷却速度下增加更多。图 4.21 是 Ti-6Al-4V 合金片状微结构在循环 10^7 周时，HCF 强度与 β 相区冷却速度的关系图。对于 α+β 合金来说，HCF 强度（$R=-1$）与屈服应力的比率大约是 0.5，但粗大的微结构（例如适于 1℃/min 的冷却速度）低至 0.45，极细的微机构则高达 0.60。除冷却速度的影响外，完全片状微结构 HCF 强度和屈服应力的比率还取决于具体的最终退火/时效处理（见图 4.1 阶段Ⅳ）。

疲劳裂纹的形成发生在缓慢到中等冷却速度的范围内，形成的位置主要是滑移带内，进而扩展到整个晶团，或在与滑移带临近的 α 晶团边界的内部形成，这种滑移带裂纹形成机理如图 4.22a 所示。由多个 α 片组成的微结构中，在快速冷却的情况下，疲劳裂纹常常在最长和最宽的 α 片上形成，裂纹形核首先取决于粗大 α 片内的滑移带活性，这种裂纹形成机理如图 4.22b 所示。疲劳裂纹偶尔会在 α+β 合金快速冷却微结构中的 β 晶体界面上连续 α 层中形成，这种特别的结果导致了在拉伸试样中，沿 β 晶体界面上连续 α 层断裂，材料的拉伸性能降低（见图 4.18）。

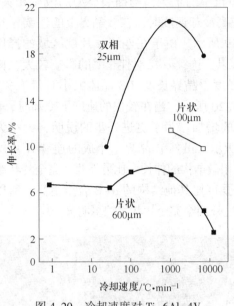

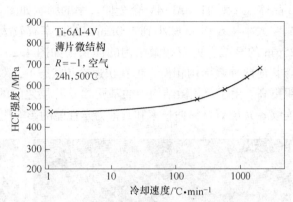

图 4.20　冷却速度对 Ti-6Al-4V
　　　　伸长率的影响

图 4.21　Ti-6Al-4V 片状微结构 HCF 强度 （R=-1）
　　　　对 β 相区冷却速度的相关性

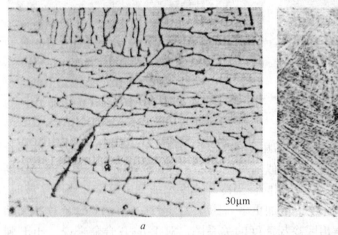

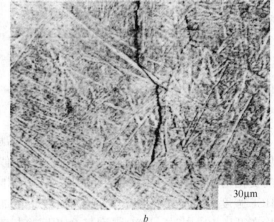

图 4.22　在 β 相区不同冷却速度下的薄片微结构的裂纹形核，Ti-6242 （LM）
a—1℃／min；b—8000℃／min

　　β 相区的冷却速度对表面初始微裂纹的增长速率也有较大的影响，如图 4.23 所示，图中曲线还包括后面要讨论的宏观裂纹 da/dN-ΔK 曲线，表面裂纹长度为 2c 的宏观裂纹如图中上面部分所示，在图中，比较了两个冷却速度极值下的微结构裂纹生长趋势，分别是非常粗大的片状组织（冷却速度 1℃／min）和极细的片状组织（冷却速度 8000℃／min），从图中的曲线中可以明显看出，微裂纹（左边两个曲线）远比宏观裂纹生产迅速，并在更低的 ΔK 值下生长。与极细的片状微结构相比，微裂纹在粗大片状微结构中生长更快。在缓慢冷却微结构的晶团中，微裂纹在强滑移带内生长非常迅速，如图 4.22a 所示，微裂纹生长穿过那些界面时，可以改变其方向，只有晶团边界和 β 晶体边界阻力较大。晶团边界密度随着冷却速度的增加而增加，导致微裂纹生长速度降低，如果是极细的片状微结构，则微裂纹在最粗大的 α 片按上面描述的机理形成，如图 4.22b 所示，倾向于最初沿板片界面生长，然后从界面脱离和穿过基体生长。在这种极细片状微结构中，所有的单个马氏体片都是坚固的障碍，并使微裂纹生长速度缓慢，这可从图 4.23 中看出。

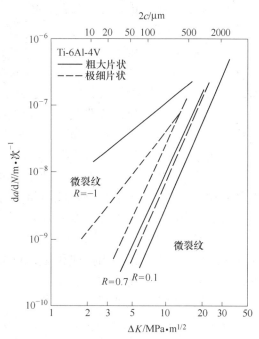

图 4.23 β 相区不同冷却速度下的片状微结构疲劳裂纹变化情况粗大片状 （1℃/min） 和极细片状 （8000℃/min），Ti-6Al-4V

　　随着裂纹尺寸的增加，微裂纹前沿遇到越来越多的微结构障碍，这可使裂纹平均增长速度变低。微裂纹增长的第一阶段是裂纹形成以及选择性地在微结构最弱区域内扩展，这个区域没有坚固的障碍阻止裂纹的增长。随着裂纹扩展的增大，在裂纹前缘必然会遇到坚固的障碍，裂纹平均增长速度随着裂纹前沿尺寸的增加而减慢。这种平均过程对于粗大的和极细的片状微结构是不同的，如果只有裂纹平面内的障碍阻止裂纹生长，那么，极细组织中的裂纹增长速度降低将会更大，但图 4.23 显示出的情况并非如此。所以，必须考虑其他因素，沿着裂纹前缘不同晶体学方向的两个邻近区域，例如粗大组织中的两个 α 晶团或极细组织中两个单独的 α 板片，可能导致裂纹前缘局部扩展，脱离主增长平面。这个主增长面是由两个邻近区域中不同滑移面决定的，这一现象如图 4.24 所示，这样，裂纹局部就脱离主增长平面一定距离，这个距离与微结构大小成一定的比例，因而，裂纹前缘变为两部分，两个邻近区域内的局部裂纹尖端被垂直于主增长平面的距离 Z 分离 （见图 4.24）。距离 Z 与粗大组织中 α 晶团的大小或极细组织中单个 α 板片的大小成正比，为了向前移动这个分叉的裂纹前缘，距离 Z 必须沿着非常不利于裂纹扩展的横断面增长，裂纹增长障碍强度与距离 Z 成正比，因而，粗大微结构作用力大，而极细微结构作用力小。产生的裂纹前缘外形 （裂纹前缘几何形状） 很大程度上决定于图 4.23 中宏观裂纹增长曲线的位置和次序。

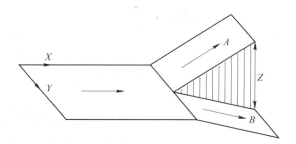

图 4.24 两个邻近区域 A 和 B 局部裂纹前缘外形不同的主滑移面及方向

　　上面描述的两个因素（曲线的位置和次序）经常取决于在低周疲劳（LCF）试验中测定微裂纹增长曲线所使用的应力水平，这是因为微裂纹在不同的试验下，$da/dN-\Delta K$ 函数曲线不是唯一的，原则上，每个大小一定的微裂纹有其自身特征的 $da/dN-\Delta K$ 曲线，随着裂纹大小的增加，这些曲线移至更低的 da/dN 和更高的 ΔK 值方向，即曲线转向 $da/dN-\Delta K$ 图右侧。对于粗大片状微结构，转变较大，而对于极细片状微结构，转变较小，这个特征已经包含在微裂纹增长曲线中，如图 4.23 所示。当裂纹尺寸达到给定的平均裂纹增长状态时，微裂纹的扩展不会随裂纹尺寸的改变更进一步增长，即微裂纹已经转变为宏观裂纹，这样，就要求沿裂纹前缘有足够数量的微结构障碍来决定裂纹的增长行为，例如在粗大片状微结构下的 α 晶团晶界，微结构障碍的数量常设为 20，这个数字经常用来说明在高 R 比条件下，微裂纹增长曲线与相应的宏观裂纹增长曲线的交点（见图 4.23）。

　　为了更全面地讨论滑移长度和力学性能的关系，在此不用裂纹扩展速率，而采用作图求得图 4.17 的 ΔK_{th}，来描述裂纹扩展行为。微裂纹的扩展行为与滑移长度有关，并且与拉伸塑性有定性的关系，当拉伸和疲劳测试中的裂纹机理相同时，这种相关性才成立。下面这个例子可以用来说明这一观点，细片层组织的裂纹扩展抗力比粗片层大，但二者在疲劳测试过程中均为穿晶断裂，这和细片层组织的低拉伸伸长率无关，因为细片层组织在图 4.19 中显示的是沿晶断裂机理，在某些情况下，细片层组织由沿晶断裂转变为穿晶断裂，如减少 β 晶粒大小，那么会获得很高的伸长率，这时拉伸伸长率和微裂纹增长抗力之间的关系才成立。

　　材料的低周疲劳（LCF）强度由两方面决定，即裂纹形核阻力和微裂纹扩展阻力，如前所述，这两者均随 β 相区冷却速度的增加而增加，因此，片状组织的 LCF 强度随 β 相区冷却速度的增加而增加。

　　要理解由疲劳试样获得的宏观裂纹扩展速率，需要微观裂纹扩展阻力以及其他一些和裂纹前缘几何形状有关的数据。在无裂纹闭合的高 R 比率时，裂缝前缘几何形状是主要的附加因素，它也决定于滑移长度（α 晶团大小），但它和微观裂纹扩展阻力的规律相反。这种几何因素（常常也称为裂缝前缘粗糙度或裂缝前缘剖面）随着滑移长度（α 晶团大小）的增加而增加，并会阻碍裂纹扩展，提高 ΔK_{th}，因此，高 R 比率下宏观裂纹扩展速率的增大与否决定于两个因素，但二者和滑移长度的关系却相反，如图 4.17 所示。在 α+β 钛合金中，宏观裂纹扩展速率在很多情况下会随着 α 晶团的增加而减小，这说明在讨论宏观裂纹扩展行为时，这种几何学特征要比塑性更重要。高 R 比率下，微观裂纹和宏观裂纹的扩展曲线和冷却速率呈相反关系，如图 4.23 所示。

　　低 R 比率下，裂缝闭合是影响宏观裂纹扩展行为的第 3 个因素。裂纹闭合会产生高的 ΔK_{th}，并随着断裂表面粗糙度以及裂纹尖端剪切位移（模式 Ⅱ）的增加而增加，两者均随滑移长度（α 晶团）的增大而增加，在这种情况下，宏观裂纹在低 R 比率下有三项贡献，因此，即便是和高 R 比率下随 α 晶团增大（缓慢冷却）而增大的材料相比，它的裂纹扩展速率依然要低。图 4.23 所示的 6 条曲线说明了不同冷却速度下，微裂纹和宏观裂缝与滑移长度的不同关系，值得指出的是，除了上述几点，在讨论疲劳裂纹扩展曲线时，还要考虑平均应力，它通常和 σ_{max} 有关，讨论它的影响时，应考虑裂纹闭合的情况。

　　和无裂纹闭合时的宏观裂缝与 ΔK_{th} 的相关性类似，断裂韧性与 α 晶团大小（冷却速度）的关系和无裂纹闭合时的宏观裂缝与 ΔK_{th} 的关系类似，只要裂纹尖端小的和大的塑性区的断裂机理相同，这种相似性就成立。如前所述，高 R 比率下的宏观疲劳裂缝扩展时，$\alpha+\beta$ 钛合金的断裂韧性通常会随着 α 晶团的增大而增大，因为，粗糙裂纹前缘的影响掩盖了塑性的作用。图 4.25 显示为 Ti-6Al-4V 合金的粗片层组织（冷却速度 1℃/min）和细片层组织（冷却速度 8000℃/min）的不同断裂路径，粗片层组织和细片层组织的断裂韧性分别为 75MPa·$m^{1/2}$ 和 50MPa·$m^{1/2}$。

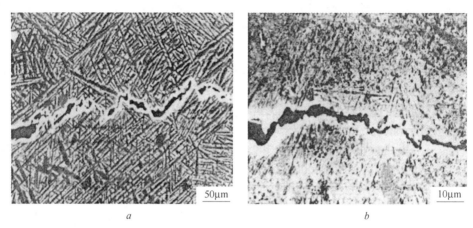

图 4.25 断裂韧性样品在中部的裂纹路径，Ti-6Al-4V（SEM）
a—粗大片状；b—极细片状

片层微结构的力学性能和冷却速率存在很简单的关系，具体见"小 α 晶团和 α 片晶"。一些性能（$\sigma_{0.2}$，ε_F，HCF，微裂纹扩展抗性）随冷却速率增加而增加，另一些则相反（宏观裂缝扩展抗性，断裂韧性）。

4.2.2 双相微结构

影响双相微结构力学性能的最大因素是微结构中 β 晶粒尺寸的相对大小，在工艺适宜且再结晶良好的情况下，β 晶粒尺寸的大小约和初生 α（α_p）晶粒或粒子之间的距离相同，因此，β 晶体尺寸大小取决于 α_p 的体积分数，即再结晶退火温度（见图 4.6 和表 4.3）以及 α_p 的大小，而 α_p 的大小决定于从 β 相的冷却速率，其中 β 相冷却工艺的影响大于 $\alpha+\beta$ 的加工工艺（见图 4.7 和表 4.3）。工业生产的双相微结构如图 4.7 所示，其中 β 晶粒尺寸约为 30~70μm。下面所讨论的双相微结构力学性能不包括高体积分数的 α_p（大于 50%）结构（α_p 晶粒开始相互联接），但包含了完全等轴结构。

如前所述，在整个工业生产的冷却速度范围内（30~600℃/min），双相微结构中，α 晶团和 β 晶粒尺寸在大小相当，因此，比全片层微结构细小很多，全片层微结构的力学性能与滑移长度的关系经讨论过，并归纳于表 4.6 中。假设滑移长度是影响力学性能的唯一因素，那么在相同的冷却速率下，双相微结构应比完全等轴微结构具有更高的屈服强度、更好的塑性、更高的 HCF 强度、更低的微裂纹扩展速率以及更高的 LCF 强度；全片层结构只有宏观裂纹扩展速率和断裂韧性高于双相微结构，而蠕变强度相当。表 4.6 中的"双相微结构"的结果可以用来对比双相微结构与全片层微结构性能的变化，显然，除了 HCF 强度和蠕变强度，其他的力学性能均符合上述规律。

影响双相微结构力学性能的另一个重要参数是合金元素的分配效应，它随着 α_p 体积分数增加而增加。合金元素分配效应使双相微结构中的片层区域基本强度低于全片层微结构，但其对塑性、微裂纹和宏观裂纹的扩展行为以及断裂韧性的影响非常小，因为这些断裂行为不受屈服行为的影响，而主要取决于 α 晶团的大小。

　　α_p 体积分数对屈服强度的作用是 α 晶粒大小和合金元素分配作用共同作用的结果，屈服强度通常在体积分数为 10%~20% 的 α_p 时达到最大值（见表 4.7），这表明当 α_p 体积分数较小时，α 晶粒大小起主要作用，而 α_p 体积分数较大时，合金元素分配作用起主要作用。高温（600℃）下，高体积分数（见表 4.7）的屈服强度减少得更少，这说明合金元素分配作用在高温下的作用减弱，这可能是由于氧在高温强化作用减弱的缘故，双相微结构比全片层微结构具有更好的塑性，见表 4.7 中的 RA 列，这是双向微结构的 α 晶粒（滑移长度）比全片层微结构更小。

表 4.7　室温以及 600℃下 α+β 合金 IMI834 的拉伸性能

微观组织	测试温度	$\sigma_{0.2}$/MPa	UTS/MPa	σ_F/MPa	El./%	RA/%
片状	RT	925	1015	1145	5	12
双相（20%体积分数 α_p）	RT	995	1100	1350	13	20
双相（30%体积分数 α_p）	RT	955	1060	1365	13	26
片状	600℃	515	640	800	10	26
双相（10%体积分数 α_p）	600℃	570	695	885	10	30
双相（40%体积分数 α_p）	600℃	565	670	910	14	36

　　HCF 强度（裂纹形核抗力）通常随着 α_p 体积分数的增加而降低（见图 4.26）。疲劳裂缝在双相微结构的片层间形成（见图 4.27），由于合金元素分配效应，这些片层间的强度低于 α_p，这可以通过合金的显微硬度试验来证明。HCF 强度随 α_p 体积分数的增加而连续下降的事实表明，在短程滑移活动较弱的低应力幅度下，片层区的基本强度（合金元素分配效应）的作用比 α 晶粒减小的作用更强，在 600℃ 高温测试时，双相微结构的 HCF 强度等于或高于全片层微结构，再次说明了合金元素分配效应在高温下的作用较小。

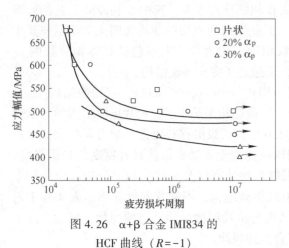

图 4.26　α+β 合金 IMI834 的　　　　　　图 4.27　在双相微结构片状区域的
　　　HCF 曲线（R=-1）　　　　　　　　　　疲劳裂缝形核，IMI834（LM）

应该说明的是，合金元素分配效应对裂纹形核行为的影响在时效组织中更加明显，而在最终热处理采用应力退火的组织中，这种作用就弱得多了，另外，裂纹也可能在初生 α 晶体中形核，这决定于 α_p 的大小，而且，合金元素分配效应也取决于合金的化学成分，例如，它对 IMI834 的作用较大，但对 Ti-6Al-4V 作用较小。

在双相再结晶处理和最终失效处理之间，加入中间退火处理是消除室温下合金元素分配对 HCF 强度不利影响的有效方法，通过这样的处理，α 稳定元素（如铝和氧），会从初生 α 扩散至 α 片层中，提高了 α 片层的强度，这可以通过显微硬度来测定，例如，830℃/2h 的中间退火处理，可以将双相微结构的 HCF 强度提高到略高于全片层微结构的水平（见图 4.28、图 4.29 和图 4.26）。

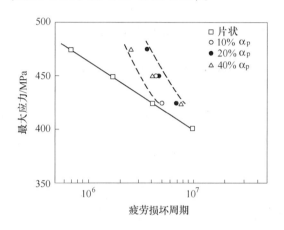

图 4.28　600℃下 $\alpha+\beta$ 合金 IMI834 的 HCF 曲线（$R=0.1$）

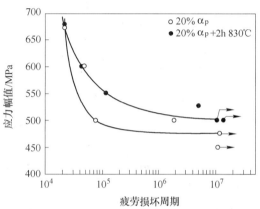

图 4.29　830℃/2h 中间退火处理对 20%α_p 双相结构合金（IMI834）HCF 强度的改善曲线

图 4.7 所示和 4.1.2 节所讨论的两种双微结构，证明了在恒定的元素分区（α_p 的体积分数是恒定的）下，α 晶团大小对 HCF 强度的影响（见图 4.30），作为比较，也列出并讨论了相应的全片层微结构（从 β 相区的冷却速度与从 $\alpha+\beta$ 双相合金的再结晶温度的冷却速度相同，并进行相同的最终热处理，即 700℃/2h），图 4.30 所示的两种双相微结构的 HCF 强度变化图说明了 α 晶体大小对裂纹形核的作用，分别定义两种合金为双相合金 1（大的 α 晶团尺寸）和双相合金 2（小的 α 晶体尺寸），同时，通过对比粗大的双相微结构和全片层微结构的 HCF 强度值，再一次证明了合金元素分区的作用。

这 3 个不同微结构的 LCF 曲线如图 4.31 所示，从图中可以看出，全片层微结构的 LCF 强度最低，这一点已经在图 4.26 中交叉部分的曲线和图 4.30 的高应力幅值得到证实。为了分别说明裂纹的形核和微裂纹的扩展对 LCF 寿命的影响，研究三种微结构中裂纹形核的疲劳周期数，结果见表 4.8，从表中可以看出，在这种相对较高的应力幅值下（650MPa），全片层微结构和粗大的双相微结构合金 1 的裂纹形核抗力相同，而细小的双相微结构合金 2 的裂纹形核抗力最高，显然，在高应力幅值和超长距离滑移的条件下，α 晶团大小（滑移长度）对裂纹形核抗力的作用补偿了（双相合金 1）或过度补偿了双相合金 2 合金元素分区对裂纹形核抗力的影响。

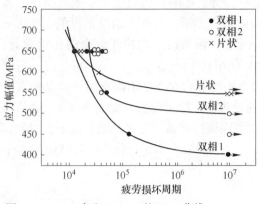

图 4.30　α+β 合金 IMI834 的 HCF 曲线 （$R=-1$）

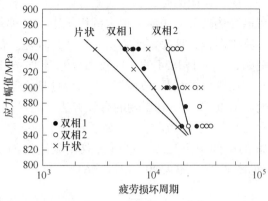

图 4.31　α+β 合金 IMI834 的 LCF 曲线 （$R=0.1$）

表 4.8　α+β 合金 IMI834 在裂纹尺寸 （$2c$），650MPa 循环应力 （$R=-1$）
周期 （N_F） 下裂纹产生的 （N_1） 对应值

微结构	应力 σ_a/MPa	裂纹形核周期 N/次	相应的裂纹尺寸 $2c$/μm	破坏周期 N_F/次
全片层	650	9400	42	26000
双相 1	650	9500	44	31000
双相 2	650	12000	37	33800

　　图 4.32 所示为粗大的双相微结构合金 1 （见图 4.7a） 和全片层微结构的微裂纹扩展曲线，可以看出，双相微结构的微裂纹扩展速率比全片层微结构慢，这说明双相微结构中更小的 α 晶团能提高微裂纹抗力，但两种双相微结构的微裂纹扩展行为没有明显的区别，这一结论也可以由表 4.8 的结果得出，由于全片层微结构的裂纹前沿比双相微结构更粗糙，因此，宏观裂纹的扩展表现出与微裂缝相反的规律，图 4.32 也表示出了在矩形试样上测试的短角裂纹结果，测试时，矩形试样中存在与图上部相对应长度的微裂纹，可以看出，短角裂纹的扩展曲线位于微裂纹（光滑圆柱试样的自生表面裂纹）和 CT 测量的宏观裂缝扩展曲线之间，两种微结构的短角裂纹曲线位置表明，这个数据所得到的裂缝前缘覆盖范围略高于两条微裂纹曲线交叉范围，在这种情况下，全片层微结构中粗裂纹扩展时的抑制作用与在裂纹扩展缓慢的双相微结构中的相近或略高一点。

　　如前所述，全片层和双相微结构中的宏观裂缝具有不同的裂纹前缘外形，如图 4.33 所示，通过垂直于裂纹扩散方向的裂纹前缘轮廓观察证明了上述说法，两种微结构裂纹前缘轮

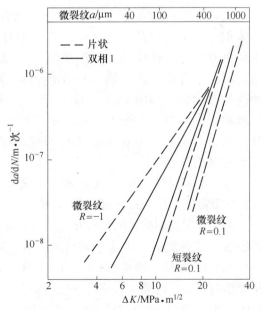

图 4.32　α+β 合金 IMI834 的疲劳裂纹
扩展曲线 （含短角裂纹）

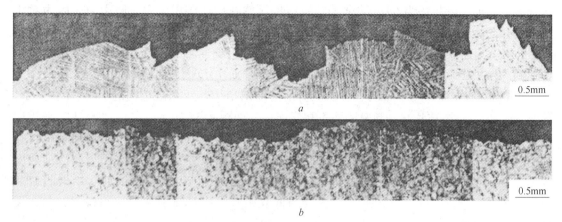

0.5mm

a

0.5mm

b

图 4.33 Ti-6Al-4V 的宏观裂缝前缘外形（LM）

a—粗大片状微结构；*b*—双相微结构

廓差别很大，粗片层微结构的裂纹前缘轮廓非常粗糙，并且在不利于裂纹扩展的方向上存在清晰的、呈深 Z 形的台阶，相反，双相微结构的裂纹前缘轮廓则相对光滑。

与双相微结构的裂纹前缘轮廓相对光滑的组织一致，Ti-6Al-4V 双相微结构的断裂韧性约为 55MPa·m$^{1/2}$，略高于细片层微结构（50MPa·m$^{1/2}$），但却明显低于粗片层微结构（75MPa·m$^{1/2}$）。

4.2.3 全等轴微结构

α+β 钛合金全等轴微结构的力学性能主要决定于 α 晶粒尺寸，α 晶粒尺寸决定了滑移长度，图 4.17 所示的全片层 α 晶团尺寸与力学性能的关系可以定性地应用于全等轴微结构。由于这种相似性，全等轴微结构的"小 α 晶粒尺寸"和全片层微结构的"小 α 晶团"在表 4.6 中的倾向（+，-）相同，因此，全等轴微结构的 α 晶粒尺寸与力学性能的相关性将不作详细讨论，只列举一些例子。值得强调的是，α+β 钛合金的全等轴微结构与 CP 钛合金以及其他 α 钛合金的微结构类似，因此，它们的微结构与力学性能的一般关系也是相似的。

全等轴微结构 Ti-6Al-4V 合金的 α 晶粒尺寸对 HCF 强度的影响如图 4.34 所示，在图示的细 α 晶粒尺寸范围内，可以获得高的 HCF 强度，相应的屈服强度分别为 1120MPa（晶粒 2μm）、1065MPa（晶粒 6μm）和 1030MPa（晶粒 12μm），这种全等轴微结构的拉伸延伸率都非常高，与双相微结构相当或更高，例如，12μm 的 *RA* 值约为 40%，而 2μm 的 *RA* 值增加到 50%。

如果和图 4.34 中得到的全片层和双相微结构的 HCF 强度值相比较，就必须要考虑工业生产过程中获得这些结构的可行性，如果

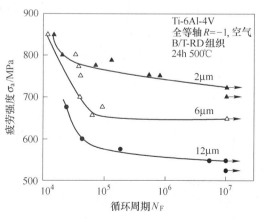

图 4.34 α 晶体尺寸对完全等轴微结构的 HCF 强度影响，Ti-6Al-4V

这样考虑，那么晶粒约为 6μm 的全等轴微结构显然在商业应用中更具吸引力，因为对于全片层和双相微结构而言，650MPa 的 HCF 强度较难获得，例如，对于全片层结构，需要 β 相区的冷却速度超过 1000℃/min，这只有在薄层样中才能获得，而对于双相微结构，为了达到晶粒小于 10pm 所需的再结晶温度范围对于商业生产来说太高了。

当 $α_p$ 体积分数大约 60% 时，可以说明全等轴微结构与双相微结构的 HCF 强度关系，这时，$α_p$ 晶粒不再被片状晶粒分隔而是相互连接，如图 4.35 所示，采用"等轴"来描述这种微结构。双相结构和"等轴"结构的 HCF 强度对比如图 4.36 所示。"等轴"材料被加热到 α+β 相区某一温度，在该温度下，α 相体积分数减少到大约 40%，后续冷却速度与用于"等轴"结构的相同（100℃/min），从图 4.36 中可以看出，"等轴"结构的 HCF 强度低于双相结构，即：$α_p$ 晶粒的互连会降低双相结构的 HCF 强度。值得说明的是，裂纹形核位置将从双相结构的片层晶粒转变成"等轴"结构的互连 α 晶粒。图 4.36 中的 HCF 强度较低是由于最后的热处理（700℃/2h）只是应力退火处理而非时效处理，图 4.36 给出的双相结构和"等轴"结构的屈服强度分别是 925MPa 和 915MPa，但二者的拉伸伸长率相同（$RA=45\%$）。

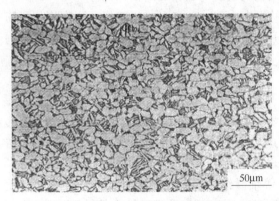

图 4.35　α 晶体互连的具有高体积分数 $α_p$ 的所谓"等轴"微结构，Ti-6Al-4V（LM）

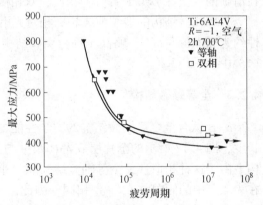

图 4.36　如图 4.35 所示的 Ti-6Al-4V 双相微结构和"等轴"微结构的 HCF 强度

在 α 板片（片层结构）厚度和 α 晶体尺寸（等轴结构）相同时，全等轴结构的 HCF 强度将高于全片层结构，这和预期结果一致，因为，片层结构中的 α 晶团比 α 板片更易发生滑移。应该指出的是，全等轴结构在很多情况下存在晶体织构，因此，其滑移长度也会大于 α 晶粒尺寸。

α 晶粒尺寸为 6μm 的全等轴结构 Ti-6Al-4V 合金的疲劳裂缝扩展行为如图 4.37 所示，和全片层结构的图 4.23 类似，图 4.37 也描述了微裂纹和宏观裂纹的裂缝扩展速率，其中微裂纹是光滑圆柱试样表面的自生裂纹，裂缝闭合，R 为 0.1。宏观裂纹是在力学测试试样时获得的，无裂缝闭合，R 为 0.7。目前，还没有就全等轴结构中 α 晶粒对微观裂纹扩展行为的影响进行系统的研究，但参考 Ti-8.6Al 合金的结果，含等轴 α 晶粒的 α 钛合金的模拟以及片层结构的微观结果（见图 4.23），也可以推出如下规律，即全等轴结构中微裂纹扩展的速率随 α 晶粒的减小而降低（见表 4.6）。

由于 α 晶粒较小的全等轴微结构的宏观裂纹的前缘轮廓很光滑，因此，在图 4.37 中的微裂纹与宏观裂纹曲线之间的区别就远不如片层结构（见图 4.23），晶粒为 2μm 和 12μm 的 Ti-6Al-4V 合金中 α 晶粒尺寸对于宏观裂纹扩展的影响已经研究过了，结果表明：在高温和低 R 比率下，α 晶粒更大的材料，宏观裂纹扩展得更慢，这些结果说明了即使在这些相对细小的全等轴结构中，晶粒尺寸对宏观裂纹前缘轮廓的影响也非常巨大，这也解释了微裂纹和宏观裂纹之间晶粒尺寸的变化情况（见表 4.6）。

为了对比全等轴和双相微结构疲劳裂纹扩展行为的差异，每种微结构测试了两个试样，这些试样已经进行了 HCF 强度测试（见图 4.36），图 4.38 所示为微裂纹和宏观裂纹的测试结果，由图中可见，双相微结构中的微裂纹扩展速度慢于含有许多互连 α 晶粒的"等轴"微结构（见图 4.35）。"等轴"微结构中的微裂纹倾向于穿过有互连 α 晶粒的区域而扩展，而双相微结构中的微裂纹则倾向于穿过片状 β 晶粒。尽管 X 射线测试的两种微结构的宏观晶体结构相同，但互连 α 晶粒的（"等轴"结构）滑移长度似乎比片状 β 晶粒（双相结构）的更长，对于宏观裂纹，这两种结构的测试结果相同（见图 4.38），这可定性地证明"等轴"结构的裂纹前缘更加粗糙。

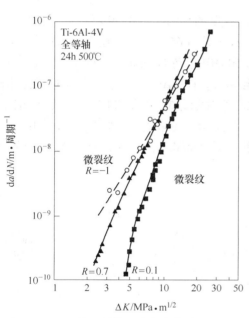

图 4.37 6μm 的 α 晶体尺寸完全等轴微结构的疲劳断裂增长情况，Ti-6Al-4V

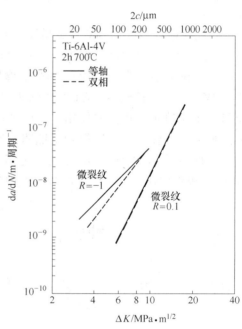

图 4.38 Ti-6Al-4V 在图 4.35 所示的双相微结构和"等轴"微结构下的疲劳裂缝增长情况

（由 RMI 提供）

疲劳裂纹形核抗力（见图 4.36 中的 HCF 强度）和裂纹扩展抗力（见图 4.38）的结果证明了全等轴结构的 LCF 强度低于双相结构，全等轴微结构中的 α 晶粒尺寸与 LCF 强度关系的近似估计表明，LCF 强度将会随 α 晶粒尺寸的降低而增加。

通过比较 2μm 和 12μm α 晶粒尺寸的微结构，可以得到全等轴微结构中，α 晶粒大小与断裂韧性的关系，2μm 和 12μm α 晶粒尺寸下的断裂韧度值分别是 45MPa·m$^{1/2}$ 和 65MPa·m$^{1/2}$，这个结果说明其趋势与片层微结构相同，即裂纹前缘的粗糙度本质上决定了裂纹扩展抗力。

4.2.4　时效和氧含量的影响

如前所述，如果合金含有足够的铝（约6%），α 相将被 Ti_3Al（$α_2$）析出相时效强化，元素锡，特别是氧也会促进 $α_2$ 相的形成，这些共格的 $α_2$ 相会提高屈服应力，但由于 $α_2$ 会被运动位错切断，因此会形成很多平面滑移带，这会导致裂纹形核（减少了拉伸伸长率），裂纹在这些滑移带中扩展也更容易（微裂纹的扩展也更容易）。上述两种作用的大小取决于滑移长度，即对于粗片层结构非常明显，而对于双相结构则不明显。对于 Ti-6Al-4V 合金，$α_2$ 相的固溶温度介于 550～600℃ 之间，具体取决于铝和氧的含量，因此，如果在 500℃/24h 进行时效处理时，这种合金中会生成 $α_2$ 颗粒，如果最终热处理在更高温度下完成，如 600～700℃，这种最终热处理仅仅会消除应力，而不会发生时效。值得指出的是，典型的高温 α+β 钛合金（Ti-6242，IMI834）的最终热处理温度低于 $α_2$ 固相线温度（分别为 595℃/8h 和 700℃/2h），即这些合金中总会含有 $α_2$ 颗粒。氧除了促进 $α_2$ 相的生成，其对力学性能的影响，定性看类似于时效的作用，因此，时效和氧对力学性能的影响概括在表 4.6 列中。

时效处理对 Ti-6Al-4V 合金粗片层结构 HCF 强度的影响如图 4.39 所示，该图对比了时效工艺（800℃/h/WQ，500℃/24h）和应力退火工艺（650℃/h），在应力退火条件下，材料的 HCF 强度约为 350MPa，时效后增加至约 500MPa，对应的屈服强度分别为 830MPa 和 930MPa，但拉伸延性（RA 值）则从 21% 降至 14%。Ti-6Al-4V 合金中氧含量对拉伸性能和 HCF 强度也有相似的作用，这已经通过比较细片层结构中的 EFI 等级（氧 0.08%）和普通等级（氧 0.19%）得到了证明，如图 4.40 所示，可以看出，HCF 强度（10^7 周）由 ELI 材料的约 480MPa 增加到普通等级材料的约 580MPa，相应的屈服应力分别为 910MPa 和 990MPa，RA 分别为 27% 和 23%。

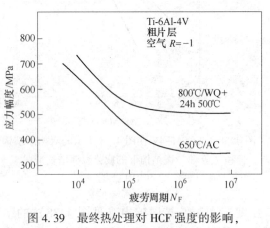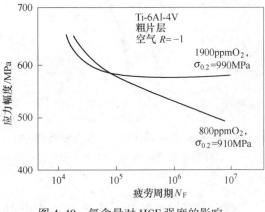

图 4.39　最终热处理对 HCF 强度的影响，　　　　图 4.40　氧含量对 HCF 强度的影响，
Ti-6Al-4V　　　　　　　　　　　　　　Ti-6Al-4V

如前所述，强烈滑移带的形成会增加这些滑移带内的微裂纹扩展速度，因此，时效/氧含量的增加，会提高微裂纹扩展速度。由于在 α+β 合金没有获得结果，因此，选择 α 钛合金 Ti-8.6Al 来说明时效对微裂纹扩展速度的影响如图 4.41 所示，可以看出，时效后（500℃，10h），微裂纹扩展速度更快，图 4.41 还可观察到，α 钛合金 Ti-8.6Al 的规律应

该也适用于 α+β 合金，在 α+β 合金中，随着时效/氧含量的增加，具有更长滑移长度的粗大结构微裂纹扩展速度的提高会比细小结构（如双相结构）更加明显。

由于时效和氧含量对裂纹形核抗力（HCF 强度）的作用与其对微裂纹扩展抗力的作用相反，因而，很难准确确定其对 LCF 强度的作用方程，因此，在 S-N 曲线中存在交叉点（见图 4.40），即氧含量低时，LCF 强度高而 HCF 强度低。

时效和氧含量对宏观裂纹扩展行为的影响分别如图 4.42 和图 4.43 所示，由于 α+β 钛合金在温和低的 R 比率下仍没有完整的曲线，故再次选择了 α 钛合金 Ti-8.6Al，时效和氧含量对宏观裂纹扩展行为的相似性在图 4.42 和图 4.43 中显而易见，在高

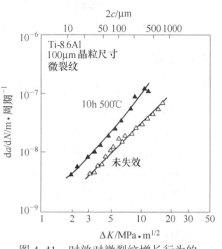

图 4.41　时效对微裂纹增长行为的
作用（$R=-1$），Ti-8.6Al

R 比率，即无裂缝闭合下，宏观裂纹扩展速度随着时效和氧含量的增加而增加，这种规律在微裂纹扩展行为中也存在，这与所观察到的图 4.42 和图 4.43 中试样的宏观裂纹扩展阻力以及裂纹前缘粗糙度的结果一致，在所有情况下，裂纹沿滑移带扩展并且滑移长度保持固定值，因此所有的裂纹前缘粗糙度均相同。

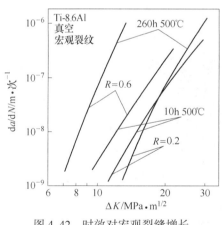

图 4.42　时效对宏观裂缝增长
行为的影响，Ti-8.6Al

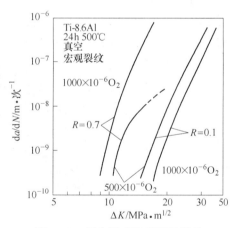

图 4.43　氧含量对宏观裂缝增长
行为的作用，Ti-8.6Al

时效和氧含量在低 R 比率下对宏观裂纹扩展的影响与高 R 比率时相反（见图 4.42），长时间时效（500℃/260h）的材料在临界区域的宏观裂纹扩展速率比短时间时效（500℃/10h）更慢，并且氧含量为 0.1% 的材料中，宏观裂纹扩展速率比氧含量为 0.05% 的更慢，$R=0.1$ 时，Ti-6Al-4V 合金中氧含量对宏观裂纹扩展的影响也体现了这一规律，高 R 比率和低 R 比率之间的相反规律可以通过裂纹闭合值来解释，时效和氧含量的增加会提高裂纹闭合值，随着裂纹尖端剪切位移的增加，裂纹闭合值也增加，这和长时效以及高含氧量一致，另外，应力退火与时效的对比以及不同氧含量的影响，在 Ti-6Al-4V 中已被多次研

究过，几乎所有的试验结果均表明，时效和氧含量的增加会降低 α+β 钛合金的断裂韧性，除了上述讨论的断裂韧性，低温时效的氧含量对应力腐蚀敏感性的副作用更大。

4.2.5 β 相中次生 α 相的作用

如前所述，细小的次生 α 片晶可能会在最终热处理（加工流程阶段Ⅳ，见图 4.1）过程中从 β 相中沉淀析出，这取决于之前工艺的冷却过程，β 相的含量是次生 α 片晶能否生成的主要决定因素，而 β 相含量则与最终热处理前结构中 β 相的体积分数直接相关。次生 α 析出相将对 β 相产生硬化效果并提高其力学性能，因此，如果需要提高强度，就一定要析出 α 相，因为冷却工艺并不是为控制冷却后的 β 相含量而制定的，因此，很难预测到经过最终退火工艺后，是否会析出 α 片晶。由于光学显微镜不能观察到 α 片晶（需要 TEM），因此在工业生产时，很多情况下不能保证会从 β 相中析出次生 α 片晶。

在最终退火热处理前增加一个中间热处理，这可以保证析出 α 片晶来硬化 β 相，这个中间热处理温度需足够高以保证产生亚稳 β 相，这些亚稳 β 相在最终时效处理时会转变成 α 析出，Ti-6242 合金中就存在这种组织，如图 4.44 所示。原始结构为全片层结构（如图 4.3a 所示为无中间热处理的原始结构），可以通过在 α+β 相区进行的中间热处理来控制它的结构转变，最终在所有 β 片层里析出细小的 α 片晶，其结构如图 4.44 所示。为区别全片层结构，将这种结构称为双片层结构。片层结构粗大时，β 相中析出 α 相后的作用最明显，这是由于粗片层结构的滑移长度很长，转变为双片层结构后，滑移长度缩短，这对力学性能产生很大的影响。双片层结构的一个重要应用就是铸造件，铸造件的结构通常都很粗大，且不能通过热加工而只能通过热处理来细化组织，值得指出的是，如果中间退火温度足够高，β 片层中的 α 相也可在冷却过程中析出。

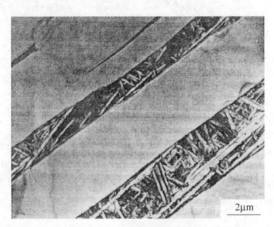

图 4.44 β "薄片" 中出现次级 α 片晶的双薄片微结构示例，Ti-6242（TEM）

退火温度为 880℃时，Ti-6Al-4V 合金的双片层结构的力学性能与冷却速率的关系如图 4.45 所示，冷却速度低至 17℃/min，依然可以产生双片层结构，冷却速率更慢时会产生全片层结构，这种全片层结构与热等静压后的铸态组织类似，该图中也包含了冷却速率为 1℃/min 的原始组织性能，所有材料的最终热处理均相同（500℃/24h），和全片层结构相比，双片层结构的屈服应力和 HCF 强度随着冷却速度的增加而增加，β 片层会强烈阻碍滑移运动，而更快的冷却速率会产生更多的 β 片层，并且 β 片层的硬化效果更明显，即粗

α 片层不会产生。在快速冷却时，拉伸伸长率从原始状态的 11% 减至 4%，伸长率减小的原因和 4.2.1 节讨论的相同。由于基体（β 片层内部）的强度提高，β 片层界面上较软的连续 α 片层优先变形，并最终导致沿 β 片层晶界上的 α 片层韧性断裂，其断口与图 4.19 所示的类似。由于硬化后的 β 片层会强烈阻碍微裂纹的扩展，因此，双片层结构的微裂纹扩展速率远低于全片层结构（见图 4.45），同时，由于裂纹形核抗力（HCF 强度）和裂纹扩展抗力都高，因此双片层结构的 LCF 强度也更高，但二者的宏观裂纹扩展速率大致相同，这是由于双片层结构的裂纹前缘比全片层的光滑，大致抵消了双片层结构更高的裂纹扩展抗力（微裂纹扩展抗力），图 4.45 所示的断裂韧性也表现出相同的趋势。

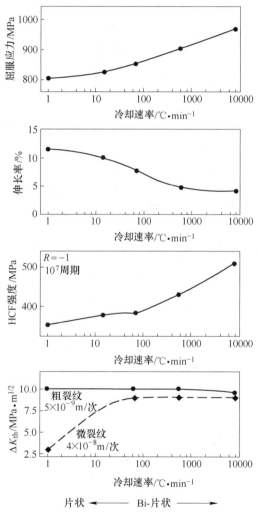

图 4.45　双微结构力学性能与 α+β 相退火温度（880℃）开始时冷却速度的函数
（包括 Ti-6Al-4V 冷却速度为 1℃/min 的起始片状结构和 24h，500℃ 的最终时效处理）

4.2.6　晶体织构的作用

　　晶体织构对力学性能的影响对于双相和完全等轴微结构都十分明显，在进行再结晶加工前，两种微结构都需要在 α+β 相区内大变形，产生致密晶体结构。变形温度和织构之间的关系如图 4.8 所示，力学性能将通过图 4.46 所示的两个普通织构来讨论，分别是横向（T）织构（见图 4.46a）及基底/横向（B/T）织构（见图 4.46b）。这两种织构的不同是由变形温度造成的（见图 4.8），在 α+β 相区高温下形变产生 T 织构，同时低温下（例如 Ti-6Al-4V 合金在 900℃ 以下）产生 B/T 织构，图 4.46（0002 极图）中织构的强度相当高，这是因为试验样品经过了单向轧制加工，对于工业生产材料（片、板和锻件），强度可能更低，另外，与 B/T 织构相比，形变温度更高的 T 织构强度常常更低。

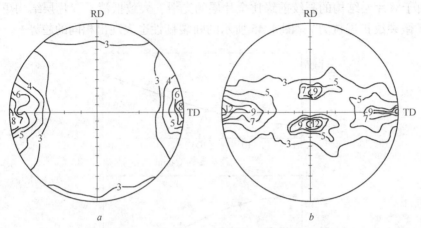

图 4.46 Ti-6Al-4V 中双相或完全等轴微结构的普通织构类型

a—横向组织结构（T）；b—横向组织结构（B/T）

两种织构的拉伸性能与试验方向的关系如图 4.47 所示，试验材料是 Ti-6Al-4V 合金极细完全等轴微结构（α 晶体尺寸大约为 2μm），对于基面和试验方向之间呈一定角度的情况，给出了图 4.47 下半部分的六方单位晶格 T 织构以便进行说明，这些略图对 B/T 织构横向分量也是有效的，当然，对于 B/T 织构的基面，在所有情况中，基面都与测试方向接近平行。

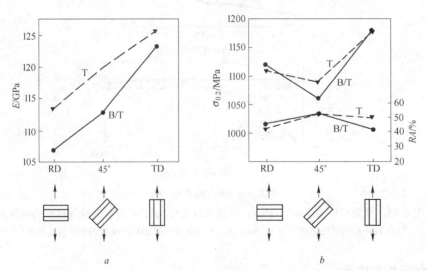

图 4.47 加载方向对具有 B/T 和 T 织构的完全等轴微结构

（α 晶体尺寸为 2μm）拉伸性能的影响，Ti-6Al-4V

a—弹性模数 E；b—屈服应力 $\sigma_{0.2}$ 和伸长率 RA

对于两种织结类型，弹性模量 E 与测试方向的关系如图 4.47a 所示，其变化趋势基本上与 α 单晶相同，对所有测试方向，由于基质 B 具有低 E 值，所以 B/T 织构 E 值比 T 织构更低，相比 T 织构，B/T 织构的强度更高，因而 B/T 织构与测试方向的关系更明显。随机织构 E 值大约为 119GPa。屈服应力随测试方向的变化关系如图 4.47b 所示，两种织构中，测试方向为 45°的屈服应力最小，横向方向 TD 测试的屈服应力最高。相比 T 织构，B/T 织构与测试方向的关系更明显，可以通过 T 织构，也可以通过 B/T 织构 T 成分测试方向来说明，TD 方向测试最高屈服应力值垂直于基面，对于这个方向，随伯格斯（Burgers）矢量 a 的位移不能被激活，因为伯格斯矢量平行于基面，并且这种情况下剪切应力为零，相反，要激活随伯格斯矢量 $c+a$ 的位移，则需要更高的应力，对于两个其他测试方向 RD 和 45°，可以随时激活 a 滑移，45°测试方向的屈服应力最低是由于有利滑移面（基面）的方向在测试方向下方的 45°处，当然，如果 RD 测试基面方向平行于测试方向，那么就对滑移无效，加载方向和织构类型不足以影响拉伸延性（见图 4.47b）。

两个织构类型以及 RD 和 TD 加载方向的疲劳断裂形成抗性（HCF 强度）如图 4.48 所示，晶体织构对 HCF 强度作用的评价，$S-N$ 曲线按真空（见图 4.48a）以及相对湿度为 40%的试验室空气测量（见图 4.48b），真空下随屈服应力的趋势变化如图 4.48a 所示，横向（TD）测试比轧制方向（RD）测试的 HCF 强度表现得更高，T 织构材料比 B/T 织构材料 HCF 强度表现得更低，这是由于 T 织构材料中只有一个织构成分，导致大范围晶体取向相似，有效滑移长度大。在试验室空气（见图 4.48b）下，两个织构类型横向负载方向（TD）的疲劳强度急剧减少，而轧制方向（RD）的疲劳强度几乎不变（由图 4.48b 和图 4.48a 相比较），这些结果说明，氢对沿基面断裂形核的剧烈作用，影响最大的是使 RD 测试最小，因为，所有基面都平行于加载方向，即没有剪切应力和法向应力作用在基面上。

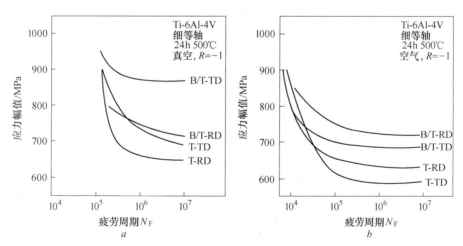

图 4.48　织构和测试方向对 HCF 强度的影响，Ti-6Al-4V，α 晶体尺寸为 2μm 的完全等轴微结构
a—真空试验；b—空气试验

织构和加载方向对宏观裂纹增长的作用如图 4.49 所示，同样是在真空（见图 4.49a）中以及在含氢和 3.5%NaCl 溶液的侵蚀性环境中（见图 4.49b），从图中可以看出，织构和试验方向对真空中宏观裂纹增长没有太大作用，这与在真空中的拉伸延性（裂纹在拉伸试样内部的形成和增长）情况相同。在 3.5%NaCl 溶液（见图 4.49b）中，TD 加载（基面

垂直于加载方向）下宏观裂纹增长远快于 RD 加载（基面平行于加载方向），尽管微裂纹增长行为不能用织构和加载方式的函数关系式衡量，但其本质上的作用与图 4.49 所示的相似，趋势符号见一览表（见表 4.6）。由于裂纹增长太快，环境/组织作用反应慢，所以，实际上，织构和加载方向对断裂韧性没有作用，但对应力腐蚀和氢脆、织构对应力腐蚀破裂敏感性（K_{ISCC}）有一定作用。

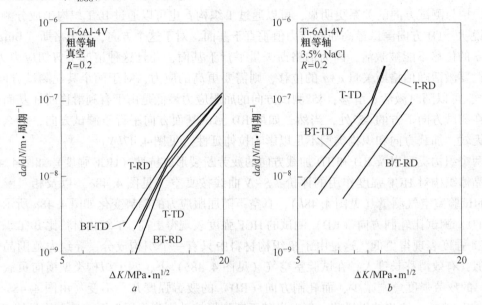

图 4.49　织构和测试方向对宏观裂纹增长行为的影响，Ti-6Al-4V，
α 晶体尺寸为 12μm 的完全等轴微结构
a—真空试验；*b*—3.5% NaCl 试验

　　其他对力学性能有影响的环境及微结构参数包括共格 Ti_3Al 沉淀粒子、氧含量、晶粒尺寸（晶团尺寸）等，所有这些微结构参数都服从平面滑移增长趋势以及滑移长度增长对力学性能（疲劳断裂形成和断裂增长）作用的一般规则，例如，环境对完全等轴微结构比相同织构的双相微结构的作用出现更早和明显，这是由于双相微结构中的坚固织构 $α_p$ 晶体是由片状晶体从其他织构中分离出来的，但在完全等轴织构中，织构 $α_p$ 晶体是互连的。

　　另一个与晶体织构有关，对 HCF 强度有影响的因素称为"不规则平均应力作用"，片状微结构、坚固双相织构、完全等轴织构（见图 4.46）在 RD 方向测试时，HCF 的强度取决于常规平均应力，而织构材料在 TD 方向测试时，HCF 强度随着平均应力的增加，其增长不明显。这个"不规则平均应力作用"适用于空气中的测试，也适用于真空测试，即其影响不依赖于环境。

　　值得注意的是，随着平均应力的增加，高周疲劳 HCF 状态下的疲劳断裂形成位置从表面（$R=-1$）转移到 R 不小于 0.1 的样品内部，由于所有微结构（含片状微结构）和测试方向都发生了转移，因而这与上面描述的"不稳定平均应力作用"没有联系，这种疲劳断裂形成位置的转移，是由于区域优先塑性变形的拉伸-拉伸加载导致在表面加载层存在残留压应力，而残留压应力与样品内部更深处的残留拉伸应力的平衡有助于内部断离的形成。

4.3 性质和应用

关于 α+β 钛合金的应用，主要探讨 Ti-6Al-4V 合金的应用，因为该合金是 α+β 钛合金中应用最普遍的合金，约占份额的 80%，其他 α+β 钛合金占 20% 左右，真正的 Ti-6Al-4V 所占比例可能会低些，因为这个数据包括高温钛合金（即 Ti-6242，IMI834）。

α+β 钛合金的一个主要应用是飞机结构零件。在这种应用中，要求材料具有高屈服应力、高疲劳强度（即使在密度归一化基础上也是这样）、更好的耐腐蚀性、更高的弹性模量以及更高的温度性能，所以选择 α+β 钛合金，而不是其他有竞争力的金属材料（如高强度铝合金）。对于大型构件，最重要的力学性能是宏观裂纹在设定的服役时间内的抗疲劳断裂增长性能，这些大型构件安装在飞机内部时，检查时需要拆卸，耗费较本，因而，非常希望有好的疲劳断裂增长特性，另外，尽管实际断裂韧性值不能反映疲劳寿命，且本质上对检查间隔没有影响，高断裂韧性要求很大程度上可以当作多余的，但常常要求材料具有高的断裂韧性。大型锻件特别由 α+β 相组成的锻件，最经济的加工流程是轧制-退火，它主要是由再结晶变化后的等轴 α 组成，这种轧制-退火结构的宏观疲劳断裂增长速度比完全片状微结构更快，完全片状结构可以通过 β 退火进行生产，这种加工比轧制-退火花费更高。虽然 β 退火处理的成本较高，但用在有特定要求的部件时，它的断裂增长抗性足够抵消它所需的成本，如用于完成安全临界飞机构件，如舱壁、驾驶舱窗框和叶片、水平稳定器接头安装。

完全片状微结构模压件的尺寸受铸造炉设备和热等静压机设备的尺寸限制，尽管如此，相当大的铸件已经用于飞机构件，例如，图 4.50 所示铸件 Ti-6Al-4V 的窗扇附件，适用于 F-22 军用飞机，由于窗扇附件安装尺寸和涉及的断面尺寸限制，凝固速率会很慢，在这种情况下生成的粗大片状微结构具有高的宏观裂纹疲劳断裂生长抗性和高疲劳韧性。

α+β 钛合金的另一个主要应用是气体发动机中的转动和非转动部件，Ti-6Al-4V 的主要限制是只有在 300℃ 下才具有使用稳定性最大值，这限制了该种合金在发动机旋转部件、低压（LP）压缩机部件以及高压（HP）压缩机锋面上的使用，HP 压缩机的背面温度也相当高，必须使用高温钛合金（Ti-6242，IMI834）材料。

鼓风机和压缩机叶片在使用中会经受大的摆动压力，在翼剖面需要高周疲劳断裂抗性（HCF 强度）以及连接处具有良好的 LCF 强度，因此，α+β 铸造 Ti-6Al-4V 叶片时，常常将其再结晶成双相微结构，获得比等轴或轧制-退火微结构更高的 HCF 强度，典型的 Ti-6Al-4V 大型风机叶片如图 4.51 所示，大型叶片的长度大约是 1m，有时，由于发动机设计的原因，风机叶片必须更长更宽，例如 GE-90 发动机，实心 Ti-6Al-4V 叶片被聚合物合成叶片代替，以避免在鼓风机圆盘上压力过高，其他发动机制造商（RR 和 PW）则使用空心 Ti-6Al-4V 叶片来代替。

Ti-6Al-4V 合金也是最普遍的圆盘材料，对于圆盘，LCF 寿命通常是有限的，因为 LCF 循环的每一周期都要求达到能量的最大值，LCF 强度是疲劳断裂形核抗性和微裂纹增长抗性的结合，两者都必须考虑，在达到疲劳损坏的循环范围内（大约 $2 \times 10^4 \sim 5 \times 10^4$ 周），两者的作用大约为 50%。与完全片状微结构相比，双相微结构具有更好的 LCF 强度和微裂纹增长抗性，所以具有双相微结构的 Ti-6Al-4V 合金被选为圆盘材料（见图 4.31

和图 4.32），它的可再生性能也比完全等轴和轧制–退火结构更好（见图 4.36 和图 4.38）。在根据疲劳断裂增长数据的圆盘疲劳寿命计算中，由于宏观裂纹增长数据会导致一系列疲劳损坏循环的过高评价，所以必须考虑微裂纹增长数据。

图 4.50　适合 F–22 军用飞机的
Ti–6Al–4V 窗扇铸型
（由 Neil Paton，Howmet 股份公司提供）

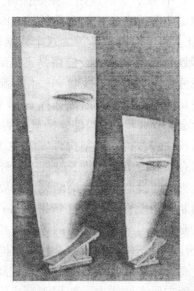

图 4.51　在 α+β 相区锻造和再结晶成双相微结构的
Ti–6Al–4V 大型风机叶片（更大的叶片长约 1m）
（由 GE 飞机发动机提供）

　　通过使用固体线性摩擦焊接，使叶片直接固定到圆盘上制造的集成转子元件，也采用了 Ti–6Al–4V 材料，整体装有叶片的 Ti–6Al–4V 低压压气机转子，被用在 Eurofighter 战斗机的 EJ200 发动机上。一般来讲，叶片和圆盘之间的焊接处是双相微结构，并且是非常精细的完全片状微结构，很难被光学显微镜观测到。由于受到塑性变形高、β 相区中的温度高以及快速冷却速度等因素的影响，产生的再结晶 β 晶粒尺寸也非常小（约 5μm）。这种微结构（非常精细片状，含有的 β 晶粒尺寸非常小）不能通过常规处理方法来获得，它的滑移长度极小（见图 4.17），相比常规叶片和圆盘的双相结构，疲劳断裂形核和微裂纹增长抗性（HCF 和 LCF 强度）较高。摩擦焊接微结构具有 β 晶粒尺寸小的双相微结构，并且无任何合金元素分配效应，因此，尽管与整体装有叶片的 Ti–6Al–4V 转子没有直接关系，但是摩擦焊接微结构具有相当低的断裂韧性，裂纹前缘的几何形状非常平滑，从而导致了较低的宏观裂纹疲劳断裂增长抗性，这是由于 β 晶粒尺寸小造成的（见图 4.17）。

　　用于 GE CF6 类发动机的 HP 压缩机阀如图 4.52 所示，它的一部分适于使用摩擦焊接，在这种情况下（轴向对称部件），单个部分采用转动惯性焊接结合，前端部分由 Ti–6Al–4V 制成，但在最后两个部分，由于 Ti–6Al–4V 温度过高，这就需要使用高温合金 Ti–6242 获得必要的蠕变阻力，因为对于这种设备，其 LCF 强度是最重要的力学性能，故双相微结构既用于 Ti–6Al–4V 也用于 Ti–6242 合金，双相微结构是前面描述过的圆盘材料应用的最好选择，在一些情况下，因为抗蠕变强度比 LCF 强度更重要，所以 Ti–6242 部分

图 4.52 惯性焊接适用于 GE CF6 类发动机的压缩机阀连接
（单个部分前缘部分：Ti-6Al-4V；后端部分：Ti-6242）
（由 GE 飞机发动机提供）

是 β 锻造的，这是特殊应用下的使用。对于旋转的惯性焊接，焊接中微结构与上面描述的线性摩擦焊接相似，因此，上面讨论的线性摩擦焊接的力学性能也适用于惯性焊接。惯性焊接连接不同钛合金，也适用于图 4.52 中所示 HP 压缩机阀部分的 Ti-6Al-4V 和 Ti-6242。

Ti-6Al-4V 材料可以制造飞机发动机中的无转动部分，如外壳、管、机架、定子、总管等，但具体则取决于发动机的类型，与其竞争材料（主要是铝合金）的选择标准相比。具有更高的刚性、屈服应力、密度比、耐温性和更好的燃烧抗性，尽管对于某些无旋转部件会发生振动，并必须考虑这种情况，但疲劳特性不是主要考虑的因素，例如，Ti-6Al-4V 压缩机外壳（外部管），外壳由轧制板制成并由常用的片材成型方法装配，轧制板具有成型性能好的细晶粒轧制-退火微结构（高延性）。另一个例子是 Ti-6Al-4V 总管，总管由超塑性成型和扩散黏结（SPF/DB）制成，由于成型和黏结过程之后缓慢冷却，因而具有细颗粒完全等轴微结构。由锻造材料制成的无旋转部件常被熔模铸造替代，特别是形状复杂的部件，Ti-6Al-4V 熔模铸造鼓风机机座就是个很好的例子，之前，它一般由复合锻造部件制成。鼓风机机座受到一系列振动的影响，因此，除了刚性和强度，还必须考虑疲劳裂纹形成抗性，铸造鼓风机机座具有完全片状微结构，该织构具有相对低的疲劳裂纹形成抗性和微裂纹扩展抗性，而铸造鼓风机机座可以通过双薄片微结构经附加热处理来增加这些性能。双薄片微结构应用的更好例子是直升机发动机中的铸造无转动部件，如图 4.53 所示，适用于大型 Bell 直升机传输衔接器外壳的 Ti-6Al-4V 熔模铸件，飞机和直升机之间除了飞机发动机的许多相似性外，由于主转子的旋转，直升机所有部件都受到一系列振动应力的影响，因此疲劳强度更重要。

在发电领域，除了 CP 钛作为热交换器管道和管板广泛应用外，还有 Ti-6Al-4V 作为汽轮机涡轮叶片装置材料的少量应用。Ti-6Al-4V 叶片被局限在低压汽轮机的最后一级和倒数第二级（L-1）用来代替普通的 12Cr 叶片钢，这是因为在最后一级要求具有更轻的质量和 L-1 级更好的抗点蚀性，例如图 4.54 所示的大型汽轮机。大型单个钛叶片的例子如图 4.55

所示，Ti-6Al-4V 叶片长度可以达到约 1.4m，设计中最重要的力学性能是 HCF 强度，而用于这些汽轮机叶片的微结构是双相微结构，这些双相微结构汽轮机长叶片相比常规轧制-退火叶片，具有更好更多的可重现 HCF 强度值，双相叶片具有更小的弹性模量分布带（与轧制-退火叶片的 10% 相比，其值小于 3%），这是控制叶片震动特性的重要参数。

图 4.53　Bell 直升机传输适配器外壳的
Ti-6Al-4V 铸件
（由 Neil Paton，Howmet 股份有限公司提供）

图 4.54　大型汽轮机转子
（由 R. I. Jaffee，EPRI，Palo Alto 提供，美国）

　　在海上油气生产领域，由于 Ti-6Al-4V 具有低弹性模量（钢的 50%）和更好的抗腐蚀性，与钢材相比，在管状隔水系统上有大的应用，特别是材料的低弹性模量及尖端应力连接技术的应用，使得深海浮动生产系统中立管可以偏差更大，这种尖端应力连接的例子如图 4.56 所示。Ti-6Al-4V 的 ELI 型，通常作为已描述的 CP 钛材料使用，添加 10% 的钌

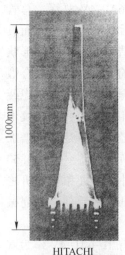

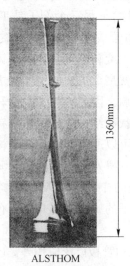

HITACHI　　　　　ALSTHOM

图 4.55　大型 Ti-6Al-4V 汽轮机叶片
（由 R. I. Jaffee，EPRI，Palo Alto 提供，美国）

图 4.56　用于深海隔水管系统的 Ti-6Al-4V
（ELI 等级）长终端压力连接
（由 RMI 提供）

会更进一步提升基本腐蚀抗力，通常 Ti-6Al-4V 管状部件会经过轧制-退火处理，但是随着 RMI 的发展，经 β 加工后，能得到具有更高断裂韧性的完全片状微结构以及相比轧制-退火条件更好的宏观裂纹疲劳断裂增长抗性。

Ti-6Al-4V 材料在装甲部件方面也有一些少量的应用，例如，在 M2 布拉德利（Bradley）步兵消防车和艾布拉姆斯（Abrams）Ml 主战坦克中的应用。相比常规装甲钢，其主要优势是部件质量更轻，因而重型作战坦克的总质量就可以降低。对于这些应用，ELI 型 Ti-6Al-4V 使用轧制-退火加工工艺，完全片状微结构板材在防弹性能方面与常规装甲钢差别不大。在装甲方面的应用更为注重成本，目前正努力生产出成本更低的材料，使其防弹性能类似，但成本降低 35%~50%。元素混合粉末轧制成型和锭坯铸造法是两种有希望满足性能要求的方法，但要满足成本目标仍然是很大的挑战。

参 考 文 献

[1] Sakurai K., Itabashi Y., Komatsu A.: *Titanium '80, Science and Technology*, AIME, Warrendale, USA, (1980) p. 299.

[2] Boyer R., Welsch G., Collings E. W., eds.: *Materials Properties Handbook*: Titanium Alloys, ASM, Materials Park, USA, (1994) p. 228.

[3] Curtis R. E., Boyer R. R., Williams J. C.: Trans. ASM 62, (1969) p. 457.

[4] Margolin H., Williams J. C., Chesnutt J. C., Lütjering G.: *Titanium '80, Science and Technology*, AIME, Warrendale, USA, (1980) p. 169.

[5] Okazaki K., Conrad H.: Trans. JIM 13, (1972) p. 205.

[6] Okazaki K., Conrad H.: *Titanium and Titanium Alloys*, Plenum Press, New York, USA, (1982) p. 429.

[7] Finden P. T.: *Sixth World Conference on Titanium*, Les Editions de Physique, Les Ulis, France, (1988) p. 1251.

[8] Dieter G. E.: *Mechanical Metallurgy*, 2nd edn, McGraw-Hill, New York, USA, (1976) p. 685.

[9] Conrad H., Jones R.: *The Science, Technology and Application of Titanium*, Pergamon Press, Oxford, UK, (1970) p. 489.

[10] Fleischer R. L.: *The Strengthening of Metals*, Chapman and Hall, New York, USA, (1964) p. 93.

[11] Williams J. C., Baggerly R. G., Paton N. E.: Met. and Mater. Trans. 33A, (2002) p. 837.

[12] Boyer R., Welsch G., Collings E. W., eds.: *Materials Properties Handbook*: *Titanium Alloys*, ASM, Materials Park, USA, (1994) p. 247.

[13] Boyer R., Welsch G., Collings E. W., eds.: *Materials Properties Handbook*: *Titanium Alloys*, ASM, Materials Park, USA, (1994) p. 227.

[14] Jones R. L., Conrad H.: Trans. AIME 245, (1969) p. 779.

[15] Blackburn M. J., Williams J. C.: *Proc. Conf. on the Fundamental Aspects of Stress Corrosion Cracking*, NACE, Houston, USA, (1969) p. 620.

[16] Williams J. C., Thompson A. W., Rhodes C. G., Chesnutt J. C.: *Titanium and Titanium Alloys*, Plenum Press, New York, USA, (1982) p. 467.

[17] Boyer R., Welsch G., Collings E. W., eds.: *Materials Properties Handbook. Titanium Alloys*, ASM, Materials Park, USA, (1994) p. 238.

[18] Paton N. E., Williams J. C., Chesnutt J. C., Thompson A. W.: AGARD Conf. Proc., no. 185, (1976)

　　　　p. 4-1.

[19] Boyd J. D. : The Science, *Technology and Application of Titanium*, Pergamon Press, Oxford, UK, (1970) p. 545.

[20] Paton N. E. , Hickman B. S. , Leslie D. H. : Met. Trans. 2, (1971) p. 2791.

[21] Williams J. C. : *Effect of Hydrogen on Behavior of Materials*, AIME, New York, USA, (1976) p. 367.

[22] Hall J. A. , Banerjee D. , Wardlaw T. : *Titanium*, *Science and Technology*, DGM, Oberursel, Germany, (1985) p. 2603.

5 高温钛合金

长期高温条件下，Ti-6Al-4V 合金的极限使用温度约 400℃，而对于更高的使用温度，钛合金（如 Ti-6242 和 IMI834）将符合如下基本原理。

β 相中的扩散速率大约比 α 相快两个数量级，因此，与 Ti-6Al-4V 相比，在这些高温合金中 β 相的体积分数是减少的。例如 800℃时，Ti-6Al-4V 合金中 β 相的体积分数大约为 15%，Ti-6242 合金中，β 相的体积分数大约为 10%；而 IMI834 合金中 β 相的体积分数仅为约 5%。Ti-6242 和 IMI834 合金中 β 相体积分数的减少是通过减少对 β 相其稳定作用的元素的总含量以及通过加入除含量为 6%的铝以外起 α 相稳定作用的合金元素锡和锆实现的。再者，低速扩散元素钼和铌取代了 β 稳定元素钒。此外，作为非常强的 β 稳定剂并能在 α-Ti 中产生极快扩散速率的铁的含量减少了，尤其是在 IMI 834 合金中铁的含量减少到 0.05%的水平。

由于 β 相体积分数的减少，在晶团组织中"β 片晶"的厚度在许多区域减少到零，也就是只有在小角晶界留下不连续的平行 α 片晶。在这种情况下，就容易在长距离内发生 4.2 节所描述的具有副作用的滑移现象。这种副作用对疲劳强度（HCF 和 LCF）尤甚。为了在 α/α 片晶晶界产生新的位错运动障碍物，在高温合金中加入硅（约 0.1%～0.5%）。硅和钛形成金属间化合物 Ti_5Si_3 或者当有锆存在时，形成化合物 $(Ti,Zr)_5Si_3$，这种金属间化合物有复杂的晶体结构，因此，相对于在 α/β 片晶边界以及晶粒边界的 β 析出物及 α 析出物，硅化物是不相干的。图 5.1 所示为 IMI834 合金一个片晶区域中显微结构的例子。从图中可以看出，先前的"β 片晶"已溶解，同时，$(Ti,Zr)_5Si_3$ 微粒已经在只有位错排列（小角晶界）组成的 α/α 晶界沉积。

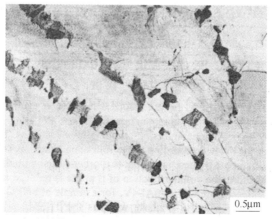

0.5μm

图 5.1　IMI834 双相微结构片晶区域中 $(Ti,Zr)_5Si_3$ 微粒在 α/α 板条边界的析出

（700℃时效处理 2h，TEM）

由于共格析出是位错滑移和位错攀移的有效势垒，故高温钛合金中 Ti_3Al（α_2）颗粒的体积分数增加，主要原因是添加了促进 α_2 形成的锡。例如，Ti-6Al-4V 合金中 α_2 的固溶温度是 550~600℃，在 Ti-6242 合金中是 650℃ 左右，而在 IMI834 合金中则是 750℃ 左右。与 Ti-6Al-4V 合金相比，Ti-6242 合金和 IMI834 合金标准的最终热处理是在 $\alpha+\alpha_2$ 相域中的时效处理，Ti-6242 合金的时效处理时间和温度为 8h 和 595℃，而 IMI834 合金为 2h 和 700℃。

5.1 加工工艺和微结构

在高温钛合金（Ti-6242，IMI834）中，会产生不同微结构，例如完全片晶或双相微结构，其加工工艺路线与 $\alpha+\beta$ 钛合金的加工工艺路线相同。相对于加工工艺路线中的其他温度，对高温钛合金而言，唯一重要的附加特征是硅化物的固溶温度。图 5.2 所示，以双相微结构的工艺路线为例，定性地表明了这一特征。之所以选择该加工工艺路线作为例子，是因为双相微结构是应用于航空发动机压缩段的高温钛合金中最常见的微结构。变形温度（第 II 阶段）和再结晶退火温度（第 III 阶段）都在硅化物固溶温度之上。因此，在此温度下，所有的硅都在固溶体中（硅几乎完全分配于 β 相），然后在最后退火处理期间，硅以硅化物形式在双相微结构片晶区域中的片晶边界析出（见图 5.1）。图中也表明了 $Ti_3Al(\alpha_2)$ 析出物的固溶温度，说明最终退火处理是在 $\alpha+\alpha_2$ 相域中完成的，是一个 α 相的时效处理过程。应该指出的是，由于合金元素的分配效应，与双相微结构片晶区域中 α 片材相比较，α_2 微粒的体积分率在 α_p 微粒内常常更高。

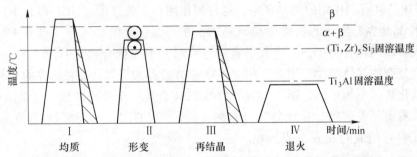

图 5.2 包括（$Ti,Zr)_5Si_3$ 和 Ti_3Al 固溶温度的高温钛合金双相微结构加工路线

虽然近年来研制的高温合金 Ti-1100（Ti-6Al-2.7Sn-4Zr-0.4Mo-0.45Si）已不再生产，但这种合金可作为（$Ti,Zr)_5Si_3$ 固溶温度（1040℃）比 β 转变温度（1015℃）更高的例子。在此例中，$\alpha+\beta$ 相区中的形变必须在有较粗的（$Ti,Zr)_5Si_3$ 微粒存在的情况下进行。此外，双相微结构还会含有相对粗的硅化物，因为在 $\alpha+\beta$ 相区中，再结晶退火处理产生的双相微结构将低于硅化物的固溶温度。因此，对于 Ti-1100 合金的 $\alpha+\beta$ 材料，推荐在 β 相区中高于硅化物固溶温度的后续再结晶处理（β 退火）或者使用高于硅化物固溶温度的 β 处理，两者都能产生没有粗粒硅化物的全片层微结构。

5.2 微结构和力学性能

室温下的钛合金的力学性能随冷却速率变化的关系在 4.2.1 节中以全片层微结构为例

已进行了详细讨论并概括于表 4.6 的"小型 α 晶团和 α 薄片"中。冷却从全片状微结构的 β 相区开始或从双相微结构中的 α+β 相区再结晶退火温度开始。冷却速率对钛合金的高温力学性能有着决定性影响，图 5.3 所示，以双相微结构（$α_p$ 约占 20% 体积分数）的 Ti-6242 合金的屈服应力为例说明了这一现象。由图中可见，屈服应力随冷却速率变化的关系对于高温试验（450℃，510℃）和室温试验都是类似的结果；图中的虚线指出，在 1℃/min 的缓慢冷却速率下，双相微结构转变为全等轴显微结构。与图 4.18 对比，可以定性地看出屈服应力随冷却速率变化的关系对双相微结构和全片状微结构是相似的。

450℃ 时，高温 LCF 强度随冷却速率变化的关系如图 5.4 所示，图中的材料条件与图 5.3 中所使用的 Ti-6242 双相微结构相同。

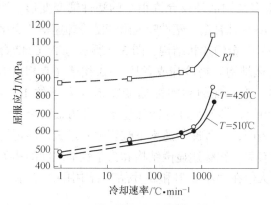

图 5.3 不同温度下的屈服应力随双相微结构 Ti-6242 从再结晶退火温度开始的冷却速率变化关系

（全等轴，冷却速率为 1℃/min，最终热处理：595℃/8h）

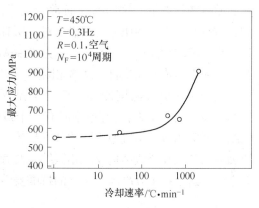

图 5.4 双相微结构（与图 5.3 中条件相同）

（10^4 次循环后 LCF 强度随冷却速率的变化，Ti-6242，试验温度 450℃）

图 5.4 绘出了 10^4 次循环之后的 LCF 强度，从图中可定性地看出 LCF 强度与冷却速率之间的相关性，与图 5.3 中的屈服强度一样。应当再次提及的是 LCF 强度既包括裂纹形成又包括微裂纹扩展。一般认为，不用担心温度提高时微细裂纹和宏观裂纹的疲劳裂纹扩展，因为高温下的高延展性增加了材料对裂纹扩展的内在阻力，但在高温下，即使在试验室环境中也存在着强烈的环境影响。如图 5.5 所示，该图为 IMI834 宏观裂纹在室温下和在 500℃ 时，分别在真空和空气中疲劳裂纹扩展曲线的比较。从图中可以看出，与室温条件相比较，真空中的疲劳裂纹扩展速率在 500℃ 时仅有稍微提高。相反，在空气中，500℃ 时疲劳裂纹扩展速率处于中低 $ΔK$ 范围，要比室温下的快很多，这表明此种影响是由环境中水蒸气的存在引起的。在此种环境中，高温下的曲线出现了一

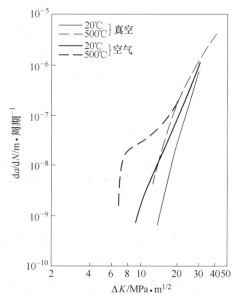

图 5.5 环境和试验温度对宏观裂纹（$R=0.1$）的疲劳裂纹扩展行为的影响

（IMI834 合金，双相微解构塑性应变,%）

个具有典型意义的显著临界值，低于此值则不出现可以测量的裂纹扩展（见图 5.5）。对于显著临界值的可能解释是在裂纹尖端的保护性表面，氧化层是不会被低于临界 ΔK 值的各滑移段破裂的，从而消除了氢通过位错向材料内部的传递。这种假设，从一种斜方晶型钛合金获得的结果中得到了支持，即真空中出现的疲劳裂纹扩展低于在空气中的临界值，表现为两条曲线彼此相交，在此种情况下，真空中残余水蒸气引起了在极低 ΔK 值下的疲劳裂纹扩展，因为在真空试验中，裂纹尖端没有保护性的表面氧化层存在。

对不稳定断裂的阻力，即断裂韧性，通常其随温度升高而增加，因为材料的延展性更好，裂纹扩展速率快，没有环境效应存在。

对于在高温下的应用，除了耐疲劳性之外，抗蠕变性也是一个非常重要的性能，尤其是在起始蠕变状态下。这是因为通常情况下，很多结构部件仅允许很小的塑性蠕变变形。例如，航空发动机中的压缩机圆盘。对于所有的 α+β 钛合金，塑性蠕变形变随冷却速率的变化显示出特定的相关性，图 5.6 所示为 Ti-6Al-4V 合金的片状结构，图 5.7 所示为 Ti-6242 合金的双相微结构。无论材料从 β 相域（全片层微结构）被冷却或者从 α+β 相域（双相微结构）的再结晶退火温度冷却，情况都是这样。普遍观测到塑性蠕变变形在介于约 100～500℃/min 之间的中等冷却速率时有一个最小值。在蠕变强度随冷却速率变化方面，全片层微结构和双相显结构遵循相同的基本趋势，这表明，中等冷却速率下蠕变强度最大值的可能原因应该和全片层微结构及双相微结构两者均有关。在综述显微结构和力学性能之间的相关关系时，这个在中等冷却速率下的抗蠕变性最大值在"小 α 群和 α 片晶"行中用+/−表示。

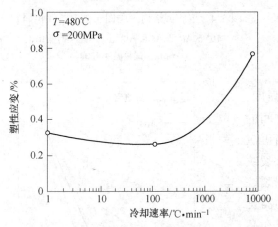

图 5.6　从 β 相域冷却 100h 后，冷却速率对
Ti-6Al-4V 的片层微结构蠕变应变的影响

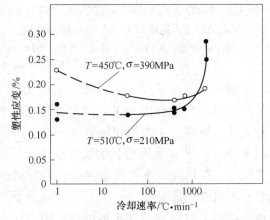

图 5.7　冷却速率对 100h 后双相微结构
蠕变应变的影响

（与图 5.3 和图 5.4 的条件相同，Ti-6242）

讨论图 5.6 和图 5.7 中的曲线时，很重要的一点是要认识到滑移长度与使用的 α 群尺寸，即相当于这一点并不适于蠕变变形。在蠕变形变的情况下，位错移动，如扩散辅助的位移仅能越过很短的距离，例如越过单个 α 层，并且很多情况下在相邻的非共格边界即 α 层边界就消失了。

抗蠕变性随冷却速率地减缓而降低（见图 5.6 和图 5.7），通常解释为较宽的 α 片（层）在位错运动的障碍物间产生了较大的距离及较低的应变硬化。另一个可能的解释是：

因为屈服应力随着冷却速率的降低而降低，对于较缓慢冷却的微结构，在蠕变试验中所施加的应力与试验温度下的屈服应力的比值变大了。图 5.7 中两种不同应力水平和温度的结果，与这种解释一致，因为对于 450℃ 的曲线，上述比率在 0.7~0.8 之间（大效应），而对于 510℃ 的曲线，上述比率仅为 0.45(小效应)。在快速冷却状态下，抗蠕变性锐减的原因还不清楚，一种可能的原因是由于与快速冷却速率相关的微结构中边界密度的大量增加，在片晶边界位错消失过程超过了应变硬化效应，由于片晶边界处的位错消除速率会受试验温度的强烈影响，涉及扩散且扩散受所施加应力的影响很小。图 5.7 中的结果支持这个假设，在快速冷却状态下，蠕变强度锐减是在 510℃ 的试验温度下观察到的，而在 450℃ 的试验温度时仅有非常小的效应存在。

IMI834 合金完全片状微结构和双相微结构蠕变强度随冷却速率变化的直接比较如图 5.8 所示。从图中可以看出，与双相微结构相比，完全片状微结构有较好的抗蠕变性能。随着 α_p 体积分数的增加，在整个冷却速率范围内，双相微结构抗蠕变性能的降低（见图 5.8）可以用双相微结构中的合金分配效应来解释。双相微结构片状部分的基本强度将随着 α_p 体积分数的增加而连续变软，相反，β 颗粒尺寸（α 群尺寸）的减少对抗蠕变性能没有影响。在 α_p 体积分数非常低时（见图 5.8 中 α_p 体积分数为 4% 的曲线），由于 α_p 晶粒间的距离很大，合金元素的分配效应还尚未平衡，但 β 晶粒尺寸（α 群尺寸）已经充分减小从而得到很好的疲劳特性，这种性能的结合不能以任何实际途径实现，因为在双相热处理过程中要获得如此低的 α_p 体积分数，所需的温度精确度及材料均匀性在商业实际中是不可能实现的。

部分去除双相微结构合金元素分配效应的唯一实际方法是在双相再结晶退火处理和最后时效处理之间增加一个中间退火处理，通过这种处理，例如在 830℃ 时进行 2h，有可能去除合金元素分配效应对 HCF 强度的副作用。830℃/2h 的中间退火处理也改善了 α_p 体积分数为 15% 的双相微结构缓冷到中间冷却速率范围内的抗蠕变性（见图 5.9），这是因为在中间退火处理期间，像铝和氧这样的 α 稳定元素将从初生 α 区域扩散进入薄片状 α 区域，这种铝和氧的再分布在最终的 700℃ 时，2h 时效处理时在这些层状的 α 区域中产生了较高的 Ti_3Al 颗粒的体积分数，结果，在双相微结构薄片状 α 区域内的局部屈服应力增加，导致了抗蠕变性能的改善，相反，完全片状条件的抗蠕变性能并不会通过中间退火处理而改变。

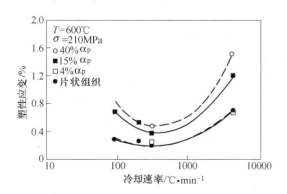

图 5.8　100h 后 IMI834 双相和片状微结构蠕变应变随冷却速率的变化关系

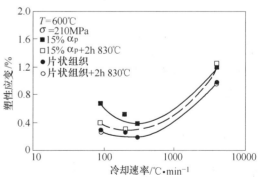

图 5.9　经 830℃/2h 的中间退火处理后，α_p 体积分数为 15% 的双相结构的抗蠕变性能改进情况，IMI834

全等轴微结构中，α 晶粒尺寸对 Ti-6Al-4V 合金抗蠕变性能的影响如图 5.10 所示，从图中可见，蠕变强度随晶粒尺寸的减小而降低，对于尺寸约 2~3μm 的小 α 晶粒，观察到抗蠕变性能急剧减少的情况。定性地讲，图中的整个曲线与图 5.6~图 5.8 中的中等到快速冷却状态的曲线是吻合的。在中等至缓慢冷却速率状态下所观察到的图 5.6~图 5.8 中的蠕变强度降低情况在图 5.10 中的较大 α 晶粒中并不存在，应该指出的是，对图 5.10 中的全等轴结构，蠕变试验中所施加的应力与 480℃ 时屈服应力的比值小于 0.5。

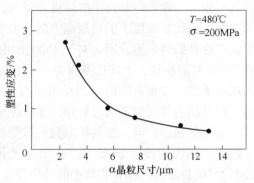

图 5.10　100h 后蠕变应变随全等轴微结构的
α 晶粒尺寸的变化
（Ti-6Al-4V，最后时效处理：500℃/24h）

时效处理对有双相微结构的 IMI834 合金蠕变强度的影响如图 5.11 所示，从图中可以看出，随着时效处理从 625℃/2h 增加到 700℃/2h 再到 700℃/24h，蠕变强度是增加的，图中还包括了室温下的屈服应力值。

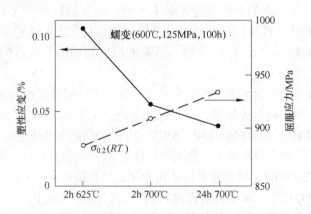

图 5.11　时效处理 100h 后有双相微结构的 IMI834 蠕变形变的影响
同时表示出了室温屈服应力值

对于 Ti-6Al-4V 合金，图 5.12 中说明了 β 相中的次生 α 相，也就是所谓的双片层微结构对抗蠕变形变的影响，蠕变形变描述从 880℃ 中间退火温度开始，且在 1℃/min 的冷却速率下看到了初始粗片层微结构，如图 5.12 所示，双片层结构比粗片层初始结构表现出较好的抗蠕变性，即由次生 α 相引起的 β 相硬化有效地减少了 β 相内的蠕变应变对微结构总蠕变应变的作用。

晶体结构和测试方向对蠕变强度的影响与对屈服应力的影响相关，通过测试在 RD 和 TD 方向有显著 T 型结构的 Ti-6Al-4V 材料，可以证明 TD 方向的蠕变强度较高，这与该方向在蠕变试验温度以及室温下的屈服应力较高是一致的。

至此讨论的微结构参数和力学性能之间的所有相关关系与材料的硅含量无关，因为它们对含硅的 Ti-6242 和 IMI834 以及不含硅的 Ti-6Al-4V 都是有效的。Ti-6242 和 IMI834 中的硅，正如前述，是以 (Ti,Zr)$_5$Si$_3$ 颗粒的形式主要存在于 α "片层" 边界和晶粒边界，

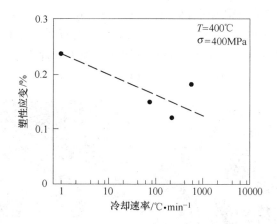

图 5.12　β 相中次生 α 相（双片层微结构）对蠕变形变的影响

同 Ti-6Al-4V 相比，硅提高了材料的绝对蠕变强度，当然，除了提高蠕变强度之外，硅化物也会对力学性能有负面影响，如果在 α "片层"边界硅化物体积分数太高，对室温延展性的负面影响尤甚，这是在 600℃ 下经过延长蠕变试验（500h）后的 IMI834 材料上发现的。对于双相微结构，氧化层完全去除后的室温拉伸延伸率从大约 10% 减小到大约 7%，这是在 α "片层"边界处硅化物的体积分数增加的结果。全片层微结构的原材料，其初始延展性非常低，这种延展性的降低会导致低的延展值。

5.3　性质和应用

　　Ti-6242 和 IMI834 这类高温钛合金的主要应用是制作航空发动机压缩机部分的叶片和圆盘，这些合金被用于高压（HP）压缩机时，其温度超过 350℃。由于蠕变原因，该部位不能使用 Ti-6Al-4V。

　　一个例子是 HP 压缩机主轴，有五个 Ti-6Al-4V 前级，接着是两个 Ti-6242 后级。由于 Ti-6242 的最高使用温度大约是 500℃（IMI834 大约是 550℃），所以航空发动机的 HP 压缩机末级由镍超级合金制成，即压缩机主轴例子中镍部件用螺栓与钛部件连接，压缩机主轴的各 Ti-6242 级（以及各 Ti-6Al-4V 级）使用的是双相微结构，因为对于这类应用，LCF 强度是最重要的力学性能（除足够的蠕变强度外），与全片层微结构相比，双相微结构显示出更好的 LCF 强度。全片层条件的 Ti-6242 已经引入到一些蠕变受到限制的应用中，这些全片层组织是由 β 锻造引起的，β 锻造产生了一个细长的不可再结晶的 β 晶粒结构，这些伸长的晶粒形状使在 β 晶界的连续 α 层对力学性能副作用变得最小。

　　具有双相微结构 Ti-6242 材料的另一个应用实例是图 5.13 所示的叶轮，叶轮在小型低流量航空发动机中以及辅助动力设备（APUs）中用作最后的压气机级，图 5.13 所示的叶轮直径为 350mm，安装在支线喷气飞机的小型发动机上，这种引擎的风扇和叶轮之间有几个轴级。

　　较新的能应用到高达约 550℃ 环境下的 IMI834 合金，用来制作 EJ200 航空发动机以及罗尔斯-罗伊斯（Rolls-Royce）TRENT800 发动机的叶片和叶盘，图 5.14 所示的部件是一个用于 EJ200 航空发动机的 HP 压缩机部件的 IMI834 叶盘。叶盘从一个超尺寸的圆盘锻件开始制造，在其边缘加工出翼剖面，对于图 5.14 所示的直径为 480mm 的叶盘，用固态线性摩擦焊接新技术把叶片连接到圆盘上是不经济的，因为叶片太小，IMI834 合金也可用作加拿大 PW 公司 PW300 发动机中的推进器材料。

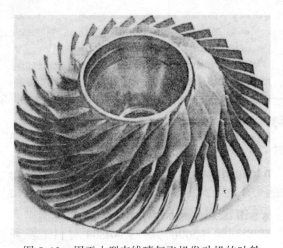

图 5.13　用于小型支线喷气飞机发动机的叶轮　　　图 5.14　用于 EJ200 航空发动机的高压压缩机叶盘
（Ti-6242，双相微结构）　　　　　　　　　　　　（IMI834，双相微结构）

（由 J. A. Hall，Honeywell 引擎和系统公司提供）　　　　（由 MTU 公司 D. Helm 提供）

IMI834 合金的所有这些应用，使用的是一种具有相对低的 α_p 体积分数（大约 15%~20%）的双相微结构，这种微结构能很好地协调 LCF、HCF 和蠕变性能，这是因为低的 α_p 体积分数减少了合金元素分配对后两个性能的负面影响，Ti-6242 和 Ti-6Al-4V 合金的双相微结构也将受益于 α_p 体积分数的减小，它们通常使用的 α_p 体积分数大约为 35%~40%，但是由于相对小的退火温度"窗口"，很难进行工业规模的热处理来降低 α_p 体积分数，对于 IMI834，该退火温度"窗口"由于加入 6% C 而被拓宽了。

5.4　新的进展

5.4.1　静态疲劳强度

这里所描述的静态疲劳现象在常温下极为显著，而在约 200℃时基本消失，这种现象主要出现在高温合金中。在寿命试验期间，当载荷保持在最大值而不是不断循环时，Ti-6242，IMI685 和 IMI834 这类高温 α+β 钛合金的疲劳寿命显著减小，这种减小也具有内部裂纹萌生的特征，在起源区域中的失效模式是一种小平面断裂，该小平面位于（0002）$_\alpha$ 附近，其取向几乎与载荷轴垂直（明显地远离最大剪切应力取向）。静态疲劳强度表象学有很多文献资料报道，但详细的失效机理仍在研究之中，因此，此处讨论的重点将集中于静态疲劳强度表象学。

静态疲劳强度的主要特征如下：合金效应、微结构效应、载荷效应、室温蠕变效应、断裂行为等，下文将分别讨论这些特征。

通常用连续循环寿命与静态测试寿命的比值表示静态疲劳强度敏感性，该比值被定义为静态疲劳强度量，其数值范围可从非敏感合金及合金条件的低值接近 1 到高敏感条件时超过 10，很明显，疲劳寿命数量级的减小是主要原因。

有关静态疲劳强度的文献资料表明，合金组成和静态疲劳强度量之间有密切关联，特别是 Ti-6242，IMI685，IMI829 和 IMI834，这类 β 相体积分数非常低的高温 α+β 合金是对静态疲劳强度最敏感的合金，但常用的 α+β 合金和 β 合金，如 Ti-6Al-4V，Ti-6246 和 Ti-17，显示出非常低的效应或者根本不受影响，对于 Ti-6246 合金，如图 5.15 所示。

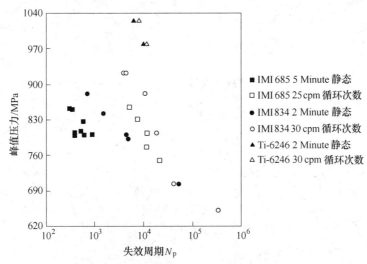

图 5.15　三种钛合金在有无静态停留时间的 S-N 曲线表明了静态疲劳强度
敏感度随合金和应力水平变化的关系

特定合金的微结构状态也影响着静态疲劳强度量的范围，如图 5.16$a \sim d$ 表示出了 Ti-6242 合金中的 4 个微结构状态，与这些微结构相关的静态疲劳强度值列于表 5.1。与静态疲劳强度敏感度有关的最重要的微结构特征是微组织，微组织由具有共同 α 相晶向的微结构区域组成。在加工处理期间，如果使用的温度和应力允许保持先前的 α+β 晶团组织的取向，则微结构逐渐发展成一个 α+β 结构。对于静态疲劳强度的存在，原因之一是光学明场像不能对微结构的存在进行深入的观察，扫描电子显微镜中的晶向图像显微术使得微结构的性质及范围定量化。

静态疲劳寿命值的强度系数取决于静态周期和最大应力水平，与连续循环相比，将停留时间增加到大约 2min 时会导致更大的疲劳寿命减小。停留时间超过 2min 的试验使得寿命值的进一步增加最小，在非常长的时间内，停留时间影响的观察值相当少，因为进行长期停留时间的试验需要的总的时间相当长（例如，一个停留 5min 的 10000 次循环试验持续约 35 天），试验费用非常昂贵。在有高或低的峰值应力停留时间和没有停留时间的试验时，与 IMI834 合金的行为相比，如图 5.15 所示，表明停留量有很强的应力相关性，因此，对于静态疲劳强度，大部分可用资料与在高应力时进行的试验相符（但不到屈服应力的 0.2%）。试验室静态疲劳试验使用的应力比燃气涡轮发动机片组中的工作应力高很多，尽管如此，静态疲劳破裂在运行期间仍有发生，这种明显的矛盾正成为燃气涡轮发动机制造商和操作员的关注点，同时也是理解静态疲劳敏感性内在机制的一个原因。

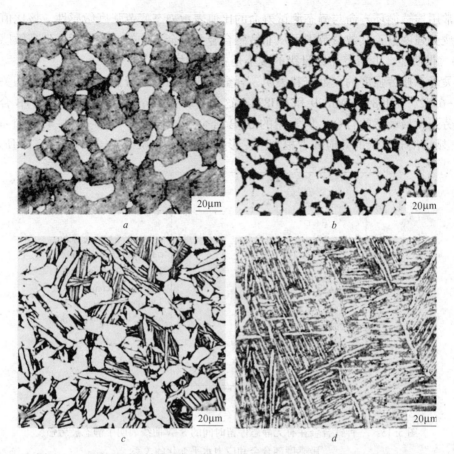

图 5.16　具有不同微结构和静态疲劳敏感性的 Ti-6242 合金的四种微结构

a—具有最少微织构的锻造 α+β；b—具有高微织构的锻造 α+β；

c—80 年代生产的具有高微织构的典型锻造 α+β；d—锻造 β

对钛合金室温蠕变的认识已经有很长时间了，但直到静态疲劳强度的观点变得重要起来后，才认识到室温蠕变的主要含义是高应力部件的尺寸稳定性。近年来，已认识到随时间变化的内部应力再分布现象中蠕变的作用，并且已经用有限元和包含随时间变化的应变在内的晶体塑性方法建模，在数分钟之后，随着总蠕变形变逼近一个渐进值，蠕变似乎是彻底的。对于较高的应力，随着应变增加和时间减小，最大塑性形变和达到最大塑性形变所需的时间都与应力相关（全部在宏观屈服应力以下）。图 5.17 表示出了一个典型的蠕变形变随时间变化的曲线。蠕变倾向是可以修复的，正如

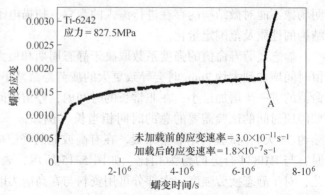

图 5.17　室温下蠕变形变随时间的变化关系

（A 点表明室温下长卸载周期后再加载时的蠕变速率）

通过卸载试样并将它在环境温度下搁置 11 个月后再加载所确认的那样，图 5.17 也表示出了再加载之后的高蠕变速度。

表 5.1 图 5.16 所示的 Ti-6242 合金四种微结构的静态疲劳值

材料	R 值	σ_{MAX}/MPa	静态时间/min	N_F	静态疲劳强度量
扁平锻造 1 号	0.1	870	1	>32684	
（随机，图 5.16a）	0.1	870	无停留时间	160031	>4.9
扁平锻造 2 号	0.1	870	1	4097	
（高显微组织，图 5.16b）	0.1	870	无停留时间	37724	9.2
20 世纪 80 年代的最佳材料	0	870	2	2492	
（锻造 α+β，图 5.16c）	0	870	无停留时间	27755	11
扁平锻造 3 号	0	917	2	11887	
（锻造 β，图 5.16d）	0	917	无停留时间	30197	2.5

如前所述，静态疲劳裂纹萌生位置的特点是在表面下的地方存在小平面裂纹。图 5.18a 所示的是低放大倍率时这种裂纹发生的一个例子，而图 5.18b 表示出了在裂纹源附近所观察到的小平面裂纹的生长细节。小平面有一个物理取向，几乎垂直于载荷轴，小平面的面通常在 $(0002)_\alpha$ 的几度之内，如图 5.18b 所示的小平面断裂通常是在钛疲劳破坏的源点附近观察到的，并且与低 ΔK 值时的疲劳裂纹扩展相符。随着裂纹扩展和 ΔK 值增大，断裂类型转变成条纹生长，如图 5.19 所示。静态疲劳裂纹和普通疲劳裂纹之间的主要差异是静态裂纹萌生位置总是更接近于最大常规应力方位而不是最大切应力方位。

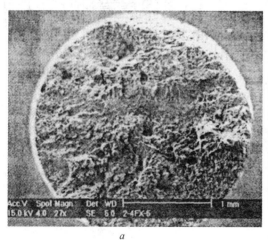 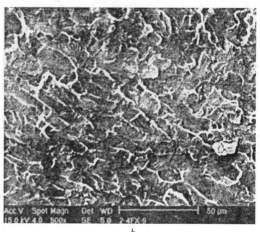

a   *b*

图 5.18 Ti-6242 合金静态疲劳试样的破裂面
a—显示表面下裂纹萌生的低放大倍率镜像；b—取自裂纹萌生位置附近的
高放大倍率镜像，显示出静态疲劳裂纹生长期间有小平面的断裂

在模拟静态疲劳破裂方面，定性地讲，静态疲劳量的基本起因与 α 相的弹性各向异性和塑性各向异性有关，这种各向异性在微结构中产生硬区和软区。当与 α+β 合金在环境温度下的蠕变倾向耦合时，在施加最大荷载的情况下，这种各向异性会使材料内部发生内

应力再分布。蠕变，尤其在恒定载荷条件下的蠕变，以及附带的荷载再分布，能产生具有足够高应力的区域引发裂纹。随着硬区尺寸增大或周围的软区尺寸增大或者随着这些软区变得更软，形成裂纹的倾向变得更大，因为它们有利于定向滑移。由于软硬区之间的应力重新分配是与时间有关的，速度取决于蠕变方程式中的应力指数 m 和外加应力，通过静态时间引发这种失效模式是不寻常的，但对于该现象，仍有各种不包含时间变量的模型存在。

用包括有限元法和晶体塑性法在内的固体力学方法，模拟静态疲劳强度已取得了显著的成果，这些模型已印证了微结构中内部载荷重新分配到硬区的概念且提供了定量的数值，图 5.20 显示了一个微结构的有限元模型，它的中心包含了一个由软基体包围的硬区。用试验确定的关系，收集 α 相的弹性各向异性和塑性各向异性并把时间相关性结合到模型中，已表明高应力在硬区边界扩大（如图 5.20 中显示的顶部和底部用 A 标记的阴暗区域），这个模型中应用的本构关系用试验方法从 Ti-6242 合金的单群体试样的微型张力试验中获得的，时间依赖性从 Ti-6242 合金的实际室温蠕变测量获得。发生在硬软区之间边界的局部应力扩大见图 5.21 所示，该图中的曲线表明蠕变方程中应力指数 m 在 0.02～0.05 之间变化时的影响，这也说明材料蠕变速度越快，在一个给定的时间之后应力聚集越高。

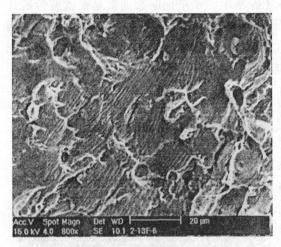

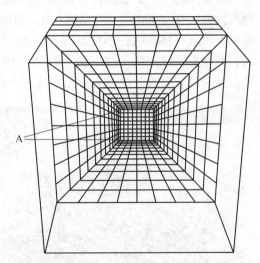

图 5.19　远离裂纹萌生位置的 Ti-6242 合金
静态疲劳试样破坏面显示出的
条纹裂纹生长的情况

图 5.20　在塑性非均匀材料静态疲劳载荷期间
使用的模拟荷载分布的有限元图
A—硬区中的高应力区域

尽管这种模拟效果一直非常成功地为有关定性静态疲劳原因的观念以更多信息定量地提供支撑，但仍然不具备预测裂纹萌生的能力，部分原因是目前的模型并不包含微结构的长度标尺，此外，由于应用于模拟 Ti-6242 的本构关系和蠕变行为是通过试验得到的，对其他合金的模拟将需要大量的试验结果证实。

在宏观裂纹生长期间，静态载荷的作用已经确定，在连续循环和有最大载荷保持时间两者之间在裂纹生长速度上并没有本质差异，由此可以得出结论，在静态试验期间静态效应主要与裂纹萌生加速及微细裂纹生长加速有关。

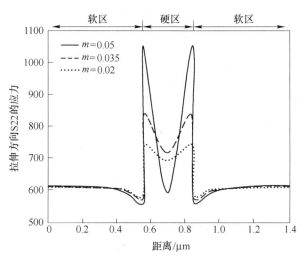

图 5.21 局部应力随距离的变化表明微结构中软硬区之间边界应力陡增

静态疲劳的出现对航空发动机制造商和操作者提出了一个严肃的问题，部分原因是因为连续循环试验是钛合金疲劳试验以获得用于转子设计数据的常用方法，正如前面提到的，如果静态疲劳是失效的可能原因，那么，这些试验提出了非保守的寿命估值。转子在服役期间破裂的结果是不可接受的，因此在服役期间普遍需要对转子进行定期检查，在几个例子中，这些检验已经成为需要拆除转子的裂纹识别，随后对这些裂纹的分析已经得出这样的结论，即它们是由静态疲劳引起的。与实验室静态试验中使用的应力相比，转子在较低的应力下运转，当校正实验室试样的时候，图 5.15 中表示出的应力依赖性不能代表大型转动部件中的情形。任何一个模型想要精确成功地表示静态疲劳，就必须明确解释实验室里和实验室外实验之间的明显差异，虽然目前还未得到回应，但很有可能的模型将必须包括概率性，以获得所观察到的静态敏感性随应力值变化的关系。

5.4.2 镍杂质对蠕变强度的影响

近来已注意到，Ti-6Al-2Sn-4Zr-2Mo 的蠕变强度存在相当大的变化，根据微结构来解释这一现象的尝试都未成功，材料的不同热量详细评价表明，蠕变行为和少量杂质镍的浓度变化之间存在一个定性的相关关系，类似的变化似乎也适用于其他杂质（如铁和钴等），这些杂质全都以痕量级存在。在很早之前，就已经认识到了铁对蠕变强度的影响，为了使蠕变强度最佳，材料生产商对 Ti-6242 和其他高温合金中铁的浓度实现了有效的控制，这主要是通过选择低铁海绵作为合金配方来实现的。在钛的生产过程中，杂质镍和铁是特别讨厌的，因为在用克劳尔反应器生产海绵钛以及海绵钛在还原之后的真空蒸馏时使用了含镍的不锈钢容器，此外，世界范围的现行实际方法都涉及使用真空蒸馏而不赞成用酸浸法从海绵钛中脱盐，因此，现今生产的所有海绵钛在生产期间都已经暴露于含镍合金中，含镍的痕量浓度不可避免，在一定时间范围内，Ti-6242 蠕变强度的降低是一个问题，它与从酸浸过渡到普遍使用真空蒸馏之间存在着一个定性的相关关系。

在 475~550℃ 的温度范围内，蠕变能力的降低对航空发动机是非常重要的，因此已经启动了一些研究工作以获得对"镍效应"更基础的理解，在文献资料中能找到若干关于这个效应的有趣并偶尔相矛盾的结论。对于 Ti-6242 这类合金，第一个问题是铁和镍的作用是否影响 α 相或 β 相的蠕变特性，因为这些元素在 α 相中的溶解度极为有限，早期的报道基本上认为 β 相首先受到影响，近些年来，对含有不同数量镍（铁含量也有小范围变化）的 Ti-6242 和 Ti-6Al 二元合金的研究已表明，在二元合金和 α+β 合金中，镍对抗蠕变强度都有很大的影响，因为二元合金不含 β 相，初期关于 β 相作用的假设无疑被质疑，德国 Muenster 大学的 Herzig 研究小组已经研究了镍、铁和钴在 α 相中的扩散并已发现当这些杂质甚至以痕量（1.7×10^{-6}）存在时，存在反常的快速自扩散，也有报道称 α 锆中的铁杂质对自扩散也有同样的影响。Herzig 研究小组把这种反常的高扩散速率归因于这些杂质是作为间隙原子而不是作为代位原子扩散。基于钛、锆和铪这类"开放"HCP 金属具有大的离子半径对原子半径比率的特征，他们对这一论点提出一种解释，这种解释由在超纯 α-Ti 和含有数个 1×10^{-6} 镍的 α-Ti 之间测量到的自扩散活化能大量减小所支撑。在超纯的 α-Ti 中，活化能与标准的空位扩散相符合，在有极小浓度的铁、镍或者钴存在的情况下，这个活化能减小到更低的值，导致间隙式扩散的产生，这种加速扩散的准确机理仍处于争论之中。

　　返回到蠕变行为变化的讨论，将 Ti-6242 合金中镍杂质含量从 0.005% 增加到 0.035%，这会使得蠕变强度大大减小，如图 5.22 所示，低镍材料的蠕变活化能与 α-Ti 的本征（空位）自扩散活化能相比毫不逊色，这是一种扩散控制的蠕变机理。对蠕变之后位错结构的 TEM 研究表明，α 相中的蠕变主要通过一个典型的位错运动发生，而且，对蠕变形变后的 β 相进行详细考察后发现位错极少，这说明蠕变是受 α 相的形变控制的。在蠕变状态试样中，位错环和螺旋位错上的大割阶是普遍存在的，这种亚结构类型与这些位错的非守恒（扩散控制的）运动一致，图 5.23 和图 5.24 表示出了两种镍杂质含量（0.005% 和 0.035%）的材料在不同应力水平下的最小蠕变速率随温度变化的阿累尼乌斯

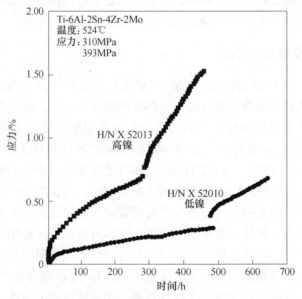

图 5.22　两种不同镍杂质含量（0.005% 和 0.035%）的 Ti-6242
在两种应力水平下的蠕变形变随时间的变化关系

（Arrhenius）曲线，这些曲线的斜率为蠕变活化能，在所考察的应力和温度范围内，增加镍浓度（即便总量很少），平均活化能会从大约330kJ/mol（见图5.23）降到大约280kJ/mol（见图5.24）。蠕变活化能的这种减少定性地说明，随着镍杂质含量的增加，Ti-6242的蠕变抗力减小。根据上述讨论，镍杂质对蠕变的有害影响是由这些杂质在α相中的扩散影响所引起的，而且，α相中扩散控制的位错运动已被证明是速率控制的蠕变机理，因此，不断提高Ti-6242这类高温合金的蠕变强度，将需要使用切实可行获得的低镍材料。

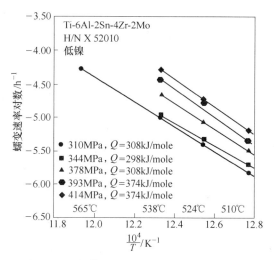

图5.23 含镍0.005%（低镍）的Ti-6242
在五个应力水平下的最小蠕变
速率阿雷尼乌斯图

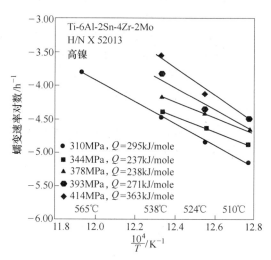

图5.24 含镍0.035%（高镍）的Ti-6242
在五个应力水平下的最小蠕变
速率阿雷尼乌斯图

参 考 文 献

[1] Saal S., Wagner L., Lütjering G., Pillhofer H. Daeubler M. A.: Z. Metallkde. 81,（1990）p. 535.

[2] Schauerte O., Gysler A., Lütjering G., Mailly S., Chabanne Y., Sarrazin-Baudoux C., Mendez J., Petit J.: *Fatigue Behavior of Titanium Alloys*, TMS, Warrendale, USA,（1999）p. 191.

[3] Petit J., Sarrazin-Baudoux C., Chabanne Y., Lütjering G., Gysler A., Schauerte O.: *Fatigue Behavior of Titanium Alloys*, TMS, Warrendale, USA,（1999）p. 203.

[4] Lütjering S., Smith P. R., Eylon D.: Intermetallics and Superalloys, Euromat Vol. 10, Wiley-VCH, Weinheim, Germany,（2000）p. 283.

[5] Daeubler M. A., Helm D., Neal D. F.: *Titanium* 1990, *Products and Applications*, TDA, Dayton, USA,（1990）p. 78.

[6] Gysler A., Lütjering G.: DFVLR-FB 79-24,（1979）.

[7] Daeubler M. A., Helm D.: *Titanium* '92, *Science and Technology*, TMS, Warrendale, USA,（1993）p. 41.

[8] KOppers M., Herzig C., Freisel M., Mishia Y.: Acta Met. 45,（1997）p. 4181.

[9] Neal D. F.: *Titanium* '95, *Science and Technology*, The University Press, Cambridge, UK,（1996）p. 2195.

[10] Sinha V., Mills M. J., Williams J. C.: *Lightweight Alloys for Aerospace Application*, TMS, Warrendale,

USA，（2001）p. 194.

[11] Evans W. J. , Gostelow C. R. : Met. Trans. 10A, （1979）p. 1837.

[12] Evans W. J. : Mat. Sci. Eng. A243, （1998）p. 89.

[13] Thompson A. W. , Odegard B. C. : Met. Trans. 4, （1973）p. 899.

[14] Odegard B. C. , Thompson A. W. : Met. Trans. 5, （1974）p. 1207.

[15] Hasija V. , Ghosh S. , Mills M. J. , Joseph D. S. : Acta Met. 51, （2003）p. 4549.

[16] Deka D. , Joseph D. S. , Ghosh S. , Mills M. J. : Met. Trans. 37 A, （2006）p. 1371.

[17] Thirumalai N. : PhD Thesis, The Ohio State University, USA, （2000）p. 297.

[18] Sinha V. , Spowaxt J. G. , Mills M. J. , Williams J. C. : Met. Trans. 37A, （2006）p. 1501.

[19] Ankem S. , Seagle S. R. : *Titanium*, *Science and Technology*, DGM, Oberursel, Germany, （1985）p. 2411.

[20] Thiehsen K. E. , Kassner M. E. , Pollard J. , Hiatt D. R. , Bristow B. M. : Met. Trans. 24A, （1993）p. 1819.

[21] Hayes R. W. , Viswanathan G. B. , Mills M. J. : Acta Met. 50, （2002）p. 4953.

[22] Viswanathan G. B. , Karthikeyan S. , Hayes R. W. , Mills M. J. : Acta Met. 50, （2002）p. 4965.

6 β 钛合金

与 α+β 合金不同，β 合金淬火到室温不发生马氏体转变，而是产生一个亚稳态的 β 相。α 相能从亚稳态 β 相中以一种非常细的、具有高体积分数的不可变形颗粒（片晶）析出，因此，β 合金的主要特征是可以硬化到比 α+β 合金高得多的屈服应力水平。β 合金的另一个优点是加工处理温度低于 α+β 合金，且某些高稳定 β 合金是可冷变形的。此外，β 合金的耐腐蚀性相当或优于 α+β 合金，β 合金在吸氢的环境中尤其有效，因为 β 相比 α 相有更高的氢容性，近年来，β 合金的使用已缓慢且稳定地增长。

在 β 合金系列中，有所谓的"高强度" β 合金和"高稳定" β 合金之分。"高强度" β 合金的组成位于 β 合金到 α+β 合金边界附近，因此其中 α 相的体积分数高，而"高稳定" β 合金的组成位于伪二元相图中更靠右的位置，后者（"高稳定" β 合金）的 α 相体积分数低得多，因此与高强度 β 合金组成相比，其最大强度较低。

6.1 加工工艺和微结构

首先讨论由单纯的热处理产生的所谓 β 退火微结构，这种 β 退火结构能很好地说明所有 β 合金的关键微结构特征，即在 β 晶粒边界的连续 α 层变化。对于高强度 β 合金，将介绍三种不同的加工工艺，它们的主要目的是为了产生限制连续 α 层形成的微结构，也就是 β 加工工艺和完全转变处理工艺，或者限制这些 α 层对机械性能影响的双相微结构。

6.1.1 β 退火微结构

图 6.1 简要地示意出了 β 退火微结构的基本加工工艺路线。从图中可见，β 退火微结构可以通过一种简单的方法获得，即在 β 相域中再结晶（第Ⅲ阶段）和在 α+β 相域中时效处理（第Ⅳ阶段），从而以微细 α 片晶的形式析出 α 相，这样的微结构如图 6.2 所示。所有 β 合金的主要特征，是 α 相在 β 晶界优先形核并形成一个连续的 α 层。毗邻此连续 α 层的是所谓的 PFZ(无析出区)，它不含任何 α 片晶（见图 6.2b），因此相对于时效硬化基体，其硬度低。对于机械性能，软区和基体之间的强度差异（即屈服应力）和软区中的滑移长度（即 β 晶粒尺寸）都是很重要的，这些参数都受合金组成的影响，即连续 α 层对高强度 β 合金的影响较大。而对高稳定 β 合金的影响较小，这就是在任何应用中高强度 β 合金不能以 β 退火状态使用的原因，由于它能很好地阐明连续 α 层对力学性能的影响并提供一个有效的对照，对于高稳定 β 合金，β 退火状态是最常用的微组织。

对于高稳定 β 合金，其主要特征是相对较低的 β 转变温度（800℃），甚至更低，这

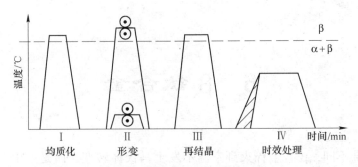

图 6.1　高稳定 β 钛合金的 β 退火微结构加工工艺路线

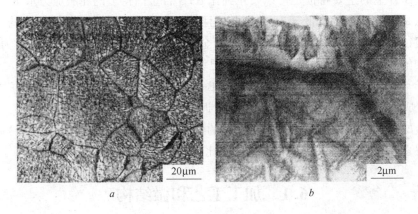

图 6.2　高稳定 β 合金 β 21S 的 β 退火加时效处理的微结构

a—LM；　*b*—TEM

意味着在稍高于 β 转变温度进行的形变过程（见图 6.1 中的阶段 Ⅱ）能在相对低的温度下完成，某些高稳定 β 合金甚至能发生冷变形，通常都避免发生在 α+β 相区中的热变形，因为 α 相的存在增加了流动应力，再结晶（见图 6.1 中的阶段 Ⅲ）是在稍高于 β 转变温度下完成的，且时间较短（小于 1h），因为无须溶解任何 α 相。例如，在 Ti–15V–3Cr–3Al–3Sn 的加工过程中，退火时间只有短短 5min，一旦超过 β 转变温度，晶粒将按指数规律随绝对温度的升高而长大，再结晶温度约为 800℃ 的高稳定 β 合金的 β 晶粒尺寸比 1000℃ 以上再结晶的 α+β 合金全片状组织中的小得多。例如，β 21S 合金中普遍的晶粒尺寸是 40~50μm（见图 6.2*a*）。时效处理（见图 6.1 中的阶段 Ⅳ），通常是在 500~600℃ 的温度范围进行的，即高于亚稳态共格粒子 ω 和 β′ 的固溶温度。这些亚稳态颗粒起着 α 片晶形核前驱体的作用，因此，在加热到时效温度期间，它们的存在对获得细粒 α 片晶的均匀分布是有利的。因此，对于高稳定 β 合金，时效温度的加热速率是一个重要的参数。表 6.1 概括了高稳定 β 合金的重要加工参数和由此产生的显微结构特征。亚稳态前驱体的作用也说明直接时效和时效前冷却到室温的实际自然时效之间观察到的差异。时效处理（见图 6.1 中的阶段 Ⅳ）的一个重要参数是时效温度的选择，因为这决定了影响屈服应力水平的 α 片晶的体积分数，时效处理期间，位于 β 晶粒边界的连续 α 层的形成是不可避免的（见表 6.1）。

表 6.1 高稳定 β 合金的 β 退火微结构的重要工艺参数和所形成的微结构特征

加工阶段（见图6.1）	重要参数	微结构特征
Ⅲ	再结晶温度	β 晶粒尺寸
Ⅳ	加热速率 时效温度	α 片晶的分布 -α 片晶的尺寸和体积分数 -GBα 层 -α 片晶的分布

对于高稳定 β 合金，用图 6.1 所示的常规一步时效处理来获得 α 片晶的均匀分布有时是比较困难的，这是因为在加热到时效温度期间，必要的前驱体（ω 或 β′）的形成可能太缓慢而不能产生，包括这种两步时效处理的加工路线如图 6.3 所示。在预时效期间（见图 6.3 中的阶段Ⅳa），形成极细 α 片晶的均匀分布，在正常时效处理（见图 6.3 中的阶段Ⅳb）期间，这些细粒 α 片晶仅长大或者变粗到期望的粒度水平，此时，在Ⅳb 段内到时效温度的加热速率并不重要，如表 6.2 所示。对于高稳定型 β 合金 β 21S，预时效处理影响由此产生微结构的另一个实例如图 6.4 所示，可见，8h、690℃的时效处理，产生较粗的 α 片层的不均匀分布（见图 6.4a）。对于高温应用，用图中说明指示的附加 8h、650℃的时效处理来稳定这种合金的微结构，即使对一个 24h、725℃的最终时效处理，8h、500℃的预时效处理也能引起 α 片晶的均匀分布（见图 6.4b）。当与 24h、725℃的一步时效处理产生的微结构比较时，预时效处理对微结构的显著影响可以看得更清楚（见图 6.4c）。不均匀的再结晶也导致时效处理后 α 片晶的不均匀分布，这是由于在未再结晶区域内形核点的密度较高所致。

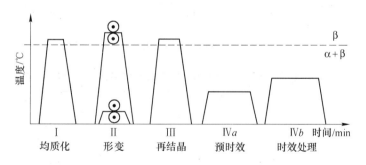

图 6.3 预时效工序的高稳定 β 钛合金 β 退火微结构的加工工艺路线

表 6.2 经预时效工序的高稳定 β 合金的 β 退火微结构的重要工艺参数和所形成的微结构特征

加工阶段（见图6.3）	重要参数	微结构特征
Ⅲ	再结晶温度	β 晶粒尺寸
Ⅳa	预时效温度	α 片晶的均匀分布
Ⅳb	时效温度	-α 片晶的尺寸和体积分数 -GB α 层

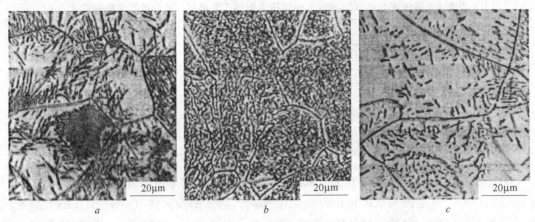

图 6.4　预时效（8h 500℃）对高稳定 β 合金 β 21S 微结构的影响（LM）
a—8h 690℃+8h 650℃；*b*—8h 500℃+24h 725℃；*c*—24h 725℃

对于高强度 β 合金，β 退火微结构的加工方法与高稳定 β 合金的不同，原因是 β 转变温度以及 α 相的体积分数均比较高，加工处理方法如图 6.5 所示，该图说明了各种不同的加工工序。表 6.3 总结了各加工工序的重要参数和由此形成的微结构特征。

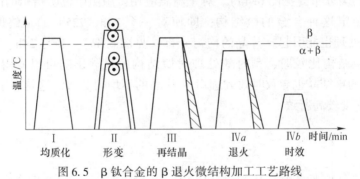

图 6.5　β 钛合金的 β 退火微结构加工工艺路线

表 6.3　β 退火微结构的重要工艺参数和所形成的微结构特征

加工阶段（见图 6.5）	重要参数	微结构特征
Ⅲ	冷却速度	-GB α 层 -GB 处的"侧片"
Ⅳ*a*	退火温度和冷却速率	α 片层的尺寸和体积分数 （→在工序Ⅳ*b* 中 α 片晶的体积分数）
Ⅳ*b*	时效温度	α 片晶的尺寸和体积分数

均质化作用（阶段Ⅰ）后，形变处理（阶段Ⅱ）能在 β 相域中或者 α+β 相域中完成，后者有利于在第Ⅲ阶段的再结晶中产生较小的 β 晶粒尺寸。β 退火微结构的晶粒尺寸比 α+β 合金全片状微结构中的 β 晶粒尺寸稍小，与经历处理过程且再结晶温度超过 β 转变温度 30~50℃ 的 α+β 合金大约 600μm 的粒度相比较，β 合金典型的晶粒尺寸约为 400μm，β 合金晶粒尺寸较小是 β 转变温度较低的结果。第Ⅲ阶段中最重要的参数是从再结晶温度开始的冷却速率，因为它控制了 β 晶界上连续 α 层的宽度和长度（见表 6.3）。

应该强调的是，即使在工业实践中的快速冷却速率（如600℃/min）下，连续 α 层的形成也是不可避免的，图6.6a 给出的 β-CEZ 合金以 100℃/min 的速率冷却时，β 晶界处形成连续 α 层就是一个实例，在这些高强度 β 合金中，在 β 晶界存在的所谓"侧片"，可能是冷却速率足够缓慢形成的（见表6.3），形成"侧片"的临界冷却速率随合金的化学组成而变化，但变化值大约在 30~50℃/min 的范围内，"侧片"从 α 层晶粒边界生长出来，平行于 α 片层，其形成机理有两种可能：一种是它们通过和应成核形成并在连续 α 层的非共格 α/β 界面生长，在这种情况下，"侧片"有一不同于晶界 α 层的伯格斯（Burgers）取向关系变异；另一种可能是 α/β 晶界的不稳定性导致了它们在 α 层晶粒边界处生长，在这种情况下，"侧片"与 α 层晶粒边界有相同的结晶取向。决定哪一种可能性发生的因素是 α/β 晶界的性质和过冷度，部分这种"侧片"可以在图6.6a 中 β-CEZ 显微照片的右上角看到，而在以 50℃/min 速率冷却的 Ti-6246 合金中却更加显著，如图6.8a 所示。

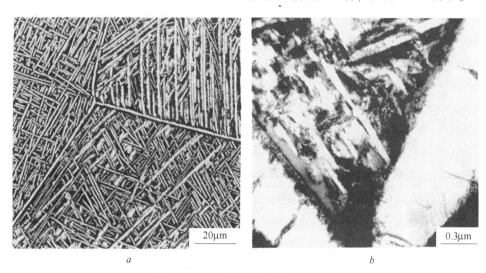

图6.6　β 退火微结构实例，β-CEZ

a—LM；b—TEM

对高强度 β 合金，在 α+β 相区中的最终热处理通常分两个阶段完成，如图6.5所示。第一阶段 Ⅳa 在 α+β 相区一端完成，作为一个中间退火步骤，以析出期望体积分数的粗 α 片状体（见图6.6a），应该指出的是，随着从退火温度开始降低冷却速度，粗 α 片状体的尺寸和体积分数将增大（见表6.3），在接下来的时效阶段 Ⅳb 中，在约 500~600℃ 的温度下，形成微细的 α 片晶（见图6.6b），这些微细片晶决定材料的屈服应力水平，因为 α 相（粗 α 片状体加微细 α 片晶）的总体积分数是由合金化学组成固定的，粗 α 片状体的体积分数对微细 α 片晶的体积分数和尺寸有直接的影响，因此会影响材料的屈服应力水平。

6.1.2　β 加工工艺微结构

形成 β 加工工艺微结构的加工工艺路线图如图6.7所示，各加工工序的重要参数以及由此形成的微结构特征列于表6.4中。如图6.7所示，为了形成一个高形变的 β 晶粒边界非再结晶结构，加工工艺路线中再结晶工序 Ⅲ 完全省略了，在从 β 变形温度开始的冷却过程中，α 层在 β 晶界上形成并呈现变形晶界的局部形状，图 6.8a 显示的是 Ti-6246 合金的例子，从此例中可以看出，α 层仍然是相对连续的但有明显的波浪形状，仅具数个短的直线段，在其他情况下，α 层在大多数 β 晶界上被分解成更多单独的片段，只有少数长片段保留在部分边界上。不考虑加工过程，在高强度 β 合金的 β 加工材料中完全避免 α 层几乎是不可能的，这是因为 β 晶界是 α 形成的很强的非均匀形核点。

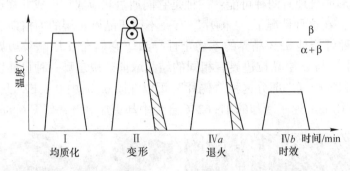

图 6.7　β 钛合金的 β 加工微结构的加工工艺路线

因为最终形变过程必须是没有重新加热的连续操作，所以需要很好地控制加工温度和时间，关键控制参数是过程的总时间，这取决于形变速率和所有保持时间（各变形工序间的保持时间及形变过程后的保持时间）以及形变程度（见表 6.4）。

表 6.4　β 加工微结构的重要工艺参数和所形成的微结构特征

加工阶段（见图 6.7）	重要参数	微结构特征
II	形变时间 形变模式 形变程度 冷却速率	非再结晶结构 β 晶粒形状 -β 晶粒宽度 （→α 片状体的最大尺寸） -GB α 层的几何形状 -非再结晶结构 -GB α 层 -位于 GB 的"侧片"
IVa	退火温度 和冷却速率	α 片状体的尺寸和体积分数 （→IVb 阶段中 α 片晶的体积分数）
IVb	时效温度	α 片晶的尺寸和体积分数

形变方式决定了非再结晶 β 晶粒的形状，例如在单向轧制时形成椭球体形状或者在横轧和轴对称顶锻时形成扁平形状，因此，很明显，那些受 α 层影响的机械性能将是各向异性的。

在决定 α 层和 β 晶界处的"侧片"大小时，从形变温度到淬火介质温度间的冷却速率，包括转变时间是极其重要的（见表 6.4），正如前面已指出的，"侧片"的形成在 Ti-6246 合金中是一个关键参数，如图 6.8a 所示。β 加工材料的最后两步工序，即中间退火阶段Ⅳa和时效阶段Ⅳb，原则上和β退火材料是一致的（其比较见图6.5、图6.7，表6.3、表6.4），图6.8b显示的是 Ti-6246 合金β加工材料的粗粒α片状体之间小α片晶的例子，应该注意的是，具有高延伸率β晶粒的β加工材料中，β晶粒的宽度限制了粗α片状体的最大尺寸。

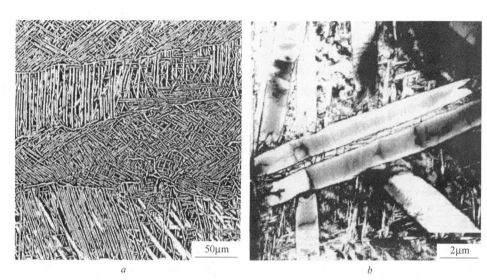

图 6.8　β加工微结构实例，Ti-6246

a—LM；b—TEM

6.1.3　完全转变加工工艺微结构

法国 CEZUS 已经就 β-CEZ 合金完全转变加工方法进行了广泛的研究，该加工工艺路线的目的是为了把在β晶界的连续α层转变成单个的球形α颗粒，从完全转变加工工艺路线（见图6.9）中可见，除了变形阶段Ⅱ的细节以外，该加工工艺路线和β加工材料的加工路线是一致的（见图6.7），即略去再结晶阶段Ⅲ以预期一个未再结晶的β晶粒结构。与β加工工艺路线相比，完全转变加工工艺路线第Ⅱ阶段中的形变温度和时间的控制要苛刻得多，在完全转变加工期间需要进行严格的控制，因为在形变过程末期，材料在α+β相区仅能短暂保持，在这个期间内α相在β晶界上析出，接着α相也发生形变并在未再结晶的、拉伸的β晶粒边界处再结晶成球状晶粒，图6.10a是 Ti-6246 合金在第Ⅱ阶段完全转变形变后这类微结构的例子，可见α颗粒仅存在于β晶界，并不存在于拉伸β晶粒的内部，CEZUS 将其 β-CEZ 合金的这种微结构称作"项链"微结构。图6.10b是一种完全热处理材料的更高倍率的显微结构照片，该图清晰地显示出了在β晶界的球状α颗粒以及在晶粒内部的α片状结构。

获得"项链"型微结构最重要的工艺参数是第Ⅱ阶段α+β相域中的形变时间（见表6.5），这已在时间-温度-转变图中第Ⅱ阶段示意图中做了说明（见图6.11），变形时间应足够长，以使α相在形变了的β晶界处析出并且与边界线相交，但形变过程必须在α相在β基体中的析出越过边界线之前完成，如果在β基体的形变过程中发生颗粒内的α相析出，那么α相也要形变和再结晶，这会导致球状α晶粒的产生而不是产生所需要的板

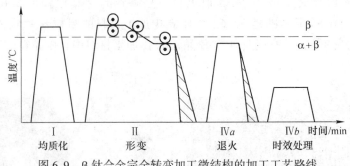

图 6.9 β 钛合金完全转变加工微结构的加工工艺路线

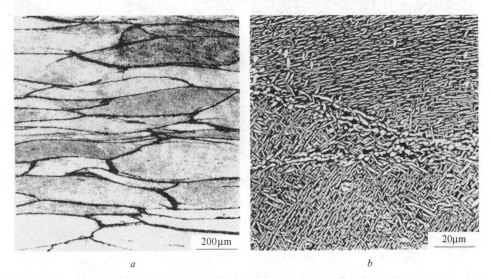

图 6.10 Ti-6246 合金完全转变加工微结构（"项链"微结构）实例（LM）

a—形变；b—热处理

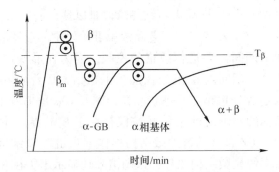

图 6.11 完全转变形变的时间与温度控制

状，如图 6.12a、b 所示，说明了另一个与完全转变加工有关的问题，即形变过程的时间必须足够长，以使 α 相在 β 晶界上析出，重要的是要限制在 β 相域中的时间以避免形变了的 β 晶粒再结晶，如图 6.12b 所示。在 β 加工材料中，β 晶粒再结晶并不常见，因为在这种情况下，形变时间没有必要遵守一定的时间间隔（见图 6.7），因此，时间应尽可能缩短，但需要注意冷却速率。

表 6.5 完全转变加工微结构的重要加工参数及所形成的显微结构特征

加工阶段（见图6.9）	重要参数	微结构特征
II	β 相域中的形变 -形变时间 -形变方式 -形变程度 α+β 相域中的 形变时间	非再结晶结构 β 晶粒形状 β 晶粒的宽度 （→α 片状体的最大尺寸） "项链型" 微结构
IVa	退火温度和 冷却速率	α 片状体的尺寸和体积分数 （→第IVb阶段中 α 片晶的体积分数）
IVb	时效温度	α 片晶的尺寸和体积分数

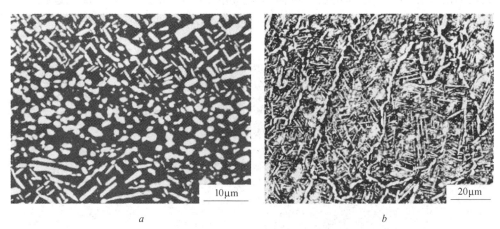

a   b

图 6.12 与完全转变加工有关的问题，β-CEZ（LM）
a—由于在 α+β 相域中的形变时间太长，β 晶粒内部出现的等轴 α 相；
b—由于在 β 相域中的形变时间太长，β 相开始再结晶

与 β 加工工艺相比，完全转变加工工艺路线的唯一优势是形变过程后的冷却速率并不那么苛刻，因为在"项链"型微结构中，α 相已经在 β 晶界上析出，见表 6.4、表 6.5，此外，"项链"型微结构的最终热处理，即IVa 阶段中的中间退火处理和IVb 阶段中的时效处理，与对 β 加工微结构和 β 退火微结构的处理是相同的。

6.1.4 双相微结构

双相微结构通过产生足够小的 β 晶粒以抵消 β 晶界上连续 α 层的形成，使 α 层对力学性能的影响几乎可以忽略，获得双相微结构的加工工艺路线如图 6.13 所示，重要加工参数及由此形成的微结构特征概述于表 6.6 中，完全热处理条件下 β-CEZ 合金的双相微结构如图 6.14a 所示。

在高强度 β 合金中双相结构方面的问题可能起因于加工工艺路线中的初期阶段，例如 β 均质处理后的冷却速度太慢（见图 6.13 的阶段 I），正如 6.1.1 节中所指出的，β 晶界处连续 α 层的厚度随着从 β 相区开始的冷却速率的降低而增加，而厚的 α 层在后续处理过程中则更难去除。通过在 α+β 相区中的形变和再结晶（加工工艺路线中的阶段 II 和III，

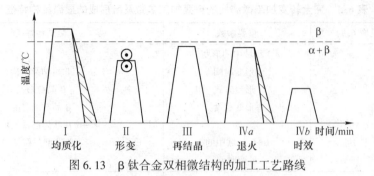

图 6.13　β 钛合金双相微结构的加工工艺路线

见图 6.13)，把厚晶界 α 层转变成单独的等轴 α 颗粒要比薄晶界 α 层的转变困难得多，这涉及到扩散距离和所有 β 合金相对低的处理温度。图 6.15 表示出的是尽管其他材料都已转变成均匀的双相结构，但却仍然保留在原 β 晶界 α 层的情况，如果在加工过程中，不重视阶段 I 中的冷却速率，那么消除任何继续延伸的 α 层就需要重复不必要的、代价高昂的阶段 II 和 III，图 6.15 所示即为例子。

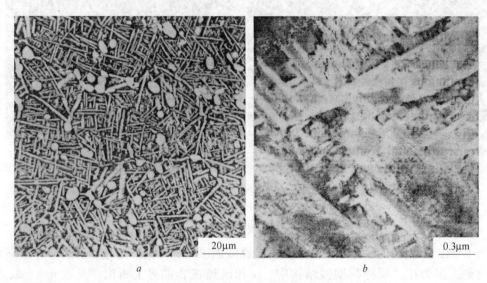

图 6.14　双相微结构实例，β-CEZ

a—LM；b—TEM

表 6.6　双相微结构的重要加工参数及所形成的显微结构特征

加工阶段（见图 6.13）	重要参数	微结构特征
I	冷却速率	GB α 层
II	变形程度	位错密度
III	退火温度	α_p 的体积分数（→IVa 段中 β 晶粒尺寸和 α 片状的体积分数）
IVa	退火温度和冷却速率	α 片状的尺寸和体积分数（→第 IVb 阶段中 α 片晶的体积分数）
IVb	时效温度	α 片晶的尺寸和体积分数

　　再结晶退火温度（见图 6.13 中阶段Ⅲ）决定原生 α 相的体积分数，因此，它对再结晶的等轴 β 晶粒尺寸（等于等轴的原生 α 相间的距离）也有影响，从再结晶退火温度开始的冷却速率并不是一个关键参数，因为在小的 β 晶粒边界上的连续 α 层（见图 6.14a）对性能的危害较小因而可以接受。

　　阶段Ⅳa 的中间退火工序是为了析出粗 α 片状体，当为双相微结构选择中间退火温度时，应该认识到此时粗 α 片状体的体积分数决定于再结晶退火温度（形成原生 α 相）和中间退火温度之间的温差。

　　对双相微结构进行最终时效处理以形成小的 α 片晶（见图 6.14b）和其他已经讨论的微结构是相同的，很明显，球形的原生 α 相和粗 α 片状体的体积分数之和决定了在时效处理过程中可以形成微细 α 片晶的体积分数，α 片晶的体积分数及 α 片晶的尺寸一起定了最终的合金强度。

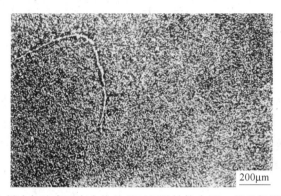

图 6.15　加工阶段Ⅰ低冷却速率下完全热处理双相微结构中原 β 晶界保留 α 层，β-CEZ（LM）

6.2　微结构和力学性能

　　微结构与力学性能间的相关定性关系的总结如表 6.7 所示，对表中用来描述力学性能所使用的符号说明，在前面已作了解释，此外，符号（+，0，-）用于定性地表明当微结构变化时力学性能变化的方向。表 6.7 中的第一行描述了 β 退火结构中连续 α 层对力学性能的基本影响，第二行比较了双相结构和 β 退火结构的力学性能，两者都有连续 α 层。实际上，表 6.7①②组成下一行，表明未结晶结构对力学性能的影响。对 β 加工结构和完全转变加工（"项链"）结构之间没有做任何区别，因为这两种结构的力学性能表现出相同的基本趋势（表 6.7①），对未结晶结构的性能和 β 退火结构的性能作了比较，（表 6.7②），对未结晶结构的性能与双相微结构的性能作了比较。应注意到表 6.7 中的这种比较，它对未再结晶结构取的是纵向（L 方向）的力学性质，即在力学性能测试中应力轴平行于纵向加工方向，因此平行于拉伸 β 晶粒的长度方向，这样做是因为未再结晶结构的力学性能是各向异性的，并且通常产生最好力学性能的纵向试验方位对大多数应用来说都是最相关的应力方位，当然，未再结晶 β 加工微结构力学性能上的这种各向异性还将在后续中详细讨论，在存在更复杂应力状态的组件中，应当谨慎使用这种微结构。由高强度 β 合金的不同加工路线（β 退火的、双相的和 β 加工的）衍生出各种微结构之间力学性能的比较概述于 6.2.1 节中, 这些数据是根据一个恒定的最终时效处理, 即在一恒定的屈服应力水平下得出的。

表 6.7　β 钛合金的重要微结构参数和力学性能之间的定性关系

项　目	$\sigma_{0.2}$	ε_F	HCF	微细裂纹 ΔK_{th}	微细裂纹			蠕变强度 0.2%
					ΔK_{th} ($R=0.7$)	K_{IC}	ΔK_{th} ($R=0.1$)	
β 退火结构中的 GB α 层	0	-	-	-	0	+	0	0
双相结构①	0	+	+	+	-	-	-	0
L 向的 "项链" 型结构①	0	+	+	+	-	+	-	0
或 β 加工结构②	0							0
递减的时效硬化	-	+	-	+	+	+	+	-
β 退火结构中的小 β 晶粒尺寸③	0	+	+	+	-	-	-	0

①和 β 退火结构相比;
②和双相微结构相比;
③仅适用于高稳态合金。

在表 6.7 中, 这种影响由 "递减的时效硬化" 行, 即微细 α 片晶的粗化来描述。表 6.7 中, 该行所表示的力学性能定性趋势对于 6.2.1 节中将讨论的高强度 β 合金的各种不同微结构状态的大多数在不同程度上都是正确的, 对于 β 退火微结构, 时效硬化对力学性能的影响是非常显著的, 由于仅高稳定 β 合金用于这种 β 退火状态, 故时效硬化的影响对这些合金尤为重要。

表 6.7 中的最后一行描述了因 β 退火微结构中 β 晶粒尺寸减小所导致的性能趋势, 这种影响将在 6.2.3 节中讨论, 它对高稳定 β 合金是很重要的。

6.2.1　加工工艺路线的影响

6.2.1.1　拉伸性能

高强度 β 合金的力学性能受 β 晶界处沿连续 α 层的优先塑性形变支配, 图 6.16 所示为这种优先塑性形变的例子, 在图 6.16 所示的显微照片中, 拉伸应力轴是水平的, β 晶界处深色表面条痕的大塑性位移清晰可见, 沿着连续 α 层的这种优先塑性形变可以非常简单地视为逆着邻近晶界三相点的位错塞积, 滑移长度等于晶界三相点之间的距离。晶界三相点处的局部应力集中引起裂纹形核, 晶粒边界长度 D 和拉伸破坏性能之间的关系可以描述为与 $D^{-1/2}$ 成比例的 σ_F (实际破坏应力) 以及与 D^{-1} 成比例的 ε_F (实际断裂应变)。通过比较 β 退火状态 (大的 β 晶粒尺寸) 和双相状态 (小的 β 晶粒尺寸), 从表 6.8 中可见晶粒尺寸对延展性和破坏应力的预测影响。正如图 6.6a 和 6.14a 的微结构中可以看到的那样, 这两种状态都有 β 晶界处的连续 α 层, 表 6.8 中用 β-CEZ 合金比较作为例子, 加工工艺路线中的最后两个阶段 (中间退火和时效处理) 与对不同微结构的加工工艺是相同的。由于体积分数低, 连续 α 层对屈服应力没有可测定值的影响, 这可以从表 6.8 中通过比较 β 退火状态和双相状态的屈服应力值看出, 总之, 高强度 β 合金在 β 退火状态下难以接受的低延展性可以通过 α+β 加工获得具有小 β 晶粒尺寸的双相微结构而极大地改进,这可参见表 6.7 中关于定性总结的 "ε_F" 列。

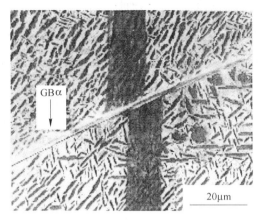

图 6.16 高强度 β 钛合金中 β 晶界处沿着连续 α 层的优先塑性形变
（见深色表面条痕的大位移），拉伸应力轴水平，SEM
（由 J. C. Chesnutt 提供）

表 6.8 β-CEZ 合金的拉伸性能

参　数		$\sigma_{0.2}$/MPa	UTS/MPa	σ_F/MP	T.E./%	RA/%
β 退火双相结构		1180	1280	1415	4	10
		1200	1275	1660	13	34
β 加工结构	纵向 L	1190	1275	1480	10	16
	45℃	1145	1200	1220	2	2
	短横向 ST	1185	1280	1410	6	10

在具有未再结晶拉伸 β 晶粒的 β 加工状态下，通过表 6.8 中纵向（L）和全厚度方向的短横向（ST）试验结果，以及通过与 L 方向成 45°倾角的试验和 ST 试验方向（45°）的试验，说明了拉伸性能的各向异性，然而，与其他两个方位相比，45°试验方位较低的屈服应力可以由 β 基体的晶体结构解释，断裂性能由含 α 层的具有拉伸 β 晶界的拉伸应力轴的角度控制。如果大而平的晶体边界面位于最大剪应力方位，即与拉伸应力轴成 45°，那么，与平行（L 试验方位）或者垂直（ST 试验方位）方位相比，沿着 α 层优先塑性形变的影响应当显著得多，从表 6.8 中可以看出，45°测试方位的断裂应力和延展性值最小。从表 6.8 也可以明显看出，ST 方位中的值比 L 方位的值低，但理论上它们应该大致相等（对一个沿着 β 晶粒边界的纯剪应力自变量，假定晶粒形状非常简单）。通过包括 30°和 60°的试验方位及标绘拉伸延展性（RA 值）随倾角变化的曲线，可以更清楚地看出这种影响（见图 6.17），作为讨论，图 6.18 示意了可能有助于显示拉伸 β 晶粒和所有试验方位的简图。从图 6.17 中可见，延展性随倾斜角变化的关系并不是对称关系，相反，分别与 30°和 L 试验方位相比，60°和 ST 试验方位的延展性值较低，把从开始直到断裂的总塑性形变分为两部分（一部分发生在裂纹形核之前，另一部分发生在裂纹扩展期间），可以解释这种结果。在裂纹形核的简单堆积模型中，图 6.18 中的短晶粒边界长度 D_2 是 L 和 ST 方位的临界滑移长度，而图 6.18 中粗晶粒边界长度 D_1 是 30°、45°和 60°方位的临界滑移

长度，说明 45°以下延展性出现最小值，然而，在别的方面也预测了一个相当对称的相关性，而为了解释图 6.17 中所观察到的非对称性，则需要另外的理由。一旦裂纹形成并且沿着晶界扩展，作用于裂纹的常规应力（模式 I）就成为裂纹扩展的一个重要因素，分别与 30°和 L 方位相比，60°和 ST 方位的常规应力要高得多，这就解释了图 6.17 中曲线的非对称形状，并且在含很少析出区（PFZ）的高强度铝合金中沿扁平状晶粒结构中的晶界获得了与图 6.17 所示相似的结果。

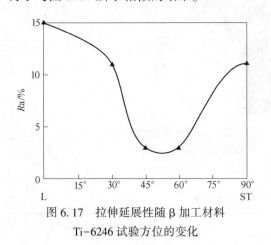

图 6.17　拉伸延展性随 β 加工材料
Ti-6246 试验方位的变化

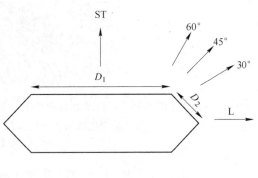

图 6.18　具有 GB α 层的
扁平状晶粒的几何模型

6.2.1.2　疲劳性能

钛合金在 10^7 次循环时的 HCF 强度通常确定为疲劳裂纹形核的阻力，图 6.19 和图 6.20 分别示出了 β-CEZ 和 Ti-6246 合金在 β 加工条件下的疲劳情况，图中有 3 个试验方位，即 L、ST 和这两个方位之间的方位（45°），β-CEZ 相应的屈服应力值（见表 6.8），Ti-6246 的数值服从相同的趋势。对于 Ti-6246 合金，材料被镦锻成一个对称的圆盘（扁平状晶粒），而 β-CEZ 材料则被单向地锻造成一个长方形板坯（雪茄形晶粒）。如图 6.19 和图 6.20 所示，两种合金在 45°试验方位的 HCF 强度最低，两种合金在 ST 试验方位的 HCF 强度均比 L 方位高，两种合金细晶粒双相微结构的 HCF 强度比粗晶粒 β 退火结构的

更高，这可以从用 β-CEZ 合金作为例子的图 6.21 中看到（拉伸性能见表 6.8），应该强调的是，对于两种合金，与粗晶粒 β 退火微结构相比，β 加工状态 45°试验方位的 HCF 强度甚至更低，如图 6.21 所示。

β 退火微结构和双相微结构的典型疲劳裂纹形核点如图 6.22 所示，对于粗晶粒的 β 退火结构，疲劳裂纹总是在 β 晶界的连续 α 层上形核（见图 6.22a）。对于细晶粒的双相结构，疲劳裂纹要么在 β 晶界的连续 α 层上，要么在最大颗粒内的 α 片状体上形核（见图 6.22b）。在这种细晶粒双相微结构中，

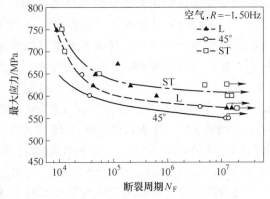

图 6.19　β 加工材料 β-CEZ 锻造
矩形板坯的 S-N 曲线

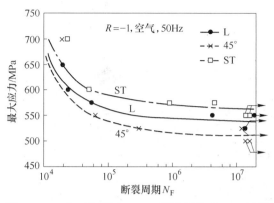

图 6.20 β 加工材料 Ti-6246 锻造圆盘的 S-N 曲线

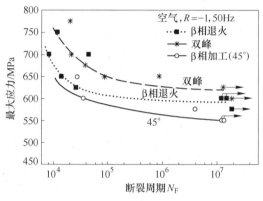

图 6.21 β-CEZ 不同微结构的 S-N 曲线

最大的 α 片状体在很多情况下和 β 晶粒一样大，β 加工状态在 L、45°和 ST 试验方位的疲劳裂纹形核点的典型例子如图 6.23 所示，为了更好地说明，图 6.24 给出了一个具有指定裂纹形核点的扁平状晶粒结构示意图，对于 45°试验方位的试样，裂纹总是在大而平的晶界平面与试样表面相交处形核，如图 6.24 所示。从图 6.23b 的显微照片中可以看出，裂纹在 α 层和 β 基体之间的界面上形成，并不在 α 层晶界内部。在 L 和 ST 方位测试试样的裂纹形核也在与应力轴大约 45°角发生，但如图 6.24 所表示的是发生在拉伸晶粒的短片段处，当然，应该指出的是尤其对于 L 试验方位，裂纹也在宽大 α 片状体的界面上形核，该界面由于位置靠近材料的相邻体积而具有相关的晶粒边界片段，两种情况的例子如图 6.23a（在宽大的 α 片状体上形核）和图 6.23c（在晶粒边界 α 层上形核）所示，目前，与图 6.22 和图 6.23 相对应的表示具有裂纹形核点的断裂表面的例子已有报道。

与 L 试验方位相比，在图 6.19(β-CEZ) 和图 6.20(Ti-6246) 中观察到 ST 试验方位的 HCF 强度较高，一种可能的解释是图 6.18 和图 6.24 中的二维示意图过于简化，以致于使临界滑移长度 D_2 对两个试验方位都是相等的，对于两种晶粒形状（扁平状和雪茄状），晶界片段长度 D_2 的三维估算值将导致 ST 试验方位与 L 试验方位相比具有较短的平均 D_2 值，由此说明 ST 试验方位具有较高的 HCF 强度，这与具有 PFZ 和扁平状晶粒的时效硬化铝合金与其 ST 试验方位 HCF 强度最低的行为不一致，铝合金中的这种影响是由在晶界处的孤立列阵中排列富铁、富硅夹杂物的存在引起的，这些列阵起着裂纹形核点的作用，如果极大地降低这些合金中的铁、硅含量，那么 ST 试验方位也具有比 L 试验方位较高的 HCF 强度，与高强度 β 合金的结果相符。

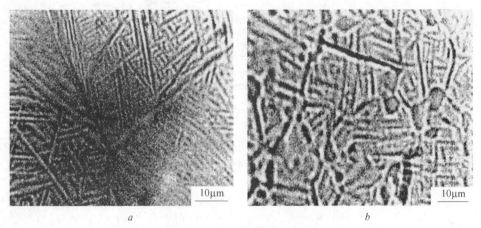

图 6.22　β-CEZ 合金的疲劳裂纹形核（LM）

a—β 退火显微组织；b—双相显微组织

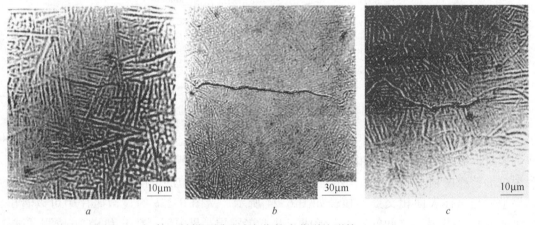

图 6.23　β 加工材料不同试验方位的疲劳裂纹形核，β-CEZ（LM）

a—L；b—45°；c—ST

　　对于不同的微结构（见图 6.22 和图 6.23），微小的自激发表面裂纹（微观裂纹）的扩展速率以及利用 CT 试样获得的宏观裂纹扩展速率如图 6.25 所示，从图中可见，β 退火结构的微观裂纹扩展速率最快，在这种微结构中，沿着 β 晶界的连续 α 层形核的裂纹以极快的速率沿着这些边界扩展，直到到达第一个晶界三相点为止。由于几何学的原因以及裂纹尖端处的塑性区尺度小，大部分裂纹不能延伸到相邻晶粒的晶界，相反，它们偏离边界进入晶粒内部并且扩展速率减慢，甚至生长最快的微观裂纹也在约为 $1000\mu m$ 的表面裂纹长度 $2c$ 处，也就是当裂纹前缘遇到约三个 β 晶粒时，到达较慢的宏观裂纹的裂纹扩展曲线（见图 6.25）。与粗晶粒 β 退火结构相比，细晶粒双相微结构中微细裂纹的扩展速率大约慢一个数量级（见图 6.25），这是由于双相结构小尺寸（约 $30\mu m$）的 β 晶粒减慢了尺寸非常小的裂纹的扩展速率。此外，双相结构的微细裂纹扩展曲线与宏观裂纹扩展曲线在大约几个晶粒直径的裂纹尺寸时融合在一起，此时 $2c$ 约为 $100\mu m$。具有雪茄形晶粒结构的 β 退火态在 L 试验方位的微细裂纹扩展曲线位于 β 退火结构曲线和双相结构曲线之间，如图 6.25 所示，在这个例子中，小的裂纹部分沿着与应力方向成大约 45° 的短晶界段扩展，部分通过 β 基体扩展，这种混合扩展途径解释了图 6.25 中扩展曲线的位置。应该指出的是，这种 β 加工态的微观裂纹扩展曲线在 ST 方向测试时位于 L 方位曲线之上，但低于图 6.25 中 β 退火态的曲线。

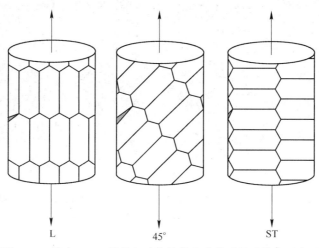

图 6.24　具有 GB α 层的扁平状晶粒的疲劳裂纹形核点示意图

　　宏观裂纹（CT 试样中的全厚度裂纹）的疲劳裂纹扩展速率测量结果表明，所测试的不同微结构（β 退火的、β 加工的和双相结构的）的影响是相当小的，如图 6.25 所示，这种行为是因为裂纹前缘的塑性区域尺寸小，结果，裂纹只会在其裂纹前缘总长（试样厚度）的短片段内沿着微结构的软区（在 β 晶界的 α 层）扩展，其余裂纹前缘则通过含有粗粒 α 片状体和细粒 α 片晶混合物的 β 基体扩展。对于所测试的不同微结构，由于最终退火和时效处理保持不变，β 晶粒内的 α 片体和 α 片晶尺寸和分布与这些微结构的情况是相似的，正如通过比较图 6.6、图 6.8 和图 6.14 可以看到的那样，图 6.25 中各种宏观裂纹的三条 da/dN-ΔK 曲线的排序可以通过考察这三种微结构裂纹前缘几何形状来解释。由于双相微结构的 β 晶粒尺寸小以及由于粗粒 α 片体的最大尺寸也受制于 β 晶粒尺寸的事实，这种微结构的裂纹前缘轮廓是非常光滑的（见图 6.26b），这种平滑度与三种测试的微结构中最快裂纹扩展速率相关联（见图

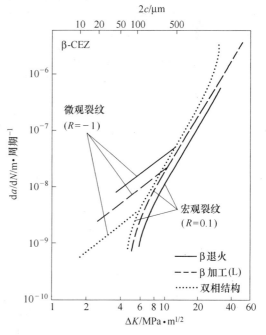

图 6.25　显微组织对微细裂纹和宏观裂纹扩展的影响，β-CEZ

6.25）。对于其他两个微结构，裂纹前缘轮廓更不规则，如图 6.26a 和 c 所示，这会导致裂纹扩展速率减小。裂纹路径中的这些偏差可能由 β 晶界处沿着 α 层的局部扩展引起或者由粗粒 α 片体处的裂纹偏转引起，一般而言，β 退火结构中的粗粒 α 片体比 β 加工结构中的大，这是因为后者结构中的晶粒宽度减小，粗粒 α 片体尺寸的这种变化可以解释图 6.25 中这两种微结构的 da/dN-ΔK 曲线的排序（见表 6.7）。

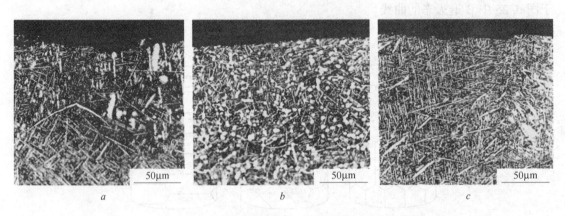

图 6.26　β-CEZ 宏观裂纹在约 10^{-9}m/周期时的裂纹前缘轮廓（LM）

a—β 退火结构；b—双相结构；c—β 加工结构（L）

6.2.1.3　断裂韧性

Ti-6246 的 β 退火微结构和双相微结构以及 β 加工态的微结构在三个不同测试方位（L，45°，ST）的断裂韧性值如图 6.27 所示，从图中可看出，β 退火态的断裂韧性比双相状态的韧性高很多，这两种微结构从预断裂过渡到不稳定断裂的断裂表面如图 6.28 所示。β 退火微结构很清晰地表现为沿 β 晶界的韧性断裂模式（见图 6.28a），显然，在急速裂纹扩展的开始期间形成的宽大裂纹尖端塑性区尺寸与全部的 β 晶粒交汇，在这种情况下，裂纹能在 β 晶界沿着 α 层随高度形变区域变化，这与 6.2.1.2 节中所描述的小塑性区在缓慢扩展状态下进行疲劳裂纹扩展试验中出现的情况形成对比，此外，这些小和大的塑性区

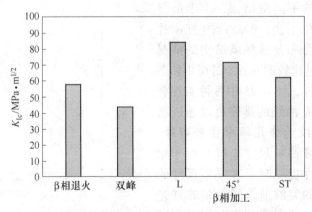

图 6.27　Ti-6246 不同微结构在不同测试方位的断裂韧性（β 加工材料）

不同裂纹扩展机理也在含很小无析出区的高强度铝合金晶界处观察到。在 β 退火态下，简单负荷裂纹扩展的粗糙裂纹前缘轮廓特征与相对高的断裂韧性值有关，相反，细晶粒双相微结构显示出了一个非常光滑的断裂表面形貌（见图 6.28b），导致其断裂韧性值比 β 退火结构断裂韧性值低很多（见图 6.27）。很显然，对于 β 退火结构，粗糙裂纹前缘轮廓对断裂韧性的积极作用和来自弱区内沿 β 晶界的连续 α 层较易断裂的消极作用相比，前者居支配地位，见表 6.7 中第一行的 K_{IC}（+）号，该处使用了（-）号以指出在没有任何裂纹前缘轮廓效应时断裂韧性会降低，即在软区内沿着连续 α 层的固有裂纹扩展阻力比基体的裂纹扩展阻力低。

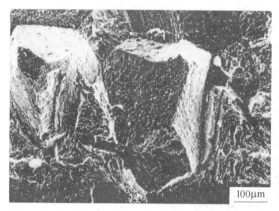
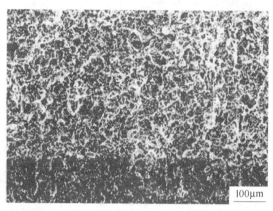

图 6.28 K_{IC} 试样的断裂表面，Ti-6246（SEM）

a—β 退火结构；b—双相结构

β 加工态的断裂韧性显示出沿 L 试验方位的值最高，接着是 45°试验方位，在 ST 试验方位观察到最低的断裂韧性值（见图 6.27）。三种不同试验方位的断裂表面如图 6.29a~c 所示，比较这三张 SEM 照片，说明 L 试验方位试样的裂纹前缘轮廓非常粗糙或者非常不规则（见图 6.29a），在这种扁平状晶粒结构中，裂纹试图沿柔软的晶粒边界区域扩展，但晶界被排列成主要与施加应力方向平行，即对裂纹扩展非常不利的方向，在这里给出的 L 试验方位的例子中，裂纹扩展方向是 ST 方向，当裂纹扩展方向是 ST 方向时，存在相似的裂纹增长延迟机理并观察到相似的高断裂韧性，在其他两个试验方位（45°和 ST）中，裂纹几乎完全沿着 β 晶界的 α 层扩展，这可从图 6.29b 和 c 中看出。两种断裂表面在 SEM 照片中看起来很相似，但在 45°试验方位裂纹宏观上在与作用应力成 45°的方向扩展，而在 ST 试验方位，裂纹沿垂直于作用应力的方向扩展，这在裂纹路径剖面图（见图 6.30b 和 c）中看得更清楚。在图 6.30 的显微照片中，作用应力方向是垂直的，正常的裂纹扩展方向是水平的，与 ST 试验方位（见图 6.27）相比，45°试验方位的断裂面在与施加应力方向成 45°方向上的宏观排列（见图 6.30b）是所观测到有较高断裂韧性值的主要原因，裂纹的这种扩展方式是 I 型裂纹和 II 型裂纹混合扩展模式，用 K 标准模式 I 解法计算断裂韧性时，其结果需加倍。

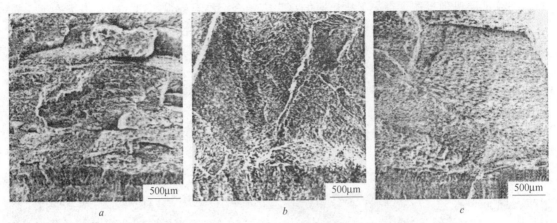

图 6.29　Ti-6246β 加工材料在不同测试方向的 K_{IC} 试样断裂表面（SEM）

a—L；b—45°；c—ST

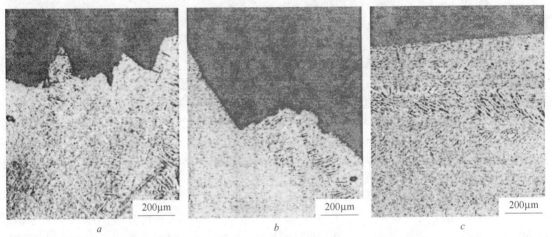

图 6.30　Ti-6246β 加工材料在不同测试方位 K_{IC} 试样的裂纹路径剖面图（LM）

a—L；b—45°；c—ST

6.2.2　时效硬化影响

非共格 α 片晶的屈服应力与 d^{-1} 成比例，即奥罗万（Orowan）关系，其中 d 是颗粒间距。时效硬化曲线，即在恒定时效温度下屈服应力随时效时间而变化的曲线，在该温度下实现平衡体积分数时达到最大值，随着时效温度的增加，时效硬化曲线中的最大值降低（α 片晶的平衡体积分数降低），但达到最大值的时效时间缩短了。工业实际中，一般避免长时效时间（超过 24h），因此，通常通过升高时效温度来获得较低的屈服应力（高稳定 β 合金，见图 6.1 和表 6.1 中的阶段 Ⅳ）。如前所述，高强度 β 合金过时效也可以通过降低中间阶段 Ⅳa 的退火温度或者减慢从该温度开始的冷却速率来实现（见图 6.5 和表 6.3 所示），两者都引起粗 α 片状体的体积分数增加从而引起 α 片晶体积分数的减小。

为了说明时效硬化对力学性能（拉伸性能、断裂韧性、宏观裂纹疲劳裂纹扩展）可能产生的最大影响，制备了两种 β-CEZ 在 β 退火态下的极端微结构（见表 6.9 中的 A 和

C)。在非常细的 β 退火微结构 A（见图 6.31）中，只有小的 α 片晶存在，即图 6.5 中的中间退火阶段Ⅳa 被完全取消，而且 920℃ 的 β 退火后使用 600℃/min 的快速冷却速率（见图 6.5 中的阶段Ⅲ）。在非常粗的 β 退火微结构 C（见图 6.32）中，只存在巨大的 α 片体，此时，从 820℃ 的中间退火温度开始使用 1℃/min 的缓慢冷却速率冷却。表 6.9 中的 β 退火微结构 B 是在 β 退火之后以及中间退火阶段之后，通过使用一个冷却速率为 100℃/min 的更工业化的热处理来实现，这种微结构可在图 6.6 中看到。将这类用更工业化操作进行热处理和加工的微结构与 6.2.1 节中的不同加工路线之间进行比较，对三个微结构 A、B 和 C 的最终热处理是相同的（8h 580℃）。从表 6.9 中可以看出，条件 A 在"弹性"区失效，即不能达到屈服应力 $\sigma_{0.2}$，显然，基体和 β 晶界处沿着连续 α 层软区之间的强度差较大，在软区内的优先塑性形变很集中，以至在基体的任何可测的宏观塑性形变发生之前裂纹就产生了。降低屈服应力水平（条件 B 和 C）可以把基体和软区之间的强度差异减少到一定的水平，即在软区内断裂发生之前，基体的塑性形变增加，也就是观察到拉伸延展性增加（见表 6.9）。所有的断裂表面看起来都与图 6.28a 所示的断裂表面（断裂韧性试样的不稳定裂纹延伸部分）相似，表现为一种沿 β 晶界的韧性断裂模式和部分延性穿晶断裂，其主要差异是延性穿晶断裂的百分数从条件 A 的大约 10% 增加到条件 C 的大约 25%。

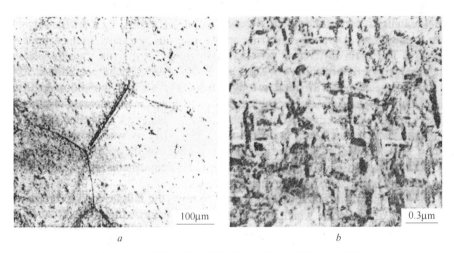

图 6.31　细粒 β 退火微结构 β-CEZ（只有 α 片晶）

a—LM；b—TEM

表 6.9　时效硬化对 β 退火微结构 β-CZE 拉伸性能和断裂韧性的影响

热处理条件	$\sigma_{0.2}$ /MPa	UTS /MPa	σ_F /MPa	T. E. /%	RA /%	K_{IC} /MPa·m$^{1/2}$
A	$\sigma_0 = 1370$	1370	1370	0	0	33
B	1180	1280	1415	4	10	52
C	1030	1110	1315	12	17	73

断裂韧性从 33MPa·m$^{1/2}$（条件 A）增加到 73MPa·m$^{1/2}$（条件 C），见表 6.9，增加部分是因为软区内沿晶界的不稳定裂纹扩展开始之前基体塑性形变增加的结果，但是随着强度水平从 A 降到 C，粗糙裂纹前缘轮廓的延迟效应增加了，这有助于所观测到的断裂韧性

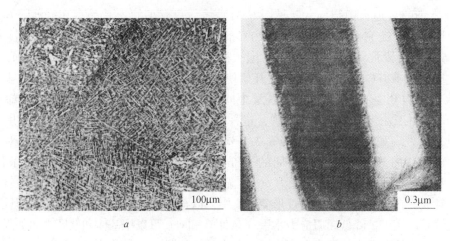

a　　　　　　　　　　　　　　b

图 6.32　粗粒 β 退火微结构 β-CEZ（只有 α 片体）
a—LM；b—TEM

增大。虽然到目前为止，还不能由试验确定，但早期在软区内扩展的微观裂纹疲劳裂纹扩展速率应该是 A 条件的比 C 条件的以及中间条件 B 的快，从图 6.25（微观裂纹 β 退火曲线）中可见后者的曲线居中，这种预测的趋势在表 6.7 中也用（+）号表示。

　　条件 A 和 C 的宏观裂纹疲劳裂纹扩展速率如图 6.33 所示，宏观裂纹通过基体扩展，图 6.33 中两条曲线的差异代表 α 片状体尺寸变化对 β 钛合金中疲劳裂纹扩展速度的影响，在极限区中的差异大约是 $2MPa \cdot m^{1/2}$（或者 1.5 的影响因子），应该提及的是，中间条件 B 的曲线（可从图 6.25 中宏观裂纹的 β 退火曲线中看到）位于图 6.33 中的两条曲线之间，但非常靠近粗粒 β 退火条件 C 的曲线，这表明存在于中间条件 B（见图 6.6）中的粗粒 α 片体的较小体积分数为裂纹生长延迟产生了足够的局部裂纹挠曲，同时表明，在粗 α 片体间有（条件 B）或没有（条件 B）另外的小 α 片晶存在，对条件 B 和条件 C 的疲劳裂纹扩展曲线均没有明显的影响。

　　和微观裂纹扩展情况一样，到目前为止还没有测量出 A 和 C 的 $S-N$ 曲线，因此，以两种不同时效处理的 β 退火态高稳定 β 钛合金 β 21S 为例来说明减少时效硬化对 HCF 强度的影响，用于比较的两个微结构如图 6.2a（$\sigma_{0.2} = 1040MPa$）和图 6.4b（$\sigma_{0.2} = 890MPa$）所示，相应的 $S-N$ 曲线示于图 6.34 中，由图可见，与两阶段时效处理（8h 500℃ + 24h 725℃）条件相比，8h 593℃（$\sigma_{0.2} = 1040MPa$）的时效处理条件显示出较高的 HCF 强度（500MPa）及 890MPa 的较低屈服应力，该屈服应力对应的 HCF 强度仅为 450MPa。在两种 β 退火状态下，在软区沿着晶界发生裂纹形核，因此，HCF 强度基本上随时效硬化的减少而降低，见表 6.7 中的（-）号，但并不与屈服应力成比

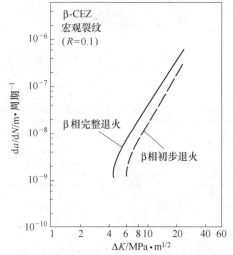

图 6.33　图 6.31 和图 6.32 所示 β 退火微
结构 β-CEZ 的宏观裂纹疲劳裂纹扩展

例。在图6.34所示的例子中，随着时效硬化的减少，HCF强度与屈服应力的比值增加，这说明了时效硬化基体和软区之间的强度差异对疲劳裂纹形核的影响。

虽然β相的蠕变强度比α相的低，其原因是体心立方（bcc）晶格中的扩散速率要比六方晶格中的快得多，但一些高强度β合金，例如Ti-17和Ti-6246仍用于温度高达约400℃的航空发动机中。蠕变强度相对好的原因是存在于这些合金中的高α片晶体积分数所产生的不可变形的α片晶的颗粒间距小，由于颗粒间距也决定屈服应力，因而蠕变强度随着时效硬化的减少而降低，见表6.7中的（-）号，从表6.7中还可进一步看出，所有本章中讨论的β合金的其他微结构特征对蠕变强度没有显著影响，在表6.7中，用符号（0）表示。

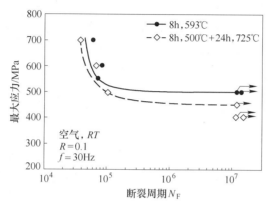

图6.34　高稳定β21S合金不同时效的β退火微结构S-N曲线

6.2.3　β晶粒尺寸影响

通过比较双相微结构（小β晶粒尺寸）和β退火微结构（大β晶粒尺寸），β晶粒尺寸对β退火微结构力学性能的影响已在6.2.1节中论述过，此处再给出几个关于β-CEZ β退火微结构的例子。β晶粒尺寸对于常规的β退火实践（炉子加热）而言非常大（400μm），在α+β通过使用感应加热的快速加热速率能显著减小β晶粒尺寸，例如，对于β-CEZ合金获得了60μm的β晶粒，虽然β-CEZ和其他高强度β合金的β退火状态没有得到应用，但下面得出的结论可以作为高稳定β钛合金中晶粒尺寸效应的例子。

β-CEZ合金400μm和60μm晶粒两种状态的拉伸试验结果见表6.10，可见，β晶粒尺寸对屈服应力没有任何影响，这是通过非共格颗粒硬化微结构的预期结果。由于体积分数小，故软区的存在对屈服应力也没有任何影响，但可以看出，β晶粒尺寸从400μm降到60μm后，拉伸延展性从1%增加到21%(RA值)，基于1275MPa相当高的屈服应力，这是一个显著的改进，这种延展性的改进是由于软区中滑移长度（晶界长度）减小的结果。

表6.10　β晶粒尺寸对β退火微结构β-CEZ拉伸性能和断裂韧性的影响

β晶粒尺寸	$\sigma_{0.2}$/MPa	UTS/MPa	σ_{F}/MPa	T.E./%	RA/%	K_{IC}/MPa·m$^{1/2}$
400μm	1275	1335	1350	1	1	39
60μm	1275	1350	1590	8	21	35

图6.35所示为两种晶粒尺寸的β-CEZ的应力曲线，说明β晶粒尺寸对退火状态HCF

强度的影响情况。疲劳裂纹形核的阻力通过减少软区内的滑移长度而增加，这和对拉伸延展性机理相似。在图 6.35 的例子中，HCF 强度从大约 650MPa 增加到大约 700MPa，这意味着 HCF 强度与屈服应力的比率从 0.51 增加到 0.55。

图 6.36 所示为两种晶粒尺寸的 β-CEZ 曲线，表示出了 β 晶粒尺寸对显微裂纹和宏观裂纹疲劳裂纹扩展的影响情况。从图中可见，反映出最初少数晶粒形核后在软区内沿 β 晶界扩展的典型行为的微观裂纹。在其生长的早期阶段，其在粗晶粒材料中比在细晶粒材料中具有快得多的扩展速率，相反，对两种晶粒尺寸，宏观裂纹都显示出几乎同样的扩展曲线，趋势是细晶粒材料中的扩展速率稍快。β 退火微结构中晶粒尺寸的这种不敏感性是基于这样的事实，即宏观裂纹的疲劳裂纹扩展几乎完全通过基体发生，仅偶尔在软区内沿晶界出现。裂纹前缘轮廓（见图 6.26a）由沿着晶界的扩展引起，在粗晶粒材料中扩展较快，这与排序趋势原因有关，见表 6.7 中的（-）号。

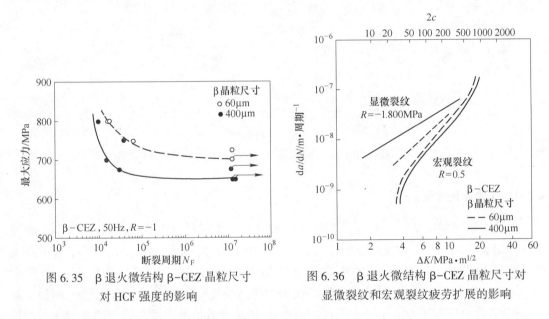

图 6.35　β 退火微结构 β-CEZ 晶粒尺寸　　　　　图 6.36　β 退火微结构 β-CEZ 晶粒尺寸对
　　　　　对 HCF 强度的影响　　　　　　　　　　　显微裂纹和宏观裂纹疲劳扩展的影响

不同 β 晶粒尺寸的两种 β 退火状态断裂韧性值以及拉伸性能列于表 6.10，在两种状态下，裂纹扩展几乎完全在软区内沿着 β 晶界发生。与细晶粒材料 35MPa·$m^{1/2}$ 值相比，粗晶粒材料 39MPa·$m^{1/2}$ 的较高数值表明，当 β 退火微结构中 β 晶粒尺寸变化时，断裂韧性的两种作用（固有阻力和裂纹前缘粗糙度）中，裂纹前缘粗糙度的作用超过"延展性"项，其作用居于支配地位。

6.3　性能和应用

在航空航天应用领域，由于 β 钛合金具有更高的强度，因而总的趋势是 β 合金的应用正日益增长以替代广泛使用的 Ti-6Al-4V 合金。如 1998 年，美国市场上 4% 的 β 合金应用比例正在稳步增长，以替代应用比例为 56% 的 Ti-6Al-4V 合金。波音 777 飞机是 β 合金使用量首次超过 Ti-6Al-4V 合金使用量的商用飞机，其主要原因是高强度 β 合金 Ti-10-2-3 在飞机起落架结构中的应用（见图 6.37），在飞机起落架结构中除了钢的外（内）筒及轴以

外，几乎所有部件都用 Ti-10-2-3，最大的单件是长
约 3m、直径约为 0.34m 的转向架梁，起初转向架
梁是通过锻造三个部件并将其用电子束焊接在一起
来制造的，后来才变为单件锻造。对转向架梁力学
性能的基本要求是高屈服强度和具有最小断裂韧性
值的良好延展性，已发表的 Ti-10-2-3 合金加工实
践表明，它由 β 锻造和后面塑性变形大约 15%～
25% 的 α+β 锻造组成，接着用类似于图 6.13 所示
的双相微结构热处理工序对材料进行热处理，在这
种情况下，转向架梁的力学性能应类似于双相结构
的性能——假定在 α+β 相区中 15%～25% 的塑性变
形足够形成等轴的原生 α 相和小的、等轴的 β 晶
粒，类似于图 6.14 所示的微结构。Ti-10-2-3 合金
再结晶比大多数高稳定 β 合金更迅速，因为它不含
任何缓慢扩散元素（钼，铌），但含有快速扩散元
素铁。如前所述，这种双相微结构在高强度水平下
具有高延展性，但断裂韧性值低，即转向架梁材料
断裂韧性的最小值用双相类型的微结构，这甚至用原
生 α 相小体积分数从而 β 晶粒尺寸稍大的双相型微

图 6.37   使用 Ti-10-2-3 合金的
波音 777 飞机起落架
（由波音公司 R. R. Boyer 提供）

结构都将很难实现。假如主要使用应力是在转向架梁的轴向，那么这类应用最好的微结构将
是一种拉伸的 β 晶粒结构（雪茄形的），这种微结构在 L 方向除有非常高的延展性外，还有
高的断裂韧性（见表 6.8 和图 6.27），但是由于转向架梁尺寸大，通过正常的 β 处理很难形
成一个未再结晶的、拉伸的 β 晶粒结构，同时在处理过程中很难防止再结晶。

这种高强度 β 合金 Ti-10-2-3 的较小部件较易锻造，一些精密锻件的例子如图 6.38 所
示，该图中所示的部件用于波音 777 飞机货物装卸系统，由于只有大约 800℃ 的低 β 转变温
度，较低的锻造温度和较好的可锻性使这些 Ti-10-2-3 锻件的成本比 Ti-6Al-4V 锻件的低。

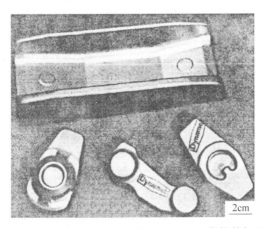

图 6.38   用于波音 777 飞机的 Ti-10-2-3 货物装卸配件
（由波音公司 R. R. Boyer 提供）

　　钛螺母固定夹具是另一种应用（见图 6.39），这些虽然是小部件，但它们以每架飞机 15000～20000 件的数量用于波音 777 飞机，如用来把金属板结构附着到组合板横梁上，这些钛材固定夹具取代了镀镉钢夹并且耐腐蚀性更强，螺母固定夹由高稳定 β 合金 Ti-15-3 的薄板通过一个简单的片材成型和时效处理制成，因此，其加工工艺路线类似于图 6.1 所示的 β 退火加工工艺路线。

　　由高稳定 β 钛合金制造的各种形状和尺寸的弹簧也应用于飞机，主要原因是这些合金具有低弹性模量和相对高的屈服应力，一些例子如图 6.40 所示，为了说明弹簧的尺寸，图 6.40 中弹簧 a 的直径大约是 200m，关于图 6.40 中弹簧特殊使用的详情可以在其他论文中找到。如果弹簧用带材制作，则通常使用 Ti-15-3 合金（见图 6.40 中的弹簧 a），如果弹簧用线材（圆形或者方形）制作，则大部分使用 β C 合金（见图 6.40 中的弹簧 b 和 c）。弹簧的加工工艺路线是图 6.1 所示的通常用于高稳定 β 合金 β 退火微结构的加工工艺路线。如果对弹簧的要求主要是非常低的弹性模量和一定的强度，例如在图 6.40 中钟表弹簧（弹簧 a）的情况下，则材料不用经过时效处理，因为随着 α 相体积分数的增加，弹性模量是增加的。钛合金弹簧有两个主要的优势，首先，它们能减轻近 70% 的质量，其次，钢弹簧易被腐蚀，需要涂漆而钛弹簧则不用。

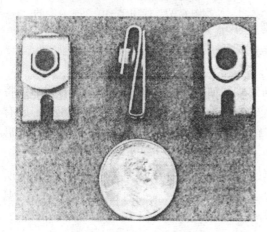

图 6.39　用于飞机的高稳定
β 合金 Ti-15-3 螺母固定夹
（由波音公司 R. R. Boyer 提供）

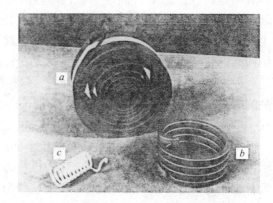

图 6.40　高稳定 β 合金制作的飞机用弹簧
（由波音公司 R. R. Boyer 提供）
a—Ti-15-3；b，c—BC

　　另一个值得一提的应用是高稳定 β 合金 β21S 在波音 777 飞机的所有航空发动机的短舱结构（排气口塞、喷嘴和后部舱罩）中的应用，虽然短舱结构原则上是航空发动机结构的一部分，但通常由飞机制造商而不是航空发动机制造者对短舱结构负责，这种应用使用 β21S 薄板，因为这种合金具有优异的抗氧化性能，它允许长期在 480～565℃ 的温度范围内工作，短期可高达 650℃。含 15% 钼和 2.7% 铌的 β21S 合金是专门为高抗氧化性设计的，因而可用于这种情况，并且在高温工作期间，作用于发动机短舱结构的应力很小。当在高温下暴露于液压流体时，β21S 合金也有极好的抗脆性，β21S 薄板基本上是以 β 退火状态应用的（见图 6.1），但波音公司使用两种不同的最终时效处理，这两种不同的时效处理产生两个不同的微结构，这两种微结构与图 6.2a 和图 6.4a 中所示的类似，具有完全不同的屈服应力水平。欧洲最近启动了一项重要的研究计划，拟在直升机发动机的排气结构中使用β21S合金薄板以有效地降低民用直升机的噪声等级。

铸件也可以由高稳定β合金制成，例如 Ti-15-3、β C 和 β 21S，这类铸件的例子之一是如图6.41所示的用于战斗机的制动转矩管，在本例中，Ti-15-3 铸件取代了 Ti-6A1-4V 铸件且 Ti-15-3 铸件较高的强度使得转矩管的体积减小，这又依次允许在制动器中使用较高体积的含碳量，从而延长制动器寿命。铸造过程之后，部件在β相区进行热等静压压制，随后进行时效处理，因此，这些高稳定β合金铸件中的微结构基本上与锻造产品的β退火微结构相同，在加工工艺路线（见图6.1）中，对于铸件仅省去形变阶段Ⅱ而再结晶处理（图6.1中的阶段Ⅲ）代之以热等静压压制，因此，与锻造产品相比，铸件的β晶粒尺寸将会稍大（这取决于断面尺寸），导致延展性降低（见表6.7），这个因素限制了可以浇铸的最大有效截面尺寸，但它还与合金类型和铸造过程有关，只要从热等静压压制温度开始的冷却速率快到足以防止粗粒α片状体在冷却期形成，铸件的屈服应力就将和锻造产品一致，最后的这个要求是高强度β钛合金不能用于铸件的主要原因。

高强度β钛合金 Ti-17 和 Ti-6246 因其基本强度较高，取代了 Ti-6Al-4V 合金用于航空发动机的压缩机部件，一个好的例子是用于 GE-90 航空发动机的大型 Ti-17 风机圆盘，风机圆盘外径大约为800mm，由三件单独的锻件用固态惯性摩擦焊接技术焊合而成，三个部件是采用β锻造并按常规进行热处理的，即对它们进行了如图6.7所示的二段热处理（阶段Ⅳa 和Ⅳb），因为风机圆盘锻件中的β晶粒将是扁平状的典型β加工材料，其平行于圆盘轴向的尺寸小，因此作用在风机圆盘的主要外加应力将平行于β晶粒的扁平形平面，作为β加工材料的 L 试验方向的性能（见表6.7）才是重要的。

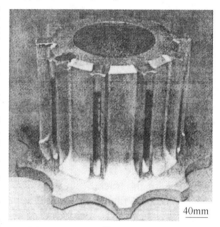

图 6.41 用于战斗机的 Ti-15-3
制动转矩管铸
（由波音公司 R. R. Boyer 提供）

LCF 强度，是疲劳裂纹形核阻力和微细裂纹扩展阻力的结合，也是统计压缩机圆盘的重要参数，基于扁平形β晶粒的各向异性，这两个性能在 L 试验方位都是很好的，而双相微结构的那些性能会更好，且双相微结构断裂韧性低（见图6.27）的主要缺点对压缩机圆盘并不重要，因为断裂韧性对寿命没有显著影响，而且对每次检验时间间隔也没有任何影响，因此，根据疲劳裂纹扩展数据计算圆盘疲劳寿命时，重要的是利用微观裂纹扩展数据，因为宏观裂纹扩展数据会使得对疲劳损坏周期数的估计过高（见图6.25）。

高强度β钛合金也应用于高达约400℃的航空发动机压缩机的较热部件，如由高强度β钛合金 Ti-17 制成的两级 HP 压缩机转子，该 HP 压缩机转子的生产方法与上述风机圆盘相同，即单个圆盘或单独阶段是β处理、热处理、惯性焊合和最后的机加工，这种高强度β合金 Ti-17 在时效之后的高屈服应力，导致所需的足够蠕变强度和良好的 LCF 强度，风机圆盘的 LCF 强度已讨论过，而蠕变强度是高温应用的另一要求。

使用高强度β合金 Ti-10-2-3 制作较大锻件的另一个应用是如图6.42所示的超级大山猫直升机旋翼桨毂，该图指出有三种由 Ti-10-2-3 制成的不同锻件。在此例中，HCF

强度是最重要的设计参数，与前面讨论的大型 Ti-10-2-3 锻件（要求图 6.37 中转向架梁锻件断裂韧性高）相比，这是一种完全不同的要求，为了锻造直升机旋翼桨毂部件，显然使用最终的 α+β 锻造以产生某种双相微结构组织，这种微结构是获得高 HCF 强度的适宜微结构，该强度甚至比 L 测试方位的 β 加工材料更高。

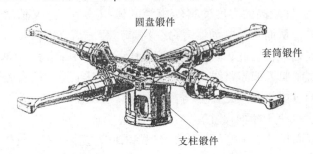

图 6.42　使用 Ti-10-2-3 的直升机旋翼桨叶锻件

（由 Otto Fuchs Metallwerke 公司 G. Terlinde 提供）

　　另一个应用高稳定 β 钛合金的领域是所谓的 "向下打眼" 服务领域（汽油和天然气钻井及其生产，地热井等）。对于这类应用，这些 β 合金与 Ti-6Al-4V 相比的主要优势是屈服应力较高、弹性模量较低以及在侵蚀性环境中有相等的甚至更好的耐蚀性，常规 β 退火和时效处理的 β C 微结构用于这些领域时尤为突出。应该再次提及的是，对于这种 β 退火微结构，其力学性能必须通过等轴晶粒尺寸或者时效处理进行调整。β 钛合金的其他应用领域是生物医学领域、汽车和体育用品领域。

6.4　一些新的进展

6.4.1　屈服应力对 Ti-6246 性能的影响

　　理解高强度 β 钛合金性质的关键是明白时效硬化基体和在 β 晶界沿着连续 α 层软区之间强度差异的作用。对 Ti-6246 合金进行屈服应力（基体强度）从约 1000MPa 变化到约 1700MPa 的研究，利用不同的热处理获得了屈服应力变化情况，此外，考察了三种不同类型微结构状态（β 退火、β 加工和双相），其屈服应力的变化情况见图 6.43。

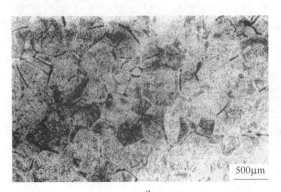

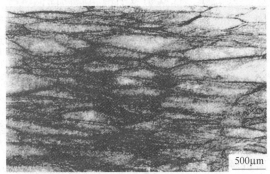

a　　　　　　　　　　　　　　　　　　　b

图 6.43　Ti–6246 合金中三种微结构状态的 β 晶粒大小和形状（LM）

a—β 退火；*b*—β 处理；*c*—双相

β 退火状态显示了一个 β 晶粒尺寸约为 500μm 的再结晶等轴晶粒结构（见图 6.43*a*），在 β 加工状态下，β 晶粒结构是未再结晶的扁平状（见图 6.43*b*），平均尺寸为 L 和 T 方向约 800μm、ST 方向 200μm（见图 6.24）。如前所述，这种 β 加工状态的断裂相关性质是各向异性的，与其他两个微结构相反，β 加工状态的性能只在 L 方位（应力轴）进行评价，因为这可以被当作是压缩机圆盘的相关方位，通过 α+β 加工和随后在 α+β 相区中再结晶获得的双相微结构，所产生的等轴 β 晶粒尺寸约为 20μm，如图 6.43*c* 所示。

在拉伸试验中，裂纹形核过程将受时效硬化基体和软区 β 晶界处沿着 α 层强度差异的影响，同时还受软区内滑移长度即 β 晶粒尺寸和晶粒形状的影响。图 6.44 所示反映了拉伸伸长率随所考察的三种不同微结构状态屈服应力的变化，从图中可见，在大约 1300MPa 的屈服应力下，β 退火状态和 β 加工状态的拉伸延展性都减小到零，在相同的强度水平下，双相微结构显示出大约 10% 的拉伸伸长率。

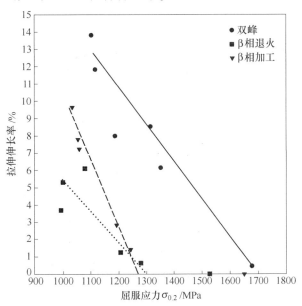

图 6.44　拉伸伸长率随屈服应力的变化情况，Ti–6246

即使在最高的屈服应力（1680MPa）时，双相微结构也显示出可测量的延展性（拉伸伸长率0.5%）。而在这个高屈服应力区域，β退火和β加工微结构在宏观规模屈服之前断裂，在微观尺度下，这些试样表现为韧窝状韧性断裂模式，断裂路径沿着β晶界，即毗邻连续α层的软区。

三个微结构状态的断裂韧性随屈服应力的变化如图6.45所示。从图中可见，在低屈服应力区域（不大于1150MPa），断裂韧性遵循众所周知的趋势，β加工材料具有最高的断裂韧性。其次是β退火材料，细晶粒双相材料的断裂韧性最低，随着屈服应力增加，各曲线相互接近，在高屈服应力区域（不小于1350MPa），顺序似乎有了变化，与β加工和β退火结构相比，双相微结构此时显示出稍高的断裂韧性。断裂表面的例子如图6.46所示，这个图也比较了这三个不同微结构在低和高屈服应力状态下的断裂表面。

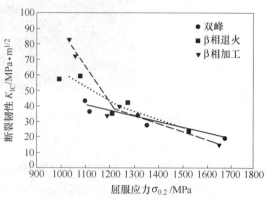

图6.45　断裂韧性随屈服应力的变化情况，Ti-6242

能够看出，与其他两个微结构相比，双相状态的断裂表面是非常平坦的，其次，在低和高屈服应力状态下，断裂类型定性方面是相同的，趋势是沿着β晶界即在毗邻连续α层的软区内，裂纹扩展的百分率随屈服应力的增加而稍稍增加，这可从图6.46中的β退火和β加工状态中看出。对于双相状态，为了便于比较，图6.46中使用了相同的放大倍率，但放大倍率太低则不能提供更多信息，用更高放大倍率摄制的显微照片也显示出了上述趋势。

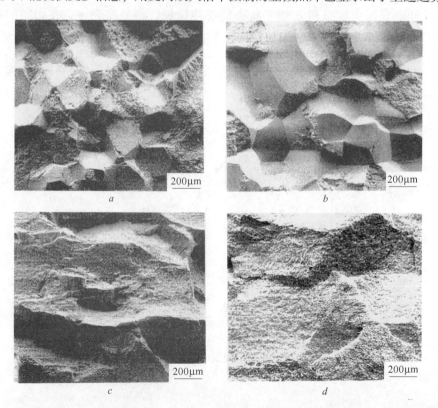

e   *f*

图 6.46 K_{IC} 试样在低（左侧）和高（右侧）屈服应力下的断裂表面，Ti-6246，SLM

a, *b*—β 退火；*c*, *d*—β 加工；*e*, *f*—双相

图 6.45 所示为三种微结构状态的断裂韧性随屈服应力的变化，可以通过考察影响断裂韧性的两种单独作用而定性得到解释。一个是内在的影响，另一个是裂纹前缘几何形状的影响，在图 6.47 中这些影响是独立的。断裂韧性的内在影响描述的是软区内裂纹扩展倾向，它受基体和软区之间的强度差即屈服应力水平以及滑移长度（晶界长度）的影响。与双相微结构相比，β 退火和 β 加工微结构中这种固有影响（见图 6.47）随着屈服应力增加而快速降低，这是因为 β 退火和 β 加工微结构有比双相微结构更长的滑移长度（晶界长度），图 6.47 中的曲线反映出了这两个内在影响的作用。

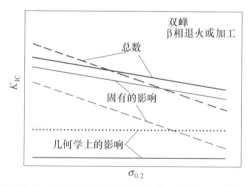

图 6.47   β 钛合金三种不同微组织的断裂韧性随屈服应力的变化情况

裂纹前缘几何形状对断裂韧性的影响在粗晶粒 β 退火和 β 加工中要比在细晶粒双相微结构中大得多。正如可以从图 12.46 中断裂表面推断出，这种影响在很大程度上并不依赖于屈服应力水平，因此，这个因素对断裂韧性的作用基本上与屈服应力无关。从图 6.47 中可看出，两条曲线的几何形状对斜率的影响非常小，两种影响的总和代表了断裂韧性，这解释了观察到的强度–韧性趋势（见图 6.45），即与 β 退火和 β 加工微结构相比，双相微结构在低屈服应力状态下有较低的断裂韧性，但在高屈服应力状态下断裂韧性较高，这是因为图 6.47 中两个总和曲线相交，与图 6.47 中两个总和曲线交点对应的屈服应力，不但取决于内在影响曲线的斜率，还取决于裂纹前缘几何形状影响曲线的高度，这意味着交点的屈服应力将取决于合金类型以及所采用的形变热处理过程的参数。

除拉伸和断裂韧性试验外，对三种微结构状态的 *S–N* 曲线进行测量，把从 *S–N* 曲线

得到的 10^7 循环疲劳强度值对屈服应力作图，如图 6.48 所示，从结果可以看出，三种微结构在屈服应力值达到 1200MPa 时的高循环疲劳（HCF）强度几乎是相同的。

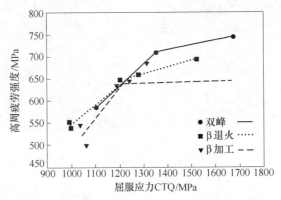

图 6.48　HCF 强度（RT，$R=-1$，75Hz）随屈服应力的变化情况，Ti-6246

　　β 加工状态的点较分散但虚线代表了平均值，HCF 强度与屈服应力的比率约为 0.53，忽略 β 加工态在屈服应力为 1060MPa 时的低值 0.47 以及 500MPa 时的 HCF 强度，在高于 1200MPa 的高屈服应力区域，三条曲线相互偏离。与 β 退火和 β 加工态相比，双相微结构显示出高得多的 HCF 强度，这地说明短滑移长度对疲劳裂纹形核的有利影响。在所有试样中，疲劳裂纹形核均发生在包括一个 β 晶界的试样表面，即在接近 α 层的软区域。

　　总之，当屈服应力值大于 1300MPa 时，与 Ti-6246 的 β 退火和 β 加工微结构相比，双相微结构显示出了较高的拉伸延伸性、较高的 HCF 强度和稍高的断裂韧性，这种总趋势也适用于断裂相关性质受 β 晶界处毗邻 α 层软区存在不利影响的其他 β 钛合金。

6.4.2　Ti-5553 性能的优化

　　新型 β 钛合金 Ti-5553(Ti-5Al-5V-5Mo-3Cr) 是苏联合金 VT22(Ti-5Al-5V-5Mo-1Cr-1Fe) 的一种改进品种。Ti-5553 的 β 转变温度大约是 860℃，与其他 β 钛合金相比（如 Ti-10-2-3），这种合金的优势是动力学上 α 相的缓慢析出，因此，这种新合金可以用于厚截面锻件的高强度机身部件，例如飞机起落架和襟翼导轨等，波音公司和空中客车公司都在评估这种合金在未来飞机结构部件中的应用。对 β 退火和双相微结构，不同的热处理对微结构的影响已有报道，对于具有复杂几何形状和有多轴向负荷的飞机机架组件零件，使用 β 加工状态是不可取的，原因是由于扁平状 β 晶粒结构和产生与之毗邻软区的晶界 α 层会导致其性质的各向异性。

　　Ti-5553 合金在 β 晶界附近微结构的例子如图 6.49 所示。这些显微照片显示出了沿 β 晶界的连续 α 层（标记为 A），毗邻的 β 相（B）无析出（软）区和基体（C）中的 α 片状体结构。在电子透射电子显微照片如图 6.49a 所示，可见的软区内有规则间隔的平行线是一个薄箔的假象，这些线是软区，即 β 相存在的一个证据。α 层和软区之间的连续界面在图 6.49b 中清晰可见，在这些例子中，软区的宽度大约是 0.5μm。

　　在一个联合开发项目（Otto Fuchs KG，迈讷茨哈根（Meinerzhagen）、德国空中客车、不莱梅（Bremen）、Timet、法国及 TU 汉堡-哈堡）中，Ti-5553 的微结构通过形变热处理得到优化，在 1000MPa 的最小屈服应力条件下实现了拉伸延展性、断裂韧性和 HCF 强度

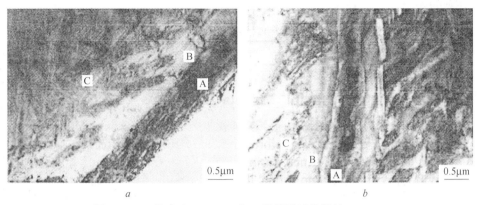

图 6.49 β 钛合金 Ti-5553 在 β 晶界附近微结构（TEM）

间的很好平衡。正如上面所讨论过的，β 加工状态不能考虑用于飞机机架，因而把重点放在 β 退火结构和双相结构上。早期，由 Ti-6246 在低屈服应力状态下获得的结果（见 6.4.1 节）表明，细晶粒（20μm）双相结构有高的拉伸延展性和高的 HCF 强度，但断裂韧性低。把这些性质与 β 退火材料的性质作比较，可以断定 20μm 的晶粒尺寸对包括断裂韧性在内的力学性质的优化来说作用太小。因此，选择用于双相微结构 α+β 加工和 α+β 再结晶，经形变热处理产生中等尺度的 β 晶粒，最终比较的两个显微结构状态如图 6.50 所示。β 退火结构的晶粒尺寸约为 400μm（见图 6.50a），双相结构的 β 晶粒尺寸约为 125μm（见图 6.50b），对于后者的显微照片，使用偏振光以确保双相结构的晶粒结构中存在大角度的晶间界。

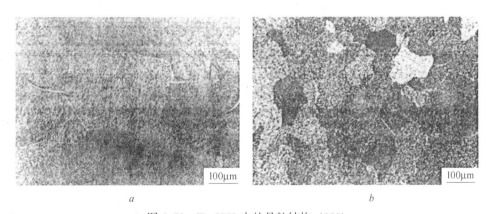

图 6.50 Ti-5553 中的晶粒结构（LM）
a—β 退火状态；b—双相状态，偏振光图

这两种微结构的相关力学性质见表 6.11。从表中可见，β 退火结构的屈服应力（1100MPa）和双相结构的（1090MPa）大致相同，两者均超过所需的最小值 1050MPa。双相结构的拉伸延伸率及 $R=-1$ 时的 HCF 强度（13.4%，575MPa）均高于 β 退火结构的相应值（6.4%，500MPa），两种微结构的断裂韧性值大致相同（66MPa·$m^{1/2}$）。显然，125μm 晶粒双相状态断裂韧性的内在影响要比 400μm 晶粒 β 退火状态高，与较细晶粒的双相状态相比，较大裂纹前缘几何形状对粗晶粒 β 退火状态断裂韧性的影响大致抵消了这

种内在影响的差异（见图 6.47）。

表 6. 11　Ti-5553 的力学性能

微结构	$\sigma_{0.2}$/MPa	UTS/MPa	EI./%	K_{IC}/MPa·m$^{1/2}$	σ_{10}^7/MPa
β 退火	1100	1145	6. 4	66. 1	500
双相	1090	1150	13. 4	65. 8	575

6. 4. 3　β21S 中 α 析出物分布

如前所述，亚稳态的 ω 和 β′颗粒充当 α 片晶形核的前驱体。因此，它们对在时效期间形成 α 片晶的尺寸和分布有显著影响，这在高稳定 β 合金中尤其突出。能说明这一点的例子是最近获得的拟用于直升机引擎排气喷嘴的 β21S 薄板的研究结果。

生产企业提供的 β21S 是在固溶条件下，即从约 820~830℃（β 转变温度 810℃）通过空气冷却得到的。在推荐的 8h、600℃ 最终时效处理后，这些薄片中的微结构如图 6.51a 所示。排气喷嘴部件是在约 830℃（高于 β 转变温度）热成形的，随后空气冷却至室温，在 8h、600℃ 的最终时效处理后，在热成形薄片中所生成的微结构如图 6.51b 所示。比较图 6.51a 和 b 中的显微照片，表明两种微结构完全不同。虽然两者在名义上都是相同的热处理，即从高于 β 转变温度开始的空气冷却和 8h、600℃ 的时效处理，实际上，两个试样是同时在一个预热到 600℃ 的氩气炉中一起进行时效处理的，原始薄片的微结构（见图 6.51a）特征是细粒 α 片晶在 β 晶粒内部均匀分布。在 β 晶界的微结构则不同，由连续 α 层和邻近区域组成，在显微照片中很明亮，具有粗粒 α 片体。与此相反，在热成形薄片的微结构（见图 6.51b）中，β 晶粒内部不含任何小的 α 片晶，只有非常粗大的 α 片体存

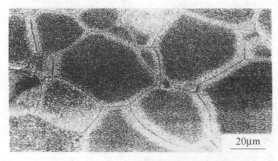

a　　　　　　　　　　　　　　　　b

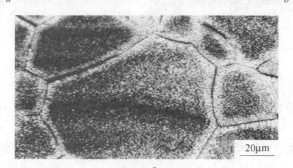

c

图 6.51　不同 β 21S 薄片在预热氩气炉中经相同时效处理（8h、600℃）的微结构（LM）

a—原始样品薄片；b—热成形薄片；c—模拟生产冷却过程中的薄片

在，它们形核于 β 晶界（有连续 α 层）并开始向中心区域仍然有过饱和 β 相组成的 β 晶粒内部生长。从表 6.12 中可见，热成形薄片的屈服应力和 10^7 周期 HCF 强度（$R = 0.1$）均比原始样品薄片的低得多，如果对原始样品薄片进行高于 β 转变温度的热处理，随后空气冷却并进行后续时效处理，可获得与图 6.51b 中相同的微结构，这表明原始样品薄片在制作期间已经以一个比简单空冷更复杂的方式冷却。通常，在生产过程中，薄片材料将直接由最后轧制道次进入一个设定在期望温度（高于 β 转变温度，如 820~830℃）的连续退火炉内，退火之后被绕成卷并且在空气中冷却，如图 6.52 所示。虽然薄片名义上是空气冷却的，但卷材的冷却速率在某个温度以下将比单独的薄片（例如热成形的排气管喷嘴部件）慢得多。

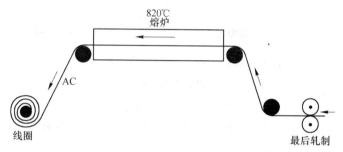

图 6.52 β 钛片材的最终轧制、退火过程和盘卷示意图

在尝试模仿比这个更复杂的冷却过程中，β21S 片材在试验室加热到 820℃（高于 β 转变温度），持续 30min，接着空气冷却到约 400℃，而后以 1℃/min 的缓慢冷却速率在炉内冷却到室温，该薄片经过模拟的生产冷却和标准的时效处理（8h、600℃）后的微结构如图 6.51c 所示。可见所形成的微结构与从原始片材上获得的微结构非常相似，与相似的微结构一致，模拟生产冷却过程薄片的屈服应力和 HCF 强度值与原始片材的值也很相似（见表 6.12），为 1120MPa 和 1160MPa，屈服应力（1120MPa 对 1160MPa）的差异是模拟生产和实际生产过程中缓冷起始温度不同的结果。

表 6.12 不同热处理的 β 21S 薄片的屈服应力和 HCF 强度值

薄 片	$\sigma_{0.2}$/MPa	HCF 强度/MPa
原始样品	1160	500
热成形	985	350
模拟生产冷却过程	1120	500

上述的冷却对 β21S 片材的微结构和力学性能的影响，可以通过考察已绘出的 β21S 时间-温度-相变（TTT）图（如图 6.53 所示）加以解释，从 820℃ 开始空气冷却，然后在经预热的氩气炉中快速加热到 600℃ 的时效温度，使材料只通过（β+$\alpha_{g.b.}$）相变区（见图 6.53），在此过程中 α 相只在 β 晶界形核，在进入 β+α 相变区以前形成连续 α 层，当出现这种情况且 β 基体中 α 片晶均匀形核所需的 ω 前驱体没有形成时，图 6.51b 所示的微结构就形成了，在这种情况下，600℃ 时粗 α 片体将在 β 晶界和 α 层边界形核，并在粗片状体边界作为额外的 α 片状体形核点的地方生长进入晶粒内部。

在 400℃ 以下缓慢冷却（模拟生产冷却）时，材料将冷却通过 β+ω 相变区（见图

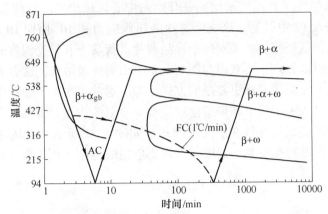

图 6.53   包括空冷和模拟生产冷却的 β 21S 的时间–温度–相变曲线

6.53），ω 晶粒形成并充当 α 片晶均匀形核的前驱体，然后 α 片晶均匀分布于整个基体，由此形成的微结构看起来就像图 6.51a 和 c 中所表示出的微结构。

显然，通过一个低温下的单独预时效处理（二段时效处理）过程或者通过一个缓慢加热过程，材料空冷到室温也可以达到图 6.53 中的 β+ω 相区，如用真空炉在 600℃进行时效处理的情况。

参 考 文 献

［1］ Boyer R. R. , Lütjering G. : *Titanium Alloy Processing*, TMS, Warrendale, USA, （1996）p. 349.

［2］ Busongo F. , Lfitjering G. : *Ti - 2003*, *Science and Technology*, Wiley - VCH, Weinheim, Germany, （2004）p. 1855.

［3］ Imam M. A. , Feng C. R. : Titanium '95, Science and Technology, The University Press, Cambridge, UK, （1996）p. 2361.

［4］ Peters J. O. , Lütjering G. , Koren H. , Puschnik H. , Boyer R. R. : Mater. Sci. Eng. A213, （1996）p. 71.

［5］ Combres Y. , Champin B. : *Beta Ttianium Alloys in the 1990's*, TMS, Warrendale, USA, （1993）p. 477.

［6］ Peters M. , Lütjering G. : Z. Metallkde. 67, （1976）p. 811.

［7］ Lütjering G. , Gysler A. : *Aluminum*, *Transformation Technology and Application*, ASM, Metals Park, USA, （1980）p. 171.

［8］ Sauer C. , Busongo F. , Lütjering G. : *Fatigue* 2002, EMAS, Warley, UK, （2002）p. 2043.

［9］ Sauer C. , Busongo F. , Lütjering G. : Materials Science Forum, Vols. 396－402, Trans Tech Publications, Zuerich, Switzerland, （2002）p. 1115.

［10］ Peters J. O. , Lütjering G. : Z. Metallkde. 89, （1998）p. 464.

［11］ Lütjering G. : Mater. Sci. Eng. A263, （1999）p. 117.

［12］ Albrecht J. , Lfitjering G. : *Titanium '99*, *Science and Technology*, CRISM "Prometey", St. Petersburg, Russia, （2000）p. 363.

［13］ Benedetti M. , Peters J. O. , Lütjering G. : *Ti-2003*, *Science and Technology*, Wiley-VCH, Weinheim, Germany, （2004）p. 1659.

［14］ Lindemann J. : PhD Thesis, TU Brandenburg, Cottbus, Germany, （1998）; Fortschr. -Ber. VDI, series 5, no. 547, VDI Verlag, Düsseldorf, Germany, （1999）.

［15］ Lütjering G. , Albrecht J. , Saner C. , Krull T. : *Fatigue and Fracture of Traditional and Advanced Mate-*

rials: A Symposium in Honor of Art McEvily's 80*th Birthday*, 2006 TMS, Annual Meeting, San Antonio, USA, Mat. Sci. Eng. , (2007).

[16] Rendigs K. – H. : *Ti* – 2003, *Science and Technology*, Wiley – VCH, Weinheim, Germany, (2004) p. 2659.

[17] Btischer M. , Terlinde G. , Wegmann G. , Thoben C. , Millet Y. , Lütjering G. , Albrecht J. *Proceedings of the llth Worm Conference on Titanium*, The Japan Institute of Metals, Sendai, Japan, (2007).

[18] Busongo F. : PhD Thesis, TU Hamburg–Harburg, Germany, (2005); Berichte aus der Werkstofftechnik, Shaker Verlag, Aachen, Germany, (2005).

7 钛基金属间化合物

金属间化合物，尤其是那些轻元素，如钛和铝之间形成的金属间化合物，由于它们的密度低、高温强度好，因此非常有吸引力。然而，金属间化合物的形成通常都会减少母体金属晶格的对称性，相应地增加了有效形变模式的限制，这些限制通常表现为强度增加，至少在升高温度时增加，延展性和断裂韧性降低。发展史上，一直认为与延展性和断裂韧性降低相关的问题比强度增加更有利，因此，在结构材料应用中金属间化合物的使用一直非常有限。

基于钛和铝的金属间化合物具有以下特点：质轻（低密度）、相对刚性（高模量）以及有吸引力的高温机械性能（拉伸强度和蠕变强度），因此从 1953 年起，就对这些化合物进行了大量的研究，这些研究工作一直持续至今。从 Ti-Al 相图可以看出，在这个体系中有三个化合物，分别是 $Ti_3Al(\alpha_2)$、$TiAl(\gamma)$ 和 $TiAl_3$，其中，只对 Ti_3Al 和 $TiAl$ 进行过广泛的研究。Ti_3Al 具有六方晶系 DO_{19} 结构，而 $TiAl$ 具有四方形 L_{10} 结构，这两种化合物的室温延展性都很有限，尤其是处于二元状态时。合金化表明能够提高这些化合物的延展性和断裂韧性，关于这一点将在后续讨论。合金也允许形成额外的组元，例如无序的 β 相（A2）、有序的 β 相（B2），称之为 β_2，以及基于 Ti_2AlNb 的有序斜方晶相，称之为 O 相。

在某些方面，把这些化合物引入到结构应用所做的尝试，说明了与任何新种类的材料引入一样有困难。尽管已经过去了 50 多年，但是铝化钛却依然被认为是试验性材料，一直关注的主要问题就是其脆性。然而 Ti_3Al 和 $TiAl$ 的较新合金类型能使这种关注减少许多。目前，主要关心的是成本和可得到的性能改良方面。本章将简要讲述钛铝化合物的基本冶金学，概述它们的一些潜在应用并总结当前将其引入产品的主要障碍。

7.1 合金化和微结构

如前所述，在 Ti-Al 系中有两个人们感兴趣的二元金属间化合物。第一个是基于组成为 Ti_3Al、具有 DO_{19} 结构的六方晶系 α_2 相，这种化合物的有序排列影响了 α-Ti 形变模式，结果能够容易激活的形变模式极少，特别是在这种化合物中观测不到孪晶现象并且 $c+a$ 滑移也极少观测到。此外，这种有序化使得基面上的 a 滑移（$1/3<11\bar{2}0>$ 所指的无序六方晶格）更加困难，因为这种位错运动产生无序。具有相同伯格斯（Burgers）矢量的二次位错有可能跟随第一个位错并且修复这种 "无序"，虽然移动这些位错对应的应力大约是移动单个位错所需应力的一半，但是 Ti_3Al 中的高反相边界仍然能使借助 a 位错的大范围基面滑移非常困难，这是因为交叉滑移到达棱柱或棱锥面是受约束的。结果，如果观察到基面滑移，它将是非常平坦的，如图 7.1 所示。马辛科夫斯基（Marcinkowski）第一次研究

了 **a** 滑移对 DO$_{19}$ 超晶格完整性的影响，他指出 1/3<11$\overline{2}$0>位错（参考的无序晶格）在基面上的运动总是形成横穿分开晶格的剪切区和非剪切区滑移面的无序。图 7.2 表明了 DO$_{19}$ 晶格基平面内的原子排列，这里"小"原子属于刚好位于图平面上方的密排面，可见，具有一个 **a** 向量的基面滑移产生两个最邻近差错，进一步分析表明，四个次邻近差错也产生了，这与在棱柱面上的剪切形成对比。在 DO$_{19}$ 晶格中的原子排列导致两种类型的棱柱剪切，对此 Blackburn 已经做了详细的分析，并在图 7.2 中标记为类型 1 和类型 2。如图 7.2 所示，类型 1 的棱柱剪切不产生任何最邻近差错，事实上仅产生总数为二的次邻近差错，而类型 2 的棱柱剪

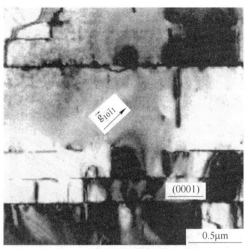

图 7.1　显示 Ti-25Al 中基面滑动带和棱柱平面上的 **a** 位错的显微照片（TEM）

切产生两个最邻近差错和四个次邻近差错，这些在图 7.2 中分别标记为"易"和"难"棱柱切变。DO$_{19}$ 超晶格的原型体系是 Mg$_3$Cd，由此可见 Mg-25%Cd 合金的有序形式比无序合金的延展性更好，这是因为"易"滑移棱柱面的产生有利于有序晶格中的棱柱滑移，尽管 c/a 比大（这通常有利于基面滑移）。因为长程有序促进了附加形变模式的作用，Mg$_3$Cd 的延展性在有序条件下比在无序条件下更好，除了 **a** 滑移，六方晶系金属需要一种有一非基面分量的滑移模式作用，以满足关于多晶体塑性的泰勒-范米塞斯（Taylor-Von Mises）准则。在 α-Ti 中，最普遍的非基面变形模式是 **c+a** 滑移，在 DO$_{19}$ 晶格中，**c+a** 滑移矢量有一个在移动过程中产生的无序 **a** 分量，这就使得 **c+a** 滑移模式在有序的 DO$_{19}$α$_2$ 相中比在无序 α 相中更难于激活。一般而言，长程有序的存在也抑制了交叉滑移，这就产生了如图 7.3 所示的平面滑移，在这种情况下，位错塞积发生在位错带的最前面，并且与这些积塞有关的应力能够引起如图 7.4 所示的解理裂纹，结果，在多晶的形式下，相对于无序 α 相来说，有序的 α$_2$ 相表现出有限的延展性，滑移系减少和平面滑移的出现看来是 α$_2$ 相在室温和温度达约 600℃时延展性低的最主要原因。

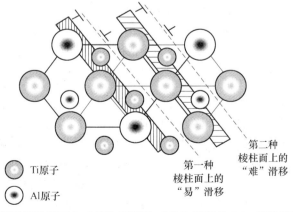

图 7.2　指示棱柱平面上"易"滑移和"难"滑移的 DO$_{19}$ 晶格基面示意图

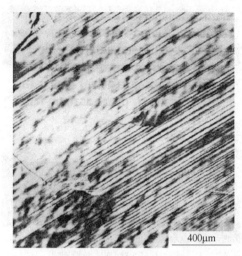
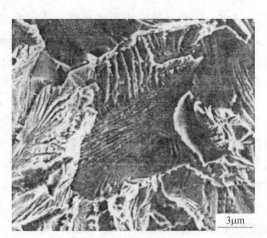

400μm　　　　　　　　　　　　　　　3μm

图 7.3　Ti-25Al 抛光面上的　　　　　　图 7.4　显示解理裂纹的 Ti-25Al
平面滑移线（LM）　　　　　　　　　　　断裂表面（SEM）

Ti-Al 系中另一个有趣的化合物是具有 $L1_0$ 结构的 γ 相（TiAl），因为钛和铝的原子半径不同，这种结构中的长程有序能在无序的面心立方点阵（$c/a = 1.04$）中产生轻微的四方畸变，有序化也能使六个可能的 1/2<110> 滑移向量中的四个运行，从而产生下一个最邻近差错，因此，γ 相中能够运行的滑移系的总数也被分为"易"系和"难"系，这一点由图 7.5 图解说明，如同 $α_2$ 相的情形，有序的存在减少了 γ 相的塑性变形能力，温度高达约 750℃ 时多晶 γ 相的延展性非常低。

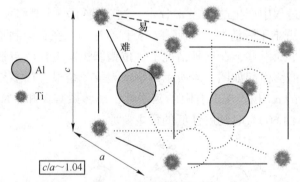

图 7.5　显示"易"滑移和"难"滑移方向的 Ll_0 结构晶胞示意图

根据前面关于 $α_2$ 相和 γ 相晶体塑性的讨论，近年来，为了提高这些化合物的延展性，大部分努力都致力于合金化的效果，原则上，从延展性来说，合金金属间化合物有四个方面的有益效果：（1）能够减轻对滑移方式的业已描述的限制；（2）能够减缓有序化的动力学或者改变长程有序的程度；（3）通过引入作为韧性次相的 β 相或 $β_2$ 相改变合金结构，韧性次相能阻止或阻碍在脆性主要组元（$α_2$ 相和 γ 相）中形成的微观裂纹的生长；（4）能够改变在热处理和加工过程中的转变行为以使微结构得到精细和控制。还没有明显的证据表明任何一个已经试验过的合金元素对 $α_2$ 或 γ 相的本征晶体塑性有显著的影响，虽然已有报道 $c+a$ 滑移在 O 相中比在 $α_2$ 相中较活跃，添加铌确实能够改变 α→$α_2$ 有序化反应的动力学，但是对 α_2 组元有序化的平衡程度并没有显著影响。有意在高温使用的合金，因为在应用中能够发生有序化，所以动力学效应没有多少帮助，合金添加剂对结构的作用已经证明对 α_2 类和 γ 合金类都是有效的，尽管合金化通过相变动力学的作用对 α_2 合金是有用的，但它对 γ 合金的适用性有限，此类例子之一是在 α_2 合金中添加铌、钼和其他 β 稳定剂来改变 $\beta\rightarrow\alpha$ 转变的动力学。对于 DO_{19} 和 $L1_0$ 结构的化合物来说，最常用的合金化添加剂都是铌，但是钨、钒、钼、锰、硅和铬也已经被添加到两类化合物或其中之一种中，它们都有明显的效果，或者说至少对所选择的性质效果明显。

合金化的主要好处，尤其在 α_2 相合金中的好处是使微结构改变并且通过热处理进行细化，合金添加剂，如铌和/或钨改变 $\beta\rightarrow\alpha$ 反应的动力学，并且产生例如图7.6所示的尺度更细小的微结构。在该结构中，单个不同取向的 α_2 片体每一个都属于伯格斯关系的不同变体，该结构通常称为维德曼司特顿（Widmanstätten）结构或者"蓝状编织"结构，因此，该结构有减少滑移长度及减少与错位堆积有关的相应应力大小的作用。当铌浓度大于约8%时，还有小体积分数的铌稳定 β_2 相存在，尽管文献中的专业术语在这一点上稍有矛盾，但在这类合金中，当有体心立方组元存在时，这个组元总是有序的 β_2 相。在其他合金中，比如那些含钨的合金中，在钨的浓度低至1%时 β_2 相也出现，这大概是因为钨在 α_2 相中溶解度的缘故。图7.7所示为在一含钨2%的合金中的 β_2 相，这种 β_2 相具有延展性夹杂物的行为，它能使在脆性 α_2 相中形成的微裂纹尖端处的应力松弛。其他一些合金含有足够的铌以稳定小体积分数的体心立方相，因此，Ti-24Al-11Nb 的室温延展性通常是4%~5%，这与非合金化的二元化合物 Ti_3Al 的室温延展性基本为0%是截然相反的，铌添加剂对延展性的有益影响也增加了合金的密度但降低了蠕变强度，这大概因为是铌稳定的 β_2 相存在的缘故。由于合金化对 α_2 合金微结构可能的影响范围，已有无数开发 α_2 相合金的尝试，合金 Ti-24Al-11Nb 是一种大量制造并用于构建制造示范的早期合金，与常规钛合金或者镍基合金相比，这种合金和类似三元合金的密度修正强度是勉强合格的，因此，开发了其他更为复杂组成的合金，这些合金的开发在确定若干种其他组成时达到顶点，但是作为第二代 α_2 相合金最广泛认可的是 Ti-25Al-10Nb-3V-1Mo，这种合金有时被称为"超 α_2"。

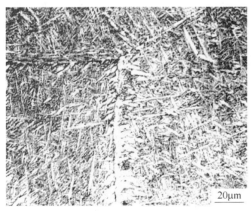

图7.6 基体中的晶粒边界 α_2 和 α_2 片体，Ti-24Al-11Nb（LM）

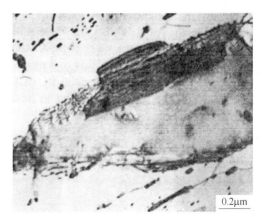

图7.7 含2%钨的 α_2 合金中小的 β_2 析出物（TEM）

　　当铌浓度为15%或者更高时，高温 bcc 相能作为亚稳相在淬火时保留下来，但显示出一个有序的 B2（CsC1）结构，有序的 β_2 相比无序的 bcc β 相的延展性更有限。例如，一种含25%铝和15%铌从 β 相区迅速淬火的合金由100%的 β_2 相组成，而且极脆，这很可能是因为介稳态 β 相能经历一系列的快速分解反应，这些反应强化并脆化了 β_2 基质。这个效应，加上由于铌导致的密度增加，限定了可以有效地添加到 α_2 相合金中以改进延展性的铌浓度上限，至少对于合金可能潜在遭受快速冷却（例如在接合期间）从而导致保留的亚稳态 β_2 相的应用场合，情况确实如此，这种组成的合金（Ti-25Al-15Nb）从非常高的温度淬火时，在 β_2 相中出现很多反相边界（APBs），表明在淬火期间发生了有序化反应。相同合金从 $\alpha_2+\beta_2$ 相区的高温淬火表明基本上没有 APBs，但衍射图表明 bcc 相有 B2 结构，这与在某一中间温度下 bcc 相中有一个有序/无序转变存在是相吻合的，$\beta \rightarrow \beta_2$ 有序化转变的确切温度看来取决于合金中铝和铌两者的浓度，这种相关性还没有系统地确定下来。

　　含铌不小于10%（或者当量的其他 β 稳定剂）α_2 合金的各种合金形式和所谓的斜方晶系合金对形变热处理的响应与所描述的常规钛合金（对形变热处理）的响应相似。在这类基于 α_2 相的合金中，从全片层微结构到双相微结构再到等轴微结构，所有的微结构都可以用适宜的加工和热处理方法产生。在 Ti-25Al-10Nb-3V-1Mo（超 α_2）中可获得的微结构范围如图 7.8 所示，α_2 相的形态对性质的影响与在常规钛合金中观察到的影响方式类似，由于 α_2 相合金主要感兴趣的是高温应用，全片层微结构也许是最吸引人的，因为它具有最好的蠕变强度。$\alpha+\beta$ 合金的情况亦如此，但其全片层微结构的拉伸延展性要比双相结构或等轴结构的低，对于 α_2 相合金，这是一个更为严格的限制，因为这些合金中组元的固有室温延展性低，这因为六方晶系 α_2 相和体心立方 β_2 相长程有序的缘故。

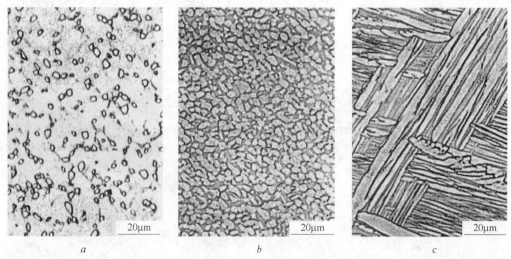

图 7.8　由不同形变热处理产生的超 α_2 微结构，最终热处理 2h、830℃（LM）

a—双相结构；b—等轴结构；c—片层结构

　　另有一类含25%铝和12.5%~24%铌的金属间合金，以 Ti_2AlNb 组成为基础，它们形成一个有序的斜方晶相（O 相），当铌浓度高于与 α_2 相稳定性范围相应的合金时形成斜方晶相，该相的结构和斜方晶胞（粗实线）示于图7.9中。因为铌和铝的原子半径不同，这种结构在沿着钛和铌组成的行和沿着钛和铝组成的行有不相等的轴长，因此，六方晶系 α_2 的结构是扭曲的，必须用一个斜方晶胞表示，这些所谓的斜方晶合金有比超 α_2 合金显著改良的室温延展性和较好的密度修正强度。O相的一种形成模式是在富铌区域内形成，该区域是在缓慢冷却期间或者在老化期间，由于铌从 α_2 相中排出所导致的溶质分配结果，有人认为斜方晶相的形成是 Ti_3Al-Nb 系中溶混间隔的结果，这解释了随后要求形成 Ti_2AlNb 斜方晶相的富铌区的形成。对含 20%～30% 铝和 15%～30% 铌合金中的相平衡已有研究和记述，已经证明，$O+\beta_2$、$O+\alpha_2$ 和 $O+\alpha_2+\beta_2$ 结构都是可能的，但 $O+\beta_2$ 的存在遍及大量前面引用的组成范围。

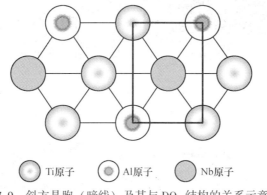

⬡ Ti原子　◉ Al原子　⬤ Nb原子

图 7.9　斜方晶胞（暗线）及其与 DO_{19} 结构的关系示意图

在高温行为方面，γ 合金一直是较有前景的钛铝类化合物，它们存在的最大挑战性问题是在低温下延展性低和断裂韧性差，已证明合金化在一定程度上对提高室温延展性是有利的，但其值仍然较低（延伸率约为 2%）。γ 合金中最重要的成分效应是铝浓度对结构的影响，这主要因为在 γ 相中，铌、钼、钨和钒是相对不溶的，在室温下，含 45%～48% 铝的合金处于 $\alpha_2+\gamma$ 的两相区，从单一 α 相区冷却进入 $\alpha_2+\gamma$ 相区，结果产生了如图 7.10a 所示的全片层结构。如果冷却速率足够慢，有些 γ 相也在 α 晶界三相点处不均匀形核，在这些合金中也有可能有一个等轴的 $\alpha_2+\gamma$ 结构（见图 7.10b）或者有一个由等轴 γ 晶粒和片晶组成的双相结构。片层结构由散布在 γ 条板之间的 α_2 条板组成，这些条板有一个以平行的密排面和平行的密排方向为特征的取向关系，即 $(0002)_\alpha \parallel (111)_\gamma$ 和 $[11\bar{2}0]_\alpha \parallel [1\bar{1}0]$，忽略 γ 相的小四方性，这与在许多 hcp 到 fcc 转变（例如钴的同素异形转变）中观察到的取向关系相同。γ 条板也属于 α_2/γ 取向关系中一个以上的异体，并且相邻的条板通常享有一个共同的 $\{111\}\gamma$ 平面，这使它们成为有关联的双晶。当"易"滑移系排列成行时，$\alpha_2+\gamma$ 条板结构的结晶使越过 α_2/γ 条板边界的滑移传递更有利，图 7.11 所示为 $\alpha_2+\gamma$ 条板结构，图 7.12 所示为与前面描述的取向关系相符合的选择区域电子衍射图样，如果两相 $\alpha_2+\gamma$ 合金在一个非常高的温度（大于 1300℃）淬火，那么 α_2 相含有反相边界，这与冷却期间出现有序化相吻合，图 7.13 所示为 α_2 条板中的 APBs，这种条板结构对延展性有重要影响。

添加铬和铌对 γ 相的低温延展性也是有利的，一种进行过很多研究的早期合金是 Ti-48Al-2Cr-2Nb，在这种合金中，铬和铌对延展性的固有影响还不清楚，在较高温度下将

 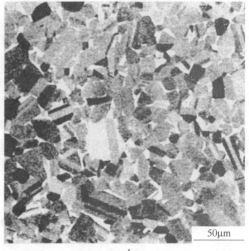

图 7.10　Ti-48Al-2Cr 的显微结构（SEM）

a—全片层结构；*b*—等轴 $\alpha_2+\gamma$ 结构

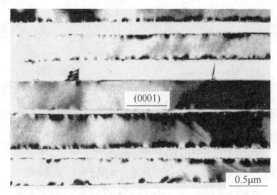 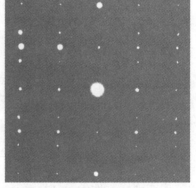

图 7.11　Ti-44Al 中的片状 $\alpha_2+\gamma$ 结构（TEM）

图 7.12　α_2 基体中有两个孪晶 γ 变体的片层 $\alpha_2+\gamma$ 结构选择区域衍射图样（TEM）

$\alpha_2+\gamma$ 相界向右移动，这个组成显然为产生全片层结构开启了热处理窗口。另一种受到关注的 γ 合金是 Ti-47Al-5Nb-1W，因为它有较好的蠕变强度，就像在 α_2 合金中一样，钨在 γ 相中的溶剂度也极其有限，因此，这种合金和其他含钨添加剂合金的微结构中有小的 β_2 相颗粒存在，图 7.14 所示为这些 β_2 相晶粒的例子，这些 β_2 颗粒太过粗大且间隔太宽而不能析出或者弥散硬化，它们确实倾向于形成有待细化的显微结构，使得在温度高达约 700℃ 时仍有较高的

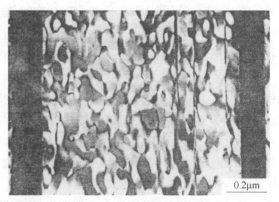

图 7.13　显示 Ti-44Al 从 $\alpha_2+\gamma$ 相区淬火 α_2 相中 APBs 的暗区电子显微照片（TEM）

强度。

任何合金添加剂都不会对表面氧化物的稳定性产生不利影响，这一点也是很重要的，因为这些材料的主要吸引力是在无涂层条件的高温应用。早期一代的 γ 相合金是 Ti-48Al-1V，由此人们弄清楚了钒添加剂对低温延展性有利，后来还弄清楚了 V 对高温氧化和耐热腐蚀性是有害的，这使人们对这个合金失去了兴趣。铌和铬添加剂对氧化行为有益，如图 7.15 所示，改善原因是当这些元素存在时对 Al_2O_3 鳞片的稳定作用，可以预料，以无涂层状态使用 γ 相合金，无论从成本观点还是从可靠性观点出发都是首选，这是期望 γ 相合金化的另一个原因。

图 7.14 含 2% 钨的 γ 钛合金 Ti-49Al 中的细粒 β_2 析出物（TEM）

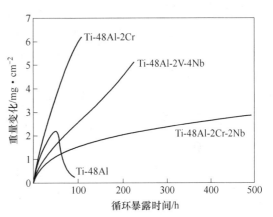

图 7.15 四种 γ 合金在 850℃的空气中热循环暴露期间的重量变化曲线

7.2 微结构和性能

目前，钛铝化合物没有较大或者批量的生产应用，而且，由于环境引起的开裂问题，应用属于 α_2 类和正交晶类合金的兴趣已显著降低了。人们一直保持对 γ 钛合金的兴趣并对其终极应用持审慎乐观的态度，和传统钛合金相比，实际应用经验的缺失增加了确定结构与性能关系范畴中最重要问题的难度，这使得旨在通过成分或处理的增量变化来优化性能的研究有些不成熟，因为没有任何"硬性"目标可以界定。

原则上，钛铝化合物很有吸引力，因为它们扩展了钛基合金的温度承受能力，尽管这类材料的延展性较低而使风险有所增加，另外，它们在约 500~700℃ 的温度范围内填补了轻型材料性能的一个重要空缺。

7.2.1 α_2 合金和斜方晶系合金

各种 α_2 合金和斜方晶类合金具有很高的强度，尤其在 550~650℃ 的温度范围内，而在该温度范围内常规钛合金的强度则随温度升高迅速减弱，部分原因是长程有序赋予有序的 α_2、O 和 β_2 组分的屈服应力一种不同的温度依赖关系，另外原因是显微组织非常细，对屈服应力产生了显著的边界强化作用。在某些方面，后者的加强作用与在时效 β 合金中观察到的相似，很难直接把 α_2 合金或者斜方晶系合金与常规钛合金作比较，这是因为组成差异导致转变动力学的巨大差异，使得具有可比较长度尺度显微组织的形成难以产生，这即使在实验室内也很困难。一个较实用的方法是在不变的冷却速率下比较显微组织和性能，因为这是在生产应用过程中处理这些合金的典型方法。

表 7.1 显示了粗片层状态、等轴晶状态和双相状态的 Ti-25Al-10Nb-3V-1Mo（超 α_2）的一些拉伸性能，为了评价结构性能关系的一些基本点，粗片层状态和等轴晶状态是在非常低的冷却速率下产生的，在实际操作中不会遇到这些显微组织。表 7.1 中的数据把超 α_2 的性质和常规高温合金 IMI834 的性质做了比较，与超 α_2 合金相比，600℃下 IMI834 合金的屈服强度和拉伸强度要低得多，比较两种合金缓慢冷却的全片层状态，超 α_2 也较强，但强度差异要小得多，这表明超 α_2 中的主要强化作用是边界强化。考察两种合金双相微结构中的片层区域尺寸大小，表明超 α_2 的相变组织比 IMI834 的更细小，如图 7.16 所示。冷却速率对超 α_2 合金 β 转变区域的范围有巨大影响，这对该合金在双相状态的强度有很大的影响，如表 7.2 所示。

表 7.1　超 α_2 在室温和 600℃时的拉伸性能及与 IMI 834（双相微结构）的比较

合金和微结构	试验温度/℃	$\sigma_{0.2}$/MPa	UTS/MPa	El./%	RA/%
超 α_2（双相）	室温	1010	1235	5.2	8.6
超 α_2（片层）	室温	585	615	0.3	1.3
超 α_2（等轴）	室温	835	900	1.8	4.6
IMI 834（双相）	室温	950	1055	11.8	17.0
超 α_2（双相）	600	790	1045	8.0	19.4
超 α_2（片层）	600	370	560	6.3	16.7
超 α_2（等轴）	600	575	740	10.5	23.2
IMI 834（双相）	600	545	700	13.8	45.0

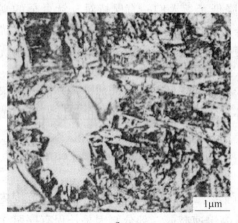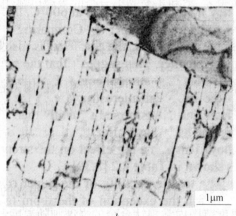

图 7.16　双相微结构的片层区域显微照片比较（TEM）

a—超 α_2；b—IMI834

表 7.2 双相微结构超 α_2 以不同冷却速率到室温和 600℃时的拉伸性能

冷却速率/℃·min⁻¹	试验温度/℃	$\sigma_{0.2}$/MPa	UTS/MPa	El./%	RA/%
1100	室温	1130	1335	6.1	9.2
450	室温	1010	1235	5.1	8.6
100	室温	935	1180	6.4	10.9
25	室温	765	930	2.8	8.6
1100	600	890	1110	5.9	17.2
450	600	790	1045	7.8	19.3
100	600	690	965	7.0	21.3
25	600	550	825	11.2	20.9

超 α_2 的拉伸延展性比 IMI834 的稍低，但除了粗片层组织的室温延展性以外，都降到了可以接受的范围（见表 7.1）。相反，片层组织的室温韧性大概是任何双相状态的两倍，这表明在片层组织中裂纹萌生是相对容易的，但裂纹扩展能比双相组织的高，这与片层结构较之双相结构中相当粗糙和更不规则的断裂路径相吻合，这再次与讨论过的常规 a+β 合金相似。

与常规高温合金不同，超 α_2 中精细双相结构的蠕变强度比全片层结构的更好。此外，当结构中相变区域范围减小时，超 α_2 的蠕变强度提高，这与传统合金如 IMI834 在快速冷却速率条件下的行为截然相反，尽管尚未完全明白这种不同蠕变行为的原因，但表明 α_2 中的长程有序和有序的 β_2 组织提供了很好的内在高温强度。

如前所述，基于 Ti₃Al 组成的合金铌含量较高时形成 O 相，这些合金有比 α_2 基的 DO₁₉ 和超 α_2 材料更诱人的力学性能，这主要是因为它们在可比较的冷却速率之后有更细小的微结构。例如，与超 α_2 中可比较的微结构状态相比，Ti－22Al－27Nb 有较高的室温强度（与大约 1000MPa 相比为 1075MPa），此类合金是唯一一类密度归一化强度超出从锻造镍基合金，如 IN718 中很容易获得数值的合金，正如能从密度归一化屈服应力随温度变化图（见图 7.17）中所看到的那样，从图 7.17 中还可看出，斜方晶系合金在约 750℃时比第一代 α_2 合金（Ti－24Al－11Nb）或者超 α_2 的强度更高。表 7.3 中包括了斜方晶系三种合金的拉伸性能，其中两种合金含 O+β_2 相，第三种含 O+α_2 相，这些数据表明，O+α_2 相比 O+β_2 相更弱，拉伸延展性也较低，室温下尤甚，这里引用的 Ti－22Al－27Nb 合金的性质是极其有限微结构优化的结果，已经看到这种合金在不同热处理下的状况，但实现最优化所需的详细知识还未得出，也还有一些关于斜方晶系合金长期高温辐照时微结构稳定性

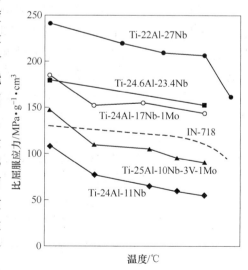

图 7.17 两种 α_2 合金和三种 α_2 斜方晶系合金及镍基合金 IN718 的密度归一化屈服强度随温度的变化曲线

的疑问，已证明在高达 540℃ 的温度下暴露 100h 后，强度和延展性基本保持不变，在 650℃ 下暴露 100h 之后开始下降，在 760℃ 下暴露 100h 后显著降低。

表 7.3　斜方晶系合金在室温和 650℃ 时的拉伸性能

合金和状态	退火温度 /℃	试验温度 /℃	试验环境	$\sigma_{0.2}$ /MPa	UTS /MPa	El. /%
25Al-21Nb（O+α_2）	1050+815	室温	真空	845	880	0.4
25Al-21Nb（O+α_2）	1175+760	室温	真空	–	925	0.1
22Al-25Nb（O+β_2）	1000+815	室温	真空	1245	1415	4.6
22Al-25Nb（O+β_2）	1125+815	室温	真空	1135	1175	0.9
22Al-27Nb（O+β_2）	815	室温	真空	1295	1415	3.6
22Al-27Nb（O+β_2）	1000+760	室温	空气中	1040	1120	2.8
22Al-27Nb（O+β_2）	1000+760（1000h 650）	室温	空气中	1085	1145	2.6
25Al-21Nb（O+α_2）	1050-815	650	真空	680	935	18.1
25Al-21Nb（O+α_2）	1175+760	650	真空	730	945	2.5
22Al-25Nb（O+β_2）	1000+815	650	真空	1005	1110	9.9
22Al-25Nb（O+β_2）	1125+815	650	真空	880	1015	3.1
22Al-27Nb（O+β_2）	815	650	真空	1120	1275	8.5
22Al-27Nb（O+β_2）	1000+760	650	空气中	800	940	13.4
22Al-27Nb（O+β_2）	1000+760（1000h 650）	650	空气中	800	945	10.7

　　斜方晶系合金的蠕变强度比 α_2 和超 α_2 材料的蠕变强度稍好，后者比最好的常规高温钛合金稍好（例如 IMI834），此外，斜方晶系合金有比超 α_2 较好的室温延展性和断裂韧性，至于疲劳寿命，没有斜方晶系合金的大量数据，但是，认为用屈服强度测量 10^7 次循环的疲劳强度是合理的，这已从超 α_2 材料中得到证明，并且从图 7.18 中三种前面讨论过的微结构状态（见图 7.8 和表 7.1）的 S-N 曲线也可以看出。图 7.18 也包含一条 IMI834 的 S-N 曲线，这些数据与钛合金长周期疲劳强度和屈服强度之间普遍接

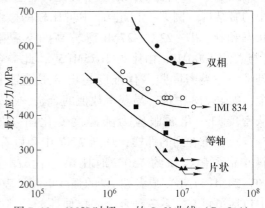

图 7.18　600℃ 时超 α_2 的 S-N 曲线（R=0.1）及与 IMI 834（双相微结构）的比较

受的关系是吻合的，因为斜方晶系合金比超 α_2 材料更强，这些合金也会有较好的疲劳强度。

　　就蠕变强度和疲劳强度两者而言，重要的是要强调致力于这些性质优化的尝试极少，因此，有理由认为至少有机会对这些性能进行有限的改进以使其应用于受限的场合，与 IMI834 相比，这些合金的蠕变强度可能是性质中改进最少的了，因此，如果考虑将这些材

料用于超过常规高温钛合金的温度承受能力（大于 625~650℃）的温度以及蠕变主要受限的温度，都应该十分谨慎。

把 α_2 合金或者斜方晶系合金用于极端重要的应用场合，还有另一个主要的技术障碍，这就是在高于 600℃的高温下，在空气中以正常应变速率（$10^{-4}s^{-1}$）进程测试时，这些合金的拉伸延展性将严重受损，例如，650℃时在空气中和真空中进行试验，双相状态中的超 α_2 材料拉伸延展性减少约 65%，在相同的研究中，当试验在 $8×10^{10}s^{-1}$ 下进行时，空气中和真空中的延展性差异基本消失，这表明环境效应是拉伸试验期间氢通过运动位错加速转移的结果。氢和氧都是使钛基合金变脆的元素，但是其详细机理还不能确定，在另一项研究中，研究了双相超 α_2 的断裂韧性和疲劳裂纹生长，没有看到环境对断裂韧性的影响，但报道了疲劳裂纹扩展速率中两倍以上的加速，当把断裂韧性和疲劳裂纹扩展试验期间裂纹尖端的变形速率和任何裂纹尖端体积单元暴露于环境中的时间一起考察时，这些结果是一致的。

7.2.2 γ 钛铝合金

已经研究过的 γ 钛铝合金有三种产品形式，即铸件、锻件或者其他压力加工产品、如薄板等，因此，有若干已经有性能数据的合金组成。γ 钛铝合金的最常用产品形式是铸件，对若干欲用于铸件的合金组成，已进行了广泛的评价，但 Ti-48Al-2Cr-2Nb 和 Ti-47Al-2Mn-2Nb+vol%B 的数据比其他合金要多，而且，这两种铸造合金能充分阐明铸造 γ 合金的行为，因此把它们作为代表来讨论铸造产品。硼添加剂的主要作用是形成能细化片层晶族尺寸的小 TiB_2 颗粒，较小的晶族能产生较好的室温延展性，但也能降低蠕变强度。

已证明 γ 钛铝合金是可锻造处理的，但与常规钛合金相比，低的延展性是一个限制，如果这类材料以这种方法处理用于生产应用，最终将成为一个经济难题。锻造处理的好处是通过热处理和再结晶的结合可以获得较大的微结构弹性，就像前面提到的在其他类型钛基合金中那样，如果包括含硼合金，尽管低延展性限制了可以完成的加工量，并需要较高的加工温度，但这样对再结晶的控制就和常规合金的控制有可比性了，锻造处理 γ 钛铝合金最有前途的方面是提高了延展性，这可以认为是较细的双相或者等轴微结构作用的结果。

γ 钛铝合金薄板的加工已经试验证实，由于 γ 合金有限的延展性和伴随轧制过程的平面应变状态，这是一个重大的突破，薄板有非常细的晶粒尺寸，并且温度高于 950℃时 Ti-48Al-2Cr 合金的等轴组织显示出超塑性行为，这为生产由这种 γ 薄板制成的装配式结构留下了许多有意义的可能性。

斜方晶系合金和 α_2 合金相比，γ 合金的室温强度相当低，虽然报道过更高的值，但室温下典型的屈服应力变化范围从 375~650MPa，拉伸延展性的相应范围是延伸率的 0.5%~3%。这些合金以三种基本的微结构状态应用，即全片层结构、等轴结构和双相结构，其中两种结构如图 7.10 所示。正如通过与其他钛基合金系（常规合金、斜方晶系合金和 α_2 合金）类比可以期望的那样，这些微结构的尺度差别很大，微结构状态对性能的平衡有较大的影响，全片层微结构材料有非常低的室温强度和延展性，但抗蠕变性好，双相微结构材料有较好的强度和延展性，但蠕变强度较差。疲劳强度用拉伸性能衡量，此时极限强度是一个较好的标准化参数，如图 7.19 所示，全片层结构中的疲劳裂纹扩展速率也较低，这与 α+β 钛合金中的微结构尺度效应一致，γ 钛铝合金中控制这些性能变化的详细机理目前尚不清楚，但没有任何理由认为这些合金的微结构长度尺度、组分形态和强度之间的定性相关关系就应当与常规钛合金或者斜方晶系合金以及 α₂ 合金的相应关系不同。

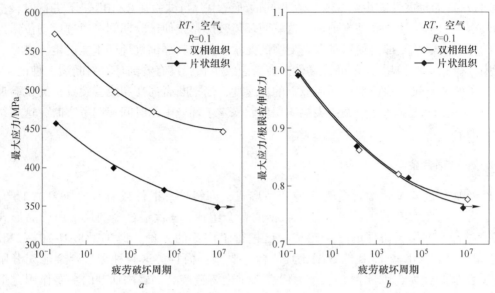

图 7.19　一种 γ 合金在双重（双相）状态和全片层状态的 *S-N* 曲线
a—作用应力对寿命；b—由极限拉伸应力校正的作用应力对寿命

7.3　应　　用

　　虽然存在少数几个应用领域，但钛铝化物并没有得到大规模的生产应用。例如，仅约有 10000 个铸造 γ 涡轮增压器转子在使用，γ 排气阀正被用于某些类别的赛车发动机中。以 2001 年上半年作为一个基点，准确无误的是人们对 γ 合金有强烈的兴趣，而对作为有吸引力的高温材料斜方晶系合金和 α₂ 合金的兴趣已基本消失，对后者兴趣消失的直接原因是环境敏感性，因此，将论述的是 γ 合金有前景的潜在应用，很显然，所描述的只是应用前景，而不是现状。

　　目前 γ 钛铝合金唯一最有吸引力的应用是航空发动机的低压涡轮（LPT）叶片，对于 LPT 叶片，γ 钛铝合金会取代通常由超级合金（例如 Rene 77）制成的铸造镍基 LPT 叶片，此类叶片的最大使用温度约 750℃，而 γ 钛铝合金在此温度下拥有足够的蠕变强度，而且 γ 钛铝合金在此温度下还拥有足够的表面稳定性，因此应该能保持强度延长服役期限而不脆化。因为叶片是转动部件，所以减少质量就转化为降低 LPT 圆盘的载荷，故当维持恒定操作应力水平时就可以减少镍基合金圆盘的质量。在大型航空发动机，如波音 777 级引擎中，两级 γ 钛铝合金 LPT 能使圆盘和叶片的重量比全镍基合金结构减少约 100kg，在重量起决定作用的航空发动机行业中，这被认为几乎是闻所未闻的一次材料改变，因而极具吸引力，另外，这些 LPT 叶片会用铸造而非锻造制作，铸造是 γ 钛铝合金潜在的更经济的部件制造方法，使用铸造 γ 钛铝合金 LPT 叶片的技术可行性，数年前在广泛的工业发动机试验期间已经得到证实，在试验中，装有铸造 Ti-48Al-2Cr-2Nb γ 合金叶片的末级 LPT 转子运行了超过 1600 次的中断起飞周期，这是一个极其苛刻的测试，在测试中途，转子还被拆开了，叶片上未见任何损坏，因而认为测试非常成功，测试所用转子如图 7.20 所示，单个 LPT 叶片的实例如图 7.21 所示。既然 γ 钛铝合金 LPT 叶片的技术可行性已被证实，那么将其引入商业应用的障碍是什么呢？这便是所需的各类额外数据，但没有任何理由认为其中任何数据会从技术上阻碍引入，包括镍合金圆盘和 γ 钛铝合金叶片间的微振磨损、γ 钛铝合金长期运行后的表面稳定性、更广泛的高平均应力高周期疲劳数据库（即古德曼图）、对热盐应力腐蚀裂纹不敏感的更确定性、以及可以安全使用而不会产生损坏的机械加工参数范围的更好界定，然而真正的问题是成本，在过去的 10 年里，已花费数百万美元用于开发 γ 钛铝合金铸造技术，其结果是，在提升成品率和最终成型加工能力方面已取得了重大进步，然而，还有若干重要的涉及传统供应链参与者的企业及相关的或"文化"的问题，其中包括定价、新产品取代现有产品、高风险因素和市场规模的不确定性等问题，这些问题本质上并不是计算方法问题，根本原因在于与进行数值计算所需的某些变量难于定量化，结果，这些问题产生了真实的和感知的风险并继续成为重大障碍，这些问题的解决更多的是商业行为。

图 7.20　经广泛工业发动机测试运行的 747 级引擎用含铸造 γ 钛铝合金叶片的低压涡轮（LPT）转子
（由通用飞机发动机公司提供）

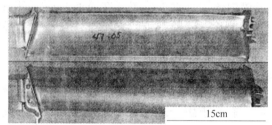

图 7.21　待加工的铸造态低压涡轮（LPT）γ 钛铝合金叶片
（由通用飞机发动机公司提供）

　　γ 钛铝合金另一个经常讨论的潜在应用领域是航空发动机高压压缩机（HPC）叶片，许多属于 LPT 叶片的相同益处也与 HPC 叶片有关，但许多刚描述过的问题也是相同的，也许最大的技术障碍是 γ 合金因其低延展性和低屈服强度导致的相对差的抗冲击损坏性能，因此，对冲击损坏的敏感性是一个关注点。另外，HPC 叶片更大地暴露于航空发动机里的外界物质中，因为当气流中夹带的颗粒通过引擎时没有相当于燃烧器的物体来"过滤"，γ 钛铝合金 HPC 叶片的另外一个障碍是成本。HPC 叶片的横截面比 LPT 叶片薄得多，因此铸造它们将比铸造 LPT 叶片更具有挑战性，这是因为铸造时，填充更薄的 HPC 叶片前缘和后缘的难度要大得多，锻件可作为铸造 HPC 叶片的替代物，但有很清晰的数据表明，锻造 γ 合金制品比铸件更昂贵，因此，锻造并不"解决" γ 钛铝合金 HPC 叶片的成本问题。

　　γ 钛铝合金还有若干其他潜在的结构材料应用领域，但它们在真实产品应用中实际出

现的时机也是变化的，另外，对于传统的钛合金和镍
合金，结构铸件与机加工锻件存在成本竞争，因为它
们是非常近净成型的，就这点而论，它们的形状很不
规则、不对称，且横截面面积变化很大，因此，很难
完全充满壳型，在铸造状态经常出现缩孔、裂痕和其
他铸造缺陷，而传统镍合金和钛合金结构铸件一直是
成功的，主要因为在铸造后经焊接可以对其进行大量
的修复。γ 钛铝合金的焊接已证明可行，但很困难，
因为它需要足够的预热和缓慢的焊后冷却，两者都使
成本增加，γ 钛铝合金的低延展性也会增加焊接难度
并由此增加焊接修复所必需的填充金属线的生产成
本，就 LPT 叶片而言，已在改进 γ 钛铝合金铸造技术
上取得了显著进步。γ 钛铝合金用于潜在的静态结构
件应用领域，其最吸引人之处在于其低密度和足够的
强度和高温性能，使其能够替代镍基铸件或锻件，一
个例子就是超音速飞机的排气喷嘴，在这里，重量显

图 7.22　用于超音速运输机的大型
γ 钛铝合金排气喷嘴止回阀铸件
（由通用飞机发动机公司提供）

著减轻的潜势是应用 γ 钛铝合金的最重要理由，这一点尤其有吸引力，因为大型超音速
飞机中的排气喷嘴位置远在重心之后，其重量要求极其严格，排气喷嘴部件的尺寸取决
于喷嘴的设计和飞机的大小，这就对铸造技术提出了挑战，但铸造大部件的能力已有实
例，图 7.22 所示为铸造排气喷嘴部件的一个例子。如果制造大型超音速飞机的时间适
宜，那么 γ 钛铝合金在大型结构铸件如排气喷嘴中的应用就是一种实实在在的必然，相
关的应用如单级航天飞机、轨道航天飞机等对重量要求也极其苛刻，γ 钛铝合金结构铸
件也有希望用于这些未来的领域。轻质、高截面模数的结构件是经激光焊接成薄板的热
成型桁条 γ 钛铝合金薄板制成的，图 7.23 所示为这类结构件的一个例子，将 γ 钛铝合
金薄板制成可以在高达约 750℃ 温度下运行的结构部件的能力对于制造超高音速飞行器
是很有用的。

　　γ 钛铝合金用于内燃机排气阀也有吸引力，其诱
人之处在于质量和高温性能，一低重量的气门组，
能使一辆中型美国车每加仑多行驶 8km，节省燃料，
如转换成燃料消耗则从 8L/100km 降低到约 7L/
100km。与航空航天应用相比，用于汽车的成本要高
得多，因此，γ 钛铝合金用于生产汽车看来不太可
能，除非在节约燃料方面另有强制性的改进。即便
是在燃料价格远高于美国的欧洲，自愿采用 γ 钛铝
合金这种高成本材料的经济性似乎不太可能，这里
所讨论的 γ 钛铝合金阀的竞争对象是钢质阀，其成

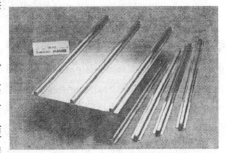

图 7.23　由 γ 钛铝合金薄板制造的
高刚度结构板和热成型桁条

本增加十分巨大，这只会起到减少自愿采用 γ 钛铝合金阀可能性的作用。

　　近期将 γ 钛铝合金引入任何部件生产的可能性都很小，假如 γ 钛铝合金新材料中，如
果出现几种应用，如果这些应用都用相同或相似的合金，那么，就存在一个需要考虑的经

济规模，这是因为重大的应用能产生经济吸引力，从而进一步降低引入新材料的成本。从历史发展情况看，引入新型材料总存在一个使用门槛值，一旦超过该值，就会发生材料使用量的非线性增长。

7.4　γ 钛铝合金 LPT 叶片

前述中，讨论了将 γTiAl 合金用于飞机发动机低压涡轮（LPT）叶片中的潜在优势，2005 年，通用飞机发动机公司决定在下一代 50000~75000lbf(225~340kN) 推力系列发动机中的 LPT 上采用 γTiAl 合金，这种发动机最初打算用在波音 787 飞机上，两级 γTiAl 合金叶片的 LPT 能使发动机重量减少数百磅，但将需要数百万美元的附加研发成本。

将任何一种新材料或新方法引入产品（或两者同时引进）都是一项巨大的工作，它需要从小试规模或实验室规模的试验，成功地过渡到在生产车间，靠生产工人而非工程师操作的日常生产，需主要关注的是要具有重现性，即能制造与原先用来证明材料资质和潜在测试样品有相同性能产品的能力，这需要对材料冶金学的若干重要方面有所了解，以便制定材料及工艺规范，只有严格遵守规范，才能保证所有的制品都具有可接受的性能标准，这些关键特征如下：

（1）材料各种性能（包括热腐蚀和氧化）对组成的敏感性；

（2）组成与实现期望微观结构能力间的关系；

（3）临界性质对微结构的变化及敏感性；

（4）所选制造工艺可重现地制造外形理想、公差合格的产品能力。

总之，在建立过程窗口和材料规范之前，必须清楚这些敏感问题，另外，大量的部件都需用一套实际的生产设施，对过程产量需要一个真实的估计，从而可以对每件产品的成本做出可靠的估算，如前曾提及，获得支撑没有实际生产历史的材料的引入所需的数据是极其耗时的，并且需要实实在在的资源。

γTiAl 是一种金属间化合物，因此，其性质比其他类别的钛合金更具成分敏感性，为生产目的确定可以接受的化学成分范围，需要对这种敏感性有很好的认识，此外，最终的化学成分范围必须足够广泛，以便在使用生产设备大量生产时能够很容易地实现。通用公司选择的用于 LPT 叶片的具体材料是 Ti-48Al-2Nb-2Cr(Ti-48-2-2)，其中铝、铌和铬的质量分数大约分别为 33.4%、4.8% 和 2.7%，这种材料是通用公司在 20 世纪 80 年代开发的，并于 1989 年获得专利，在过去的 30 年间，大约生产了几十吨此类合金锭，主要作为重熔坯料用于熔模铸造。

把一种新材料引入到产品生产阶段时，经常会出现关键技术要素缺失，而这些要素是在实验室中无法发现的，这些问题需要在产品引入之前着手解决，例如，γTiAl 由试验材料过渡到产品引入的过程中，很清晰地出现了一个问题，即没有现成的常规方法分析含铝在 30%~35% 之间的钛基合金中的铝含量，这便需要开发 X 射线荧光化学分析法，同时还必须建立化学成分标准，以便能采用此法进行精密分析，这是一个在开发方案期间就能够快速分析材料相变热的例子，因此，适当地考虑投入一种可靠的分析方法所需的时间及累积成本就成为引入成本和计划的主要部分。

认识到通过热处理可以改变 Ti-48-2-2 和其他类似 γTiAl 合金的微结构，以及不同微结构具有不同的强度、韧性和抗蠕变性，已有相当一段时间了，由于 LPT 叶片将采用熔模铸造并在 1185℃下进行热等静压压制（HIP），HIP 热循环对可视为用于微结构控制的附加热循环的范围增加了约束，因此，需要进行详细的热处理研究，以便确定为获得这些性质很好平衡所需的最佳热循环，所选择的系列热处理工序如下：（1）在 1093℃，HIP 预固溶处理 4h。（2）在 1185℃，HIP 固溶处理 4h。（3）在 1260℃，进行 HIP 后固溶处理 2h，再进行控制冷却。

经过上述一系列热循环后的 Ti-48-2-2 合金，具备了可接受的强度和延展性，而且这些性能的重现性很好，随之产生的微结构是具有等轴 γTiAl 的双模结构和其中存在最少量有序 B2 相的片层 α₂+γ 晶团组织，这种结构实例如图 7.24 所示。

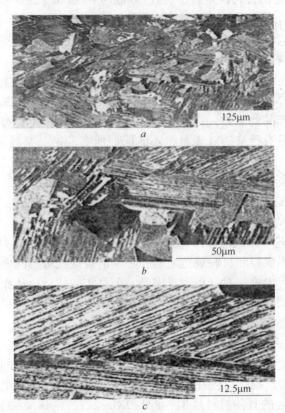

图 7.24　Ti-48-2-2 经过优选条件 HIP 和热循环后的微结构
（由 GE 飞机发动机公司提供）

一旦建立起微结构，就需要评估各种性能对于微小化学成分变化的敏感性，尤其是 TiAl 的强度和延展性对铝含量变化的敏感性，在含铝 46%~48% 的范围内，Ti-48-2-2 的屈服应力和延展性变化如图 7.25 所示，针对此种灵敏性，有必要在材料规范中确定铝的组成范围，可接受的铝浓度范围在图 7.25 中标记为"规格范围"，太严格的组成范围，日常操作将难以满足，并将以材料的高成本形式反映出来，类似的，Ti-48-2-2 的蠕变强度也对组分十分敏感，铝含量在规格范围内时，蠕变性能良好，可以用 LPT 叶片在感兴趣的应力和温度范围内的拉森-米勒（Larson-Miller）表达式来表示，如图 7.26 所示，一旦认识到组成敏感性，并将其纳入到设计性能中，假定工作载荷和温度为已知，那么通过调节局部断面尺寸就可以计算出最小蠕变强度，正如已讨论过的，这里的作用是强调具有良好成分控制能力的必要性，很显然，获得这些数据需要花费大量的时间和金钱。

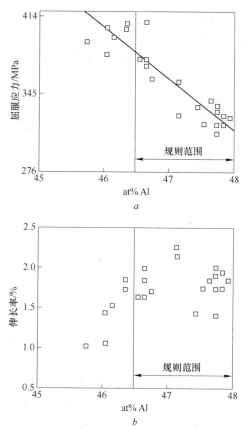

图 7.25 Ti-48-2-2 的拉伸性能随铝含量的变化情况
（由 GE 飞机发动机公司提供）
a—屈服应力；b—拉伸伸长率

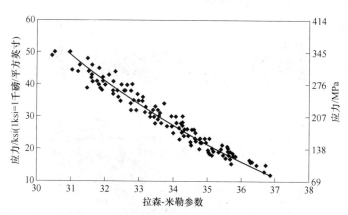

图 7.26 Ti-48-2-2 的蠕变断裂应力随拉森-米勒参数的变化情况
（由 GE 飞机发动机公司提供）

由图 7.21 可见，LPT 叶片很长且薄，当转动的叶片通过相邻的定子（叶片）时，这种几何结构容易发生震动，因此，高周疲劳（HCF）将可能成为 LPT 机翼一个限制性的材料性能，因这种可能性，就有必要开发为双相微结构状态 Ti-48-2-2 设计的许可 HCF 性能，这些数据都以古德曼图的形式表示于图 7.27 中，图中还表示出一种典型镍基 LPT 叶片的 HCF 性能。当因密度差值大而纠正这些数值时，Ti-48-2-2 比较起来就非常有利，由于 γTiAl 的拉伸延展性相对较低，在较低温度下更甚，因而还需要考虑叶片根部的低周疲劳（LCF）强度，该处的运行温度比机翼部位的更低，Ti-48-2-2 的 LCF 数据表明，其 LCF 性能按绝对基是足够的，按密度校正基则优于可比较的镍基 LPT 叶片合金。

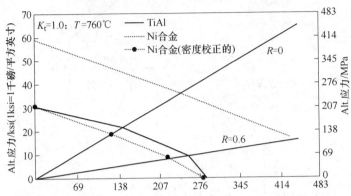

图 7.27　760℃时 Ti-48-2-2 的 HCF（10^7 周期）性能的古德曼图
（由 GE 飞机发动机公司提供）

　　除了拉伸性能、蠕变和疲劳以外，另外还有许多设计工程师必须知晓的性能，包括热膨胀性能、热传导性能、弹性模量、比热和泊松比等。有利的是，当组成成分固定后，这些性能对于结构不敏感，因而获得可靠值的成本相对较低。然而，所有这些性能都需要有足够的测量精度，以便能放心使用，对于新材料类别如 TiAl 来说，获取这些数据需要额外的努力，因为可用于比较的基准数据极少。

　　鉴于上述有关 Ti-48-2-2 作为潜在 LPT 叶片材料的补充信息，通用航空发动机公司承诺将这种密度更低的材料用于他们最新商业发动机的最后两级中，铸件叶片如图 7.28a 所示，而 LPT 部分圆盘与待组装叶片则如图 7.28b 所示。

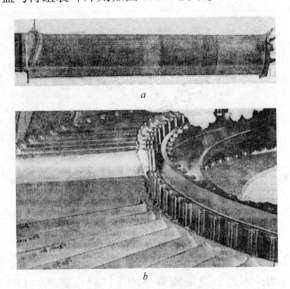

图 7.28　拟生产的 Ti-48-2-2 LPT 构件照片
（由 GE 飞机发动机公司提供）
a—LPT 叶片铸件；b—部分圆盘与一些待组装的叶片

参 考 文 献

[1] Huang S. C. Chesnutt J. C.： *Intermetallic Compounds*：*Principles and Practice*, Vol. 2, John Wiley and Sons, New York, USA,（1995）p. 73.

[2] Dimiduk D. M.： *Gamma Titanium Aluminides*, TMS, Warrendale, USA,（1995）p. 3.

[3] Dimiduk D. M. , Martin P. L. , Kim Y. –W.： Mat. Sci. Eng. A243,（1998）p. 66.

[4] Appel F. , Wagner R.： Mat. Sci. Eng. R22,（1998）p. 187.

[5] Dimiduk D. M. , McQuay P. A. , Kim Y. W.： *Titanium '99*：*Science and Technology*, CRISM "Prometey", St. Petersburg, Russia,（2000）p. 259.

[6] Kim Y. –W. , Dimiduk D. M. , Loretto M. , eds.： *Gamma Titanium Aluminides*, TMS Warrendale, USA,（1999）.

[7] Kim Y. –W. , Wagner R. , Yamaguchi M. , eds.： *Gamma Titanium Aluminides*, TMS Warrendale, USA,（1995）.

[8] Hemker K. J. , Dimiduk D. M. , Clemens H. , Darolia R. , Lnui H. , Larsen J. M. , Sikka V. K. , Thomas M. , Whittenberger J. D. , eds.： *Structural Intermetallics* 2001, TMS, Warrendale, USA,（2001）.

[9] Banerjee D.： *Intermetallic Compounds*：*Principles and Practice*, Vol. 2, John Wiley and Sons, New York, USA,（1995）p. 91.

[10] Banerjee D.： Progress in Materials Science 42,（1997）p. 135.

[11] Nandy T. K. , Banerjee D.： *Structural Intermetallics*, TMS, Warrendale, USA,（1997）p. 777.

[12] Chesnutt J. C. , Hall J. A. , Lipsitt H. A.： *Titanium '95*, *Science and Technology*, The University Press, Cambridge, UK,（1996）p. 70.

[13] Lütjering G. , Proske G. , Albrecht J. , Helm D. , Däubler M.： *Intermetallic Compounds*（*JIMIS-6*）, The Japan Institute of Metals, Sendai, Japan,（1991）p. 537.

[14] Kumpfert J. , Ward C. H. , Peters M. , Kaysser W. A.： *Synthesis/Processing of Lightweight Metallic Materials*, TMS, Warrendale, USA,（1995）p. 85.

[15] Kelly T. J. , Austin C. M.： *Titanium '95*, *Science and Technology*, The University Press, Cambridge, UK,（1996）p. 192.

[16] Bhowal P. R. , Merrick H. F. , Larsen D. E.： Mater. Sci. Eng. A192/193,（1995）p. 685.

[17] Lütjering G. , Proske G. , Terlinde G. , Fischer G. , Helm D.： *Titanium '95*, *Science and Technology*, The University Press, Cambridge, UK,（1996）p. 332.

[18] Takashima K. , Cope M. T. , Bowen P.： *Titanium '95*, *Science and Technology*, The University Press, Cambridge, UK,（1996）p. 340.

[19] Pope D. P. , Liu C. T. , Whang S. H. , Yamaguchi M. , eds.： *High Temperature Intermetalics*, Elsevier, Amsterdam, The Netherlands,（1997）.

[20] Austin C. , Kelly T. , McAllister K. , Chesnutt J.： *Structural Intermetallics* 1997, TMS, Warrendale, USA,（1997）p. 413.

[21] Liu C. T. , Maziasz P. J. , Clemens D. R. , Schneibel J. H. , Sikka V. J. , Nieh T. G. , Wright J. , Walku L. R.： *Gamma Titanium Aluminides*, TMS, Warrendale, USA,（1995）p. 679.

[22] Larsen J. M. , Worth B. D. , Balsone S. J. , Jones J. W.： *Gamma Titanium Aluminides*, TMS, Warrendale, USA,（1995）p. 821.

8 钛基复合物

钛基复合物（TMCs）由含有连续加固纤维的钛基体组成，这些材料的开发始于 30 多年前，当时认为主要的强化纤维是硼，从那时起，TMCs 开始发展并由于 SiC 纤维的有效利用而得以改进。TMCs 吸引人的主要是强度和刚度，基于密度修正值，由连续纤维（SiC）强化的 TMCs，在平行于纤维的方向测得的极限强度和刚度是常规钛合金的两倍。原则上，这些性质使它们位居已知的在结构上最有效的工程材料之列，在实际中，由于通常都存在轴外载荷，构件中 TMCs 的单向性能很难全面评估，这减少了 TMCs 的影响，而且和通常情况一样，成功的材料应用涉及许多其他方面而仅非一两个材料性能（此时为极限抗拉强度和延伸率），同时，还包括要考虑性能的可重现性、变异性、材料的成本、有用性以及由材料制成的成品构件成本。当材料与被替代材料差异很大时，还存在设计方法等问题。由于纤维强化，TMCs 各向异性非常明显，这对最大限度地消除较差的横向性能带来了不利影响，同时，也对最大程度地使用较优越的纵向性能提出了挑战，如果达到了设计要求，那么 TMCs 还有很多可以利用的领域。

8.1 加工工艺

典型的钛基复合材料含增强纤维的体积分数为 35% ~ 40%。早期（约 1970 年）利用涂有 SiC 的硼强化纤维尝试生产 TMCs，这种纤维称为 Borosic™纤维。Borosic™纤维非常昂贵，当人们认识到钛硼碳化硅复合物没有成本效益时，大多数关于 TMCs 的工作就中断了。目前，首选的 TM 强化材料是一种 SiC 纤维。这种材料是在高温细丝上分解硅烷和甲烷通过化学气相沉积法生产的。过去，最普通的细丝由无定形碳或者钨丝制成，无论哪一种情况，细丝都被插入到纤维中心。在显示含纤维的复合物横截面或仅是单根纤维横截面的显微照片中，细丝好像是 SiC 纤维中心处的环形核心。TMCs 主要用来自三个生产商的纤维生产：第一种是 SCS-6™，由美国的德事隆（Textron）公司在碳芯上生产获得；第二种纤维，在钨线芯上生长，由英国石油公司（BP）开发，由英国的防御评估和研究机构（DERA）与美国的声学研究中心（ARC）（称 Trimarc）生产，它被称为 σ™（σ 单丝 MMC，BP 信息表，1991 年 11 月）。关于这些纤维和含这些纤维复合物的其他信息可以在相关文献中找到。最近，ARC 已经生产出 Trimarc-2 纤维，它是在碳芯上生长的。这种纤维和含此纤维的复合物现在由 FMW 复合物系统有限公司（FMW Composite Systems, Inc.）进行商业化生产。如图 8.1 所示，所有纤维都有垂直于抛光面的单向定向 TMC 微结构，这些 SiC 纤维的典型直径为 140μm，并且以单丝的形式置于复合材料中。目前，已开发出若干种用来生产含连续 SiC 纤维钛基体的加工方法，每一种方法都有其优缺点，这些方法主要包括箔-纤维-箔法、物理气相沉积法（PVD）、喷雾-风-喷雾法和粉末包衣法。

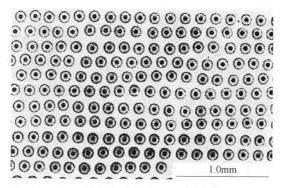

图 8.1 所有层都处于相同取向的 TMC 断面 (LM)

(由 GE 飞机发动机公司 J. 杰克逊提供)

箔-纤维-箔法，采用多层（两层或更多）钛合金箔，中间加纤维生产"三明治"结构，然后对这种"三明治"进行热压使钛箔层-纤维层-钛箔层结合。在 PVD 法中，钛合金基体材料通过物理气相沉积法直接沉积在纤维上，在纤维中心产生一个钛合金圆筒体，这些圆筒体并排排列，同时热压生成复合材料。喷雾-风-喷雾法，采用钛合金等离子体喷涂技术，首先用粉末在等离子炬下转动的芯子上敷一层基体合金，纤维用缠绕的方法放置到基体层上，然后再在其上喷涂另一层基体以形成复合物。在粉末包衣法中，纤维阵列被有机黏结剂混合的钛合金粉浆包裹，形成一个预成型压坯，该预成型压坯经烧结而使基体固结并排出黏结剂，形成复合物。

无论使用何种方法，重要的是要使最后的复合物中纤维互不接触。由于在固结过程中，纤维之间不会相互结合，纤维-纤维接触会极大地降低 TMC 的强度，因此，这些纤维互不接触的材料表现出在性能上有很大差异，这些差异甚至不能接受。为避免纤维横向运动和相互接触，研究人员成功开发了一种新的生产方法。采用该法之前生产的一种早期 TMCs 实例如图 8.2 所示。含有彼此相互接触纤维的 TMCs 在拉伸强度和疲劳强度性能上都有大幅度的降低（多达 50%）。为确保纤维互不接触，需要相当小心，这对工业大规模生产 TMCs 提出了挑战，这种要求导致其生产成本较高。因为自动放置纤维工序十分困难，故在 TMCs 生产中，与常规合金的轧制成品（薄板，板材，棒材或者方坯）形成的是单带。单带是一种含一层（单层）置于厚度方向中间面的单向纤维钛基薄板（故称单带）。单带的横断面如图 8.3 所示，从图中可以清晰地看到核心和 SiC 纤维，仔细观察图 8.3 也能发现有无定形碳的暗薄层存在于纤维/基体界面，最大限度地减少了反应产物的形成。单带是用如图 8.4 所示的方法轧卷或盘绕的，这些卷板是制造 TMCs 制品的"原料"，生产 TMC 构件时，将单带开卷，并将其在处理连续碳纤维聚合物基复合物的过程中采用预浸料坯同样的方式放置，放置好后，单带通过扩散结合而固结，一般在真空下热压成型。由于单带中的纤维单一取向，通过每个单带在预定方向上取向的交叉叠置产生具有期望性能的多层复合物从而实现双轴向上的硬化和强化。TMCs 潜在的好处之一是通过控制 TMC 每一个层面上的纤维取向，具有在不同的方向上确定性能的能力。很明显，垂直于纤维平面方向上的性能总是会较低，故厚度方向上 TMCs 的性能很低。幸运的是，在许多应用中，厚度方向上的负载都是很小的，因此，这极少成为限制 TMCs 使用的因素。

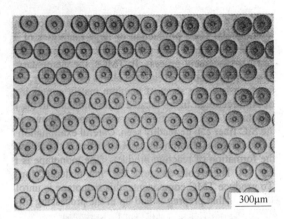

300μm

图 8.2　有纤维接触的早期箔–纤维–箔 TMC 断面

（由 GE 飞机发动机公司 J. 杰克逊提供）

75μm

图 8.3　单带的横切面

（由 GE 飞机发动机公司 L. 约翰逊提供）

制约 TMCs 生产速度的另一个问题是单带生产期间以及单带扩散结合生产复合物中 SiC 纤维和钛合金基体之间的反应。假如反应产物是一个脆性相，那么横向强度就会急剧下降，回到 Borosic™ 纤维时代。SiC 涂层覆盖在硼纤维上，阻止了纤维/基体界面上 TiB_2 的形成，这总体上是成功的，但是假如黏合时间长或者黏结温度高，就会有一些基质与纤维发生反应，在这种情况下，典型的反应产物为 TiC。目前，所使用的 SiC 纤维表面上覆盖有无定形碳，使得纤维/基体间的相互作用最小。同时，在热循环过程中添加了一些柔性物使界面损坏最小。涂层也提供了一个很薄的纤维/基体界面，使得在垂直于纤维方向上的裂纹生长偏离，σ^{TM} 纤维在无定形碳表面也形成一个起扩散障碍作用的 TiB_2 层，该法已证明非常有效。另外一个较早提到过的加工工艺问题就是纤维的运动导致其接触。如前所述，

图 8.4　在具有多向纤维结构的制品中单层使用的 TMC 单带卷

（由 GE 飞机发动机公司 L. 约翰逊提供）

任何纤维接触点都是一个内在缺陷，因为纤维彼此之间不结合，这类缺陷的结果是将极大地降低诸如疲劳寿命、断裂应变等性能。在箔–纤维–箔法中，通过在垂直于轴向的纤维间编织细钛丝或细钼丝以阻止其运动，使纤维在单带生产期间的横向移动最小。钼丝主要和较高温度的基质材料，例如 α_2 合金 Ti-24Al-11Nb（原子百分数）一起使用，这类应用的示意图如图 8.5 所示。很显然，这种编织作业是劳动密集型的，因而增加了复合物的生产

成本。使用钼丝来使纤维横向最小移动，另一个不利因素是当这些钼丝暴露于大气中或者TMC 在高温下使用，它们非常容易被氧化，这种暴露会在基体处破裂，或者对复合物基体进行机加工时，在暴露的部位或其他部位（如螺栓孔）处发生破裂。由钼丝氧化形成的缺陷例子如图 8.6 所示，正因为这个原因，钼丝已经不再用于高温 TMCs 的制造。

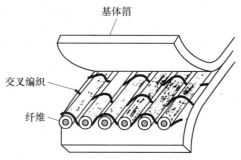

图 8.5　使用金属交叉编织线以确保 TMC 中纤维不接触的示意图

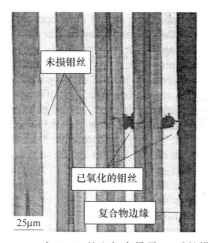

图 8.6　TMC 在 815℃ 的空气中暴露 2h 后的横截面

　　PVD 法具有吸引力的原因之一是它取消了必要的纤维编织操作，箔-纤维-箔法的另一个问题是用钛合金制造箔的成本。如前所述，森吉米尔轧机能用如 Ti-6Al-4V 这类合金生产出 125μm 厚的箔，但这种箔非常昂贵，箔的成本和可用性提升了 β 钛合金作为 TMCs 基体的应用，因为这些钛合金更容易冷轧成箔。使用 β 合金的另一个优点是在 β 相中增加了碳和硅的溶解度，这降低了先前提到的形成脆性界面反应产物的风险。在 β 合金中，β21S 可能是最常使用的 β 合金，在 β21S 中添加铌赋予合金高抗氧化抗性，这有助于加工过程并会有利于高温时的应用。

8.2　性　　质

8.2.1　拉伸性能

　　TMCs 的静态强度和刚度取决于纤维的模量、体积分数以及纤维及基体的取向，连续的单向纤维复合物的模量可以用混合物规则计算得出。实际中，单相负荷构件并不常见，因此，单向纤维排列很少采用。因为这种纤维结构的最大好处是在单向负荷状态下实现的。纤维和纤维结构的存在对若干种有代表性纤维结构的 TMCs 模量的影响如图 8.7 所示。图中同时给出了两种不同的基体合金的模量随温度的变化情况。图 8.7 包括有两种不同的基体合金（Ti-24Al-11Nb 和 β 21S）的 TMCs 数据，显示了两种常规的、未强化钛合金的模量。从这些数据可以看出：当纤维轴平行于荷载方向时，TMCs 模量的增长是很明显的；载荷方向与纤维轴不平行时（见标记为 90、0/90 和 0/45/90 的曲线），这种改善效果急剧降低。较低的离轴刚度和强度是弱纤维/基体界面的直接结果，因为这抑制了载荷向纤维的传递。矛盾的是这种弱界面对使纤维/基体界面处的裂缝偏转是获得可以接受的抗断裂性能的必要条件。

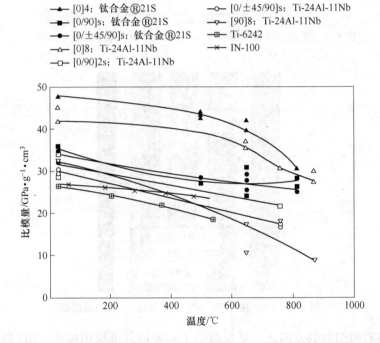

图 8.7　TMCs 和两种未加强金属合金（Ti-6242 和 IN-100）的密度校正模量随温度的变化

　　纤维取向对极限强度的影响也很显著，与图 8.7 相似，采用极限强度的数据。如图 8.8 所示，使用极限拉伸强度是适宜的，因为 TMCs 的失效塑性应变很小，使得 0.2% 屈服应力来判断是不可靠的。图 8.8 中的数据表明 β21S 基体在较高的室温作用下强度的变化及 Ti-24Al-11Nb 基体在超过 650℃ 时强度的变化。这两种未加固基质合金的曲线表明：和模量的情形一样，当荷载与纤维轴不平行时，弱纤维/基体界面的结合效果因纤维所致的强化是很弱的；当施加法向应力横穿界面时，这种不牢固的纤维/基体界面结合就会引起过早失效。这种强纤维取向效应会产生对富有开创性的设计方法的需求，即通过设计使平行于纤维方向的载荷最大化，使其他方向上的载荷最小化。当缺乏这些设计方法时，从使用复合材料中获益相对于材料成本而言是不具吸引力的。

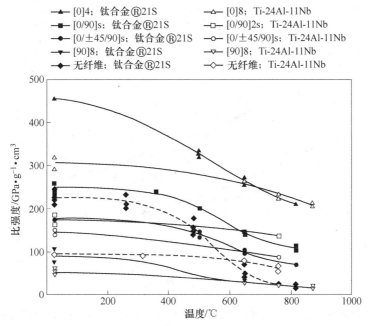

图 8.8　有不同基体合金和纤维结构的 TMCs 的密度校正 UTS 随温度的变化
(同时表示出未加固基体合金的曲线)

8.2.2　疲劳性能

基体为 Ti-24Al-11Nb 的 TMCs 在 650℃时的疲劳强度比未强化基体在 10^3 循环周期时高约 50%，但是这种优势在较长寿命（10^6 循环周期）时降低到约为 15%，如图 8.9 所示。对于 TMC，载荷轴平行于纤维轴。图 8.9 中基体为 Ti-24Al-11Nb 的 TMC 的曲线形状及未强化基质的曲线形状值得讨论，因为这些曲线不平行，它们实际上看来像在 $5×10^6$ 和 10^7 循环周期之间相交，这表明两种材料中的裂纹形核阻力基本上相同。但在未强化的材料中，微细裂纹扩展较快，这与纤维在恒定驱动力（ΔK）作用下桥连裂纹并延缓裂纹生长的作用是一致的。目前，还没有 TMCs 中微观裂纹扩展的直接证据，然而，图 8.10 清晰地表明纤维的存在延缓了宏观裂纹的扩展速率，图 8.9 中，β21S 基复合物的曲线也表明了当载荷平行于纤维轴时，纤维增强的效果十分显著。目前，还没有不加固基体在 650℃时的测试数据，部分因为相对于 β 合金，这是一个很高的温度，纤维轴和载荷轴并不总在一条直线上时，如在（0/90）上排列，或当纤维轴结构已经几乎改变为各向同性材料时，如在（0/±45/90）上排列，β21S 基复合物的曲线是非常有意义的，两种情况中，（0/90）和（0/±45/90），疲劳强度比单向材料（0）的低得多，这表明轴向外的叠层并没有因为纤维的存在而获益。另一组书籍说明弱纤维/基体界面效应的数据是疲劳循环期间弹性模量的减小。如图 8.11 所示，疲劳降低时 TMC 的刚度比初始刚度低很多，初始刚度是在弱纤维/基体界面未收扰动时测量的，当外加应力超过结合强度时，纤维/基体界面发生分离，此后，较低的复合物刚度表明了荷载向纤维传递的缺失。

如同静态负载结构，从使用 TMCs 中获取的疲劳性能的优越性是严格遵守设计原则下获得的。假如一个部件除了纤维轴以外的任何方向上都基本没有载荷，那么，TMCs 的结

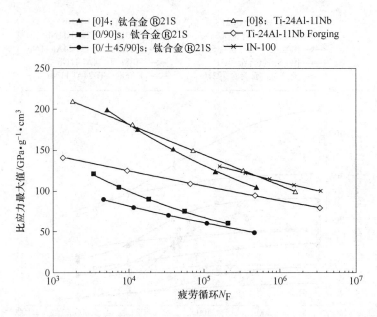

图 8.9　TMCs 和两种未强化的金属合金的密度、校正最大应力（$R=0$）随疲劳损坏循环的变化

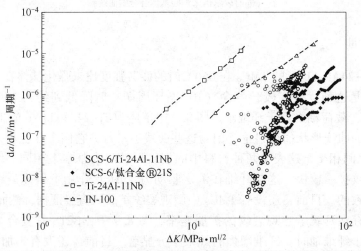

图 8.10　在两种 TMCs 和两种未强化金属合金中宏观裂纹的裂纹扩展曲线

构效率显著优于单体材料。考虑到 TMCs 的生产成本，如果从应用 TMCs 中获得的利益大于其相关联的成本支出，那么，这样的设计原则是必需遵循的。

8.2.3　蠕变性能

　　TMCs 在高温下持续负载期间的性能与其他已经讨论过的性能一样取决于纤维取向。β21S 基和 Ti-24Al-11Nb 基复合物以及未强化基体合金和另外两种未强化高蠕变强度材料的蠕变断裂行为如图 8.12 所示。图 8.12 中的所有数据都是经过密度校正的。从这些数据可以看出：当载荷平行于纤维轴施加时，TMCs 具有非常好的断裂性能；负载垂直于纤维的 β21S 基复合物的断裂行为由于弱纤维/基体界面的作用比未强化基体的稍差。图中包含

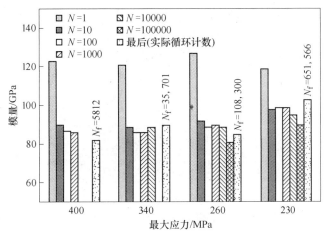

图 8.11 一种 β21S 基复合物 (0, ±45, 90) 在四种不同的
最大应力值下循环后的表观模量 (柔度)

(0/90) 和 (0/145/90) 方向纤维结构的数据。在各种情况下，断裂行为都与采用与荷载轴成直线的纤维体积分数的混合物规则相符。

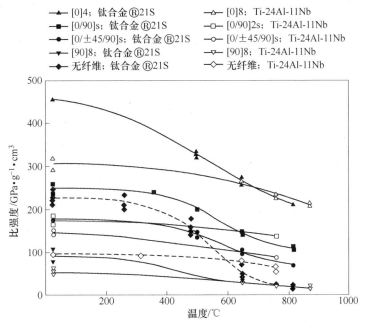

图 8.12 TMCs、未强化基体合金和其他两种金属合金的使用密度
校正应力的蠕变断裂数据和拉森–米勒 (Larson Miller) 参数

关于 TMCs 的蠕变行为尚有两点需要关注：一是由于氧的作用基体随时间老化，特别是纤维/基体界面的老化，已经证实当纤维和基体失去结合以后 TMCs 的耐蠕变性极低，基体裂纹的出现及其随后的氧化和纤维/基体界面的老化如图 8.13 所示；第二个关注点是试验试样获得的蠕变数据与应用于实际构件设计有关，与单体金属不同，当位移受控时，纤维增强的 TMCs 向纤维传递载荷是依赖时间的，原因是蠕变应变需在基体内积累。

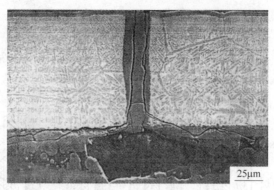

图 8.13　β21S 基复合物中严重氧化的基体
裂纹和老化的纤维/基体界面（SEM）

　　大部分试验测试试样都是夹住端部，通过约束基体，来自压紧装置的压紧荷载使向纤维的荷载传递最大化。因此，从这些样品测试中得到的数据是不稳定的。例如，当一个主要荷载加载于圆周方向的圆环中时，这种误差很小。另一方面，对于自由端部件，例如机翼，误差将会很大。在蠕变强度上差异很大的 TMC 实验室测试基体合金样品断裂行为时，其变强度上差异很大，主要是由刚刚描述过的末端约束导致的。在实际操作中，当设计部件以优化蠕变载荷传递时，一定要特别注意。

8.3　应　　用

　　因为 TMCs 材料还不能真正实现工业大规模生产，其与钛基金属化合物的情况一样，基本上不存在实际应用。TMCs 材料的价格还很高，普遍引用"闸门价格"，按 1998 年美元价值，大约是 1000 美元/kg。对价格-数量关系进行了模型研究，当数量小（小于5000kg/年）时，TMCs 价格的数量敏感性非常高，这种关系如图 8.14 所示。企业模型和成本模型之间存在差异是因为企业模型中包括了生产复合材料所需的厂房和设备的价格。当产量足够大时，投资成本就被稀释成一个难以觉察的小量，故两条曲线会合。很显然，有必要把 TMCs 引进到若干生产应用以实现每千克材料更低的成本，为稳定和维持 TMC 供应商基数，每年消耗约 5000kg 是必需的。

　　TMCs 材料有几种效益明显的潜在应用，其中风险最高、盈利最大的应用或许是用于飞机发动机转动部件的加筋环。TMCs 的高强度和高刚性允许消除旋转级中圆盘上的钻孔，消除圆盘钻孔会使旋转级直径显著减少并减轻重量。小直径引擎（恒定推力的）也会有配置于新型飞机的机会，这种引擎安装在军用飞机上尤其有利。TMC 环的实例如图 8.15 所示，这些环将被嵌入到钛转子铸件中用以制造旋转级，在转子中的应力取向只为圆周方向，所以 TMCs 的性能非常适合于这种应用。尽管如此，必须十分小心地把径向的应力维持在很低水平，因为 TMCs 在这个方向上的性能较差。设计附件（法兰组等）时也必须十分小心地避开复杂的应力状态，否则，在平行于各向异性 TMCs 纤维以外的方向上至少会有一个部件超过临界低性能值。圆环中的纤维是连续缠绕的，所以先前讨论的自由端问题并不存在。

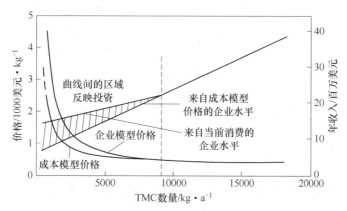

图 8.14 由成本模型和企业模型推导的成本随数量变化的曲线
（蒙 GE 飞机发动机公司 L. 约翰逊供图）

如果设计中已考虑使用 TMC 环的转子，那么沿着发动机中心线的环形区域尺寸也将减小，此时，连接旋转风扇和压气涡轮级的轴直径会变得具有一定的限制。幸运的是，TMC 轴的扭矩性能足以使这种局限最小化。轴上的主要应力是扭转型的，所以，用与轴成45°缠绕纤维制成的轴能传递极高的扭矩。此时，同样必须使除了轴两端的纤维取向以外的其他方向上的应力最小化。因为轴在端部与旋转级连接，示例轴如图 8.16 所示，在照片中可以看到保持连接点低应力所需的大端部。

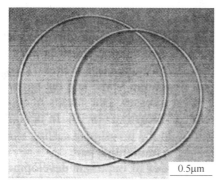

图 8.15 两个可以置入飞机发动机
旋转级的 TMC 环的照片
（蒙 GE 飞机发动机公司 L. 约翰逊供图）

图 8.16 飞机发动机 TMC 轴的照片
（蒙 GE 飞机发动机公司 L. 约翰逊供图）

TMCs 早期小批量的生产应用是在 1999 年开始的，它用于大型（F-16 级）军用发动机的推力增强装置执行机构连接器。这些连接器大约长 500mm，其中之一如图 8.17 所示（照片上部），图中还有它所取代的镍基超合金连接器（照片下部）。这种应用风险低，但回报高。因为增强装置连接器安装于飞机的最末端，这个位置使连接器的重量极为重要，

TMC 连接器的重量约为超合金连接器重量的 50%。这种生产成本的增加是可以接受的，以较低总成本使用 MMCs 的替代手段是选择性强化的应用。在选择性强化中，MMC 被优先安装到部件的性能将产生最大效益的区域，例如，在弯曲刚度限制的应用中，只有部件的外部才是 MMC。选择性强化对于平均切面应力很低（小于 $0.5\sigma_{0.2}$）的刚度限制应用最有吸引力。这是因为 MMC 和未强化合金结合的区域容易受到巨大的剪切应力，引进选择性强化的一种手段是一个称之为"双铸造"的过程，过程中 MMC 嵌入物被放置在熔模铸造壳内的希望位置，并将未强化金属浇注到嵌入物周围，组成整体式部件。

图 8.17　两种推力增强装置连接器的照片（上部是 TMC，下部为镍基合金）

（蒙 GE 飞机发动机公司 L. 约翰逊供图）

　　到 2002 年，TMCs 的商业化有了许多重要的发展，TMC 棒的估计成本已经下降到 2200 美元/kg 以下，并且 TMC 生产水平的提升有极好的应用前景。除了刚才提到的增强连接器的生产外，ARC 和 BF 古德里奇着陆系统部之间已经签署了联合开发协议，共同生产供许多大型商用飞机（比如波音 747 型和 777 型）用的商用起落架部件，（美国）国家航空和航天局（NASA）正在考虑使用 TMCs，以满足在宇宙飞船和哈勃望远镜中的特殊需求。

参 考 文 献

[1] Smith P. R., Gambone M. L., Williams D. S., Garner D. I.: Journal of Materials Science 33, (1998) p. 5855.

[2] Hanusiak W. M.: Atlantic Research Corporation – Advanced Materials Division, Wilmington, USA, (1999) private communication.

[3] Ward – Close M., Partridge P. G.: *Titanium* '92, *Science and Technology*, TMS, Warrendale, USA, (1993) p. 2479.

[4] Vassel A., Indrigo C., Pautonnier F.: Titanium '95, Science and Technology, The University Press, Cambridge, UK, (1996) p. 2739.

[5] Clym T. W., Flower H. M.: *Titanium* '92, *Science and Technology*, TMS, Wanrrendale, USA, (1993) p. 2467.

[6] Das G.: *Titanium* '92, *Science and Technology*, TMS, Warrendale, USA, (1993) p. 2617.

[7] Larsen J. M., Revelos W. C., Gambone M. L.: *Intermetallic Matrix Composites II*, MRS, Pittsburgh, USA, (1992) p. 3.

[8] Jha S. C., Forster J. A., Pandey A. K., Delagi R. G.: ISI Japan 31, (1991) p. 1267.

[9] Larsen J. M., Russ S. M., Jones J. W.: Met. and Mater. Trans. 26A, (1995) p. 3211.

[10] Larsen J. M., Russ S. M., Jones J. W.: *Characterization of Fibre Reinforced Titanium Metal Matrix Com-*

posites, Specialized Printing Services, Loughton, UK, (1994) p. 1. 1.

[11] Veeck S. J. , Colvin G. N. : *Titanium '92, Science and Technology*, TMS, Warrendale, USA, (1993) p. 2495.

[12] Warner G. K. : B. F. Goodrich Landing Systems, Cleveland, USA, (2001) private communication.